Homayun Gharavi-Nouri

Ambulanz live

„Für das Studium der Medizin braucht man keine Intelligenz. Für die Arbeit als Kliniker dafür umso mehr."

Zitat Douglas Gross, MD, PhD,
Pädiater und Dozent in der Vorklinik,
Davis, California, USA.

Homayun Gharavi-Nouri

AMBULANZ live

81 Patienten und ich

1. Auflage

ELSEVIER
URBAN & FISCHER

URBAN & FISCHER

Zuschriften und Kritik an:
Elsevier GmbH, Urban & Fischer Verlag, Lektorat Medizinstudium,
z. Hd. Nathalie Blanck, Karlstraße 45, 80333 München

Wichtiger Hinweis für den Benutzer:
Die Erkenntnisse in der Medizin unterliegen laufendem Wandel durch Forschung und klinische Erfahrungen. Herausgeber und Autoren dieses Werkes haben große Sorgfalt darauf verwendet, dass die in diesem Werk gemachten Angaben zu Therapie (insbesondere hinsichtlich Indikation, Dosierung und unerwünschten Wirkungen), Diagnostik und Verfahrensweise dem derzeitigen Wissensstand und Standard entsprechen. Das verleiht dem Buch keineswegs die Position eines Standardwerkes und entbindet den Nutzer dieses Werkes nicht von der Verpflichtung, anhand der Beipackzettel zu verschreibender Präparate zu überprüfen, ob die dort gemachten Angaben von denen in diesem Buch abweichen und seine Verordnung in eigener Verantwortung zu treffen. Dieses Buch ist keine Therapieanleitung, sondern soll dem Leser lediglich zur Schulung eines Denkmusters verhelfen. Wie allgemein üblich wurden Warenzeichen bzw. Namen (z. B. bei Pharmapräparaten) nicht besonders gekennzeichnet.

Bibliografische Information Der Deutschen Bibliothek
Die Deutsche Bibliothek verzeichnet diese Publikation in der Deutschen Nationalbibliografie; detaillierte bibliografische Daten sind im Internet über http://dnb.ddb.de abrufbar.

1. Auflage März, 2004

Der Urban & Fischer Verlag ist ein Imprint der Elsevier GmbH.

04 05 06 07 08 5 4 3 2 1

Sämtliche Charaktere in diesem Buch sind erfunden. Ähnlichkeiten oder Übereinstimmungen mit reellen Personen sind zufällig und unbeabsichtigt.

Programmleitung: Dr. med. Dorothea Hennessen
Teamleitung Klinik: Nathalie Blanck
Redaktion: Dr. Daniela Kandels, Nathalie Blanck
Herstellung: Dietmar Radünz, Kadja Gericke
Satz: Kadja Gericke, Arnstorf
Druck und Bindung: Krips b.v., Meppel, Niederlande
Umschlaggestaltung: SpieszDesign, Neu-Ulm
Umschlagbild: Rippenspreizer, Daniel Lüdeling, Essen

ISBN 3-437-43530-2

Aktuelle Informationen finden Sie im Internet unter **www.elsevier-deutschland.de**

Vorwort

Liebe Leserin, lieber Leser!

Vielen Dank, dass Du Dich für dieses Buch entschieden hast. Mit diesem Werk wollte ich dem deutschen Medizinstudium das beisteuern, was ich damals am meisten vermisst hab ... den praktischen Bezug, auch schon **bevor** man als fertig Examinierter auf echte Menschen losgelassen wird. Viele Fakten, die in Kursen, Praktika und Vorlesungen vermittelt werden, machen erst viel später, durch die klinische Arbeit nach dem Examen, einen Sinn. Zu einem Zeitpunkt also, an dem man sich an das Meiste schon gar nicht mehr erinnern kann.
Während meines fünfjährigen USA-Aufenthaltes war ich unter anderem in der Lehre, zuletzt als „Associate Professor" (das ist ein stinknormaler Dozent) für Anatomie und Pathologie, tätig. Ebenso habe ich die Gelegenheit der „Auffrischung" genutzt und die amerikanischen Staatsexamina (USMLE) absolviert. Die Erkenntnis: Selbst in vorklinischen Fächern werden die Sachverhalte auf einem problemorientierten Sockel serviert. US-Studenten erhalten schon am ersten Studientag einen klinischen Fall und haben einige Tage, um alles Notwendige darüber (Symptome, Pathologie, Diagnostische Tests, Therapie, etc.) in Erfahrung zu bringen. Dies bedeutet, dass Studenten jeden noch so trockenen Nervenverlauf, Reaktionszyklus, enzymatischen Prozess oder Fraktur-Typ immer mit einer klinischen „Geschichte" in Verbindung bringen. Dementsprechend sind auch die USMLEs problemorientiert ausgerichtet, d. h. man bekommt zuerst einen Fall zu lesen und es folgen dann die Fragen dazu. Der Vorteil: Man kann sich mehr Information leichter merken und (!) es macht schlichtweg mehr Sinn.
Das Schlagwort **„Problemorientiertes Lernen" (POL)** ist zwar im deutschsprachigen Raum mittlerweile in aller Munde, steckt aber im Vergleich zum Ausland noch in den Kinderschuhen. Dieses Buch ist der erste Band in der Reihe AMBULANZ LIVE und beinhaltet einige der Vorlesungen, die ich drüben vorbereitet und teils gehalten habe. Jeder Fall ist nach einem ganz bestimmten, für die Klinik wichtigen, Strickmuster aufgebaut, der die differenzialdiagnostischen Überlegungen in den Vordergrund des Gedankenmusters rückt. Durch die anamnestischen Erhebungen und Untersuchungsergebnisse wird dann die Enddiagnose mit dem Therapieplan frei gemeißelt. Erst zum Schluss wird die zugrunde liegende Pathophysiologie, manchmal mit einigen Zahlen und Fakten, dargelegt. Der Versuch, die Fälle so nieder zu schreiben, dass sie ebenso interaktiv werden, wie die Vorlesungen, stellte sich als eine

echte Herausforderung dar. In diesem Kontext, habe ich das Feld der Diagnose zum Selberraten frei gelassen und erst zwei Seiten später offenbart.
Mit Absicht wurde auf ein steifes Buchdeutsch verzichtet. Die Texte der Differenzialdiagnosen wurden von Studenten geschrieben, um den reellen Umgangston nicht allzu sehr zu verfehlen. Mit Hilfe des Verlages wurden die Fälle in eine Rahmenhandlung eingebettet, mit dem Ziel dieses Werk in eine leicht verdauliche Lektüre zu verwandeln.
Also, wo immer Du Dich jetzt gerade befindest – ob in der Buchhandlung, zu Hause, in der BIB, auf dem Klo oder irgendwo unterwegs – wenn Du jetzt weiterblätterst, wirst Du hoffentlich mit auf eine Reise genommen, nach welcher Du das Gefühl haben sollst, Du hättest alles selbst erlebt.
Rock on!

Regensburg, im Februar 2004 Dr. Homayun Gharavi-Nouri

Danksagung

Kein Buch entsteht ohne Hilfe.

Ein fettes Dankeschön gilt den Studentinnen und Studenten, die schon in der Entstehungsphase dieses Buches Interesse für die Thematik gezeigt haben und durch Ihre schriftlichen Beiträge diesem Werk – in nicht unerheblichem Maße – eine natürliche Note verliehen haben. In alphabetischer Ordnung:

- Christoph Czernys, Frankfurt/Main.
- Urs Fritschi, Regensburg.
- Thomas Göttlicher, Regensburg.
- Anja Grethlein, München.
- Julia Anna Knöchel, Bochum.
- Martin Märkl, München.
- Mike Nolte, Göttingen.
- Hendrik Rüddel, Bochum.
- Stephen Schiele, Göttingen.
- Thomas Shiozawa, Bonn.
- Sina Kristin Schmidt, Witten-Herdecke.
- Tina Schweickert, München.
- Niels Wolter, Bochum.

Eine Sonderstellung nimmt der Dank an die Kollegin Dr. Daniela Kandels ein, die in unzähligen Tages- und Nachtstunden am Text und insbesondere an der Rahmenhandlung gehämmert und gemeißelt hat. Dank auch an Deine geduldige Familie!

Editorial

Ein besonderer Dank gilt den Kolleginnen und Kollegen, die die jeweiligen Fälle aus ihrem Fachgebiet rein inhaltlich editiert haben. Für die hier erschienene Endfassung der Fälle übernehmen die gelisteten Kolleginnen und Kollegen keine Verantwortung. In alphabetischer Ordnung:

Dr. med. A. Arzt, Regensburg
T. Bals, Hannover
Dr. med. A. Beham, Regensburg
Dr. med. Chr. Bodlaj, Deggendorf
Dr. med. R. Bodlaj, Regensburg
Dr. med. G. Bonnländer, Regensburg
Dr. med. N. Borisch, Regensburg
R. Bücherl, Weiden
Dr. med. R. Dieckmann, Regensburg
Dr. med. F. Diesner, Essen
Dr. med. S. Farkas, Regensburg
Dr. med. T. Filbeck, Regensburg
Dr. med. U. Glöckel, Bamberg
Dr. med. M. Goeckenjahn, Berlin
Dr. med. D. Griese, Regensburg
Dr. med. W. Hartung, Bad Abbach
Dr. med. L. Hutzel, Regensburg
Dr. med. G. Ickenstein, Regensburg
Dr. med. W. Jakob, Regensburg
Dr. med. T. Kalteis, Regensburg
PD Dr. med. C. Keyl, Regensburg
Dr. med. M. Kieninger, Regensburg
Dr. V. Kirchlechner, Wien
Dr. med. M. Köhler, Regensburg
Dr. med. V. Köhler, Regensburg
Dr. med. J. Koppenberg, Regensburg
Dr. med. S. Kost, Passau
Dr. med. A. Leven, Witten
T. Lœve, Oslo
Prof. Dr. med.T. Loew, Regensburg
Dr. med. S. Manns, Heidelberg
Dr. med. Chr. Mathes, Siegburg
Dr. Dr. W. Maurer, Wien
Chr. Mayer, Regensburg
Dr. med. A. Mietens, Regensburg
Dr. med. L. Nellessen, Kassel
Dr. med. S. Ostermann, Hamburg-Eppendorf
Dr. med. H. Paulus, Regensburg
Dr. med. M. Pihusch, Regensburg
Dr. med. A. Plentz, Regensburg
A. Rømcke, Oslo
Dr. med. G. Schoenecker, Regensburg
Dr. med. A. Schreyer, Regensburg
S. Schroll, Regensburg
K. Schubert, Siegburg
Dr. med. U. Thalmaier, Regensburg
Chr. Thumann, Regensburg
Dr. med. W. Ullrich, Regensburg
Dr. med. K. Wild, Regensburg
Dr. med. K. Wonneberger, Regensburg

Inhaltsübersicht nach Tagen

Inhaltsverzeichnis nach Diagnosen

Abkürzungsverzeichnis

γ-GT	γ-Glutamyltransferase
a.p.	anterior-posteriorer (Strahlengang)
ACh	Acetylcholin
AFP	α-Fetoprotein
ALP	alkalische Leukozytenphosphatase
ALT	Alanin-Aminotransferase (= GPT)
ASL	Antistreptolysin-Titer
ASR	Achillessehnenreflex
AST	Aspartat-Aminotransferase (= GOT)
AVK	arterielle Verschlusskrankheit
BB	Blutbild
BGA	Blutgasanalyse
BKS	Blutkörperchensenkungsgeschindigkeit, auch BSG abgekürzt
BSG	Blutsenkung (oder ganz ausführlich: Blutkörperchen-senkungsgeschwindigkeit), Syn. BKS
CCT	kraniales Computertomogramm/-tomographie
CMV	Zytomegalievirus
CT	Computertomogramm/-tomographie
CTG	Kardiotokogramm
CTS	Karpaltunnelsyndrom
DIC	disseminierte intravasale Koagulation
DIP	distales Interphalangealgelenk
EBV	Epstein-Barr-Virus
EEG	Elektroenzephalogramm
EHEC	enterohämorrhagische E. coli
EIEC	enteroinvasive E. coli
EKG	Elektrokardiogramm
EMG	Elektromyogramm
EPEC	enteropathogene E. coli
ERCP	endoskopische retrograde Cholangiopankreatikographie
ETEC	enterotoxische E. coli
EU	Extrauteringravidität
FTA-Abs-Test	Fluoreszenz-Treponemen-Antikörper-Absorptions-Test
FTA-Test	Fluoreszenz-Treponemen-Antikörper-Test
GOT	Glutamat-oxalacetat-Transaminase (= AST)
GPT	Glutamat-pyruvat-Transaminase (= ALT)
H.p.	Helicobacter pylori
Hb	Hämoglobin

HCG	humanes Choriongonadotropin
HCl	Salzsäure
Hkt	Hämatokrit
HUS	hämolytisch-urämisches Syndrom
IF	Intrinsic factor
ISG	Ileosakralgelenk
KHK	koronare Herzkrankheit
KTS	Karpaltunnelsyndrom
LDH	Laktat-Dehydrogenase
LOQ	linker oberer Quadrant
LP	Liquorpunktion
LuFu	Lungenfunktionsuntersuchung
LUQ	linker unterer Quadrant
LV	linksventrikulär
MCHC	mittlerer zellulärer Hämoglobingehalt
MCV	mittleres zelluläres Volumen
MEG	Magnetenzephalographie
MESAM	Gerät, das kontinuierlich Schnarchgeräusche, Herzfrequenz, O_2-Sättigung und die Lage des Patienten während des Schlafs aufzeichnet
MRT	Magnetresonanztomographe, Kernspin
MS	Multiple Sklerose
NSAID	Non-Steroidal Anti-Inflammatory Drug (= NSAR = ASS, Ibuprofen, Diclofenac, etc.)
NLG	Nervenleitgeschwindigkeit
NNM	Nebennierenmark
NNR	Nebennierenrinde
NSAR	nicht-steroidale Antirheumatika
P	Puls
PCR	Polymerase Chain Reaction
PEEP	positiver endexspiratorischer Druck
PET	Positronenemissionstomographie
PSK	Polysaccharidkapsel
PSR	Patellarsehnenreflex
PT	Prothrombinzeit (= Quickwert)
PTCA	perkutane transluminale Koronarangioplastie
PTT	partielle Thromboplastinzeit
RA	rheumatoide Arthritis
RCA	Ramus communicans anterior
Rö	Röntgen
ROQ	rechter oberer Quadrant

RR	Blutdruck
RSV	respiratory syncytial virus
rtPA	rekombinanter Gewebeplasminogenaktivator
RTW	Rettungswagen
RUQ	rechter unterer Quadrant
SEP	somatosensorisch evozierte Potenziale (syn. somatosensibel evozierte Potenziale)
SHF	Schenkelhalsfraktur
SHT	Schädel-Hirn-Trauma
SSRI	Serotonin-Wiederaufnahmehemmer
SSW	Schwangerschaftswoche
STD	sexually transmitted disease, Geschlechtskrankheit
Szinti	Szintigramm/Szintigraphie
TCA	trizyklische Antidepressiva
TEE	transösophageales Echo
TEP	totale Endoprothese
TPH(A)-Test	Treponema-pallidum-Hämagglutinationstest
TRALI	transfusionsinduziertes Lungenversagen
VC	Vitalkapazität
VDRL-Test	veneral disease research laboratory test
VEP	visuell evozierte Potenziale
ZVD	zentraler Venendruck
ZVK	Zentralvenenkatheter

SONNTAG

Patient 1

Endlich Sonntag, der einzige Tag, an dem ich ausschlafen könnte – wenn ich mich nicht bereit erklärt hätte, an einem Ultimate-Frisbee-Turnier teilzunehmen. Bewahre, nicht als aktiver Sportler, sondern als ärztliche Turnieraufsicht. Sonntags um halb neun in der Früh ist wirklich nix los auf der Straße. Ich erreiche die Spielstätte mit bloß zehn Minuten Verspätung um zehn nach neun.
Ultimate Frisbee ist eigentlich eine Nichtkontakt-Sportart, bei der man aber – wegen der häufigen Richtungswechsel – auf Sprunggelenks- und Knieverletzungen vorbereitet sein sollte. Erstmal geht alles ohne Zwischenfälle ab. Auf zwei Feldern wird gefrisbeet, was das Zeug hält. Ich stehe dazwischen, lasse mir die Morgensonne aufs Haupt scheinen und schaue den Spielern zu, als ich hinter meinem Rücken aufgeregte Stimmen nach dem Turnierarzt rufen höre.

Ein 28-jähriger Teilnehmer liegt auf dem Boden, nachdem er rückwärts nach dem Frisbee gesprungen und laut Augenzeugen dabei mit der rechten Schädelhälfte gegen den ausgefahrenen Ellbogen seines Teamkollegen gedonnert war. Er war sofort bewusstlos.

Anamnese & Befund

Zunächst einmal überprüfe ich seine Vitalzeichen. Er atmet noch. Während ich seinen Puls messe, kommt er auch schon wieder zu Bewusstsein. Nicht nur seinen Spielkameraden fällt jetzt ein Riesenbrocken vom Herzen. Er war etwa eine Minute lang weg. Er setzt sich auf, seine Pupillen sind symmetrisch, reagieren auf Licht und akkommodieren, wie es sich gehört. Er ist voll orientiert bezüglich Ort und Zeit, lediglich an den Aufprall kann er sich nicht mehr erinnern. Ich lege ihm einen Eisbeutel an die Schläfe

und bitte ihn zur weiteren Beobachtung an den Spielfeldrand. Davon ist er absolut nicht begeistert – er will partout weiterspielen. Nix da! In diesem Fall bleibe ich knallhart.
Während die Spieler ihr Spiel wieder aufnehmen, „vermesse" ich meinen Patienten weiter: RR 120/75, P 64, Temp. 36,5 °C.

DD-Überlegungen

Cave! Auch wenn es noch so harmlos aussieht: Ein **Schädel-Hirn-Trauma** darf man nie auf die leichte Schulter nehmen. Und die Tatsache, dass dieser Sportsfreund sein Bewusstsein verloren hat, kann einem schon die Hummeln in den Hintern setzen.

Na, von den Hummeln hat mein Patient offenbar auch seinen Teil abgekriegt: Wie aufgezogen läuft er am Spielfeldrand auf und ab und feuert seine Teamkollegen an. Die Beule, die ihm über dem rechten Ohr gewachsen ist, scheint wohl nicht aufzuplatzen und beeinträchtigt ihn nicht im Geringsten. Eine knappe Viertelstunde hält er es aus, dann verliert er die Geduld und läuft – taub gegen meine Proteste – aufs Spielfeld, um wieder mitzumischen. Er macht wirklich alles andere als einen ernsthaft verletzten Eindruck. Nichtsdestotrotz, womit muss ich rechnen?

Also, was ich schon 100%ig behaupten kann, ist, dass er eine **Commotio cerebri** erlitten hat. „Commotio" bedeutet nichts anderes als „Erschütterung", sprich: Das Hirn im Schädel wurde einmal so richtig durchgeschüttelt. Dieses Durchschütteln kann mit oder ohne Symptome erfolgen. Anatomisch-morphologisch jedoch definiert sich die Commotio durch das Fehlen eines anatomisch fassbaren Substrates. Symptome wie retro- oder antegrade Amnesie, Kopfschmerzen, Übelkeit, Schwindel etc. können Minuten bis Monate nach dem Ereignis noch bestehen, verschwinden jedoch letztendlich immer.
Dies trifft nicht zu für die so genannte **Contusio cerebri,** die mit einem echten Hirngewebsschaden einhergeht. Man muss kein Neurochirurg sein, um zu verstehen, dass der Untergang von Hirnsubstanz durchaus bleibende neurologische Ausfälle verursachen kann. Außerdem löst der Zelluntergang Reparaturreaktionen aus mit konsekutivem Hirnödem und milder bis schwerer intrakranieller Druckerhöhung. Logisch, dass so was häufig nicht ohne neurologische Symptome abgeht.
Eine weitere Möglichkeit sind **intrakranielle Hirnblutungen.**

Hier kommt's drauf an, wo genau es blutet. Wer sich noch in groben Zügen an seinen Neuroanatomiekurs erinnern kann, tut sich jetzt leichter mit dem Verständnis der verschiedenen Formen:

- **Epidurale Blutung:** Durch Krafteinwirkung kommt es zu einer Gefäßverletzung, am häufigsten der Arteria meningea media. Es kommt zu einer massiven Einblutung zwischen Schädelknochen und harter Hirnhaut (Dura mater) und sekundär zu einer Hirnmassenverschiebung. Symptome in folgender Reihenfolge wären typisch, aber nicht die Regel: unmittelbare Bewusstlosigkeit, beschwerdefreies Intervall von variabler Länge, neurologische Symptome der intrakraniellen Drucksteigerung mit herdförmigen Ausfallerscheinungen, Stauungspapille etc. Interessant zu wissen ist, dass der Liquor bei Punktion nicht blutig ist. Cave: niemals Lumbalpunktion ohne CCT!
- **Subdurales Hämatom:** Durch eine massive Beschleunigung mit Verschiebung der Hirnmassen, z.B. bei einem Sturzereignis mit Schädel-Hirn-Trauma, reißen die Brückenvenen, die das venöse Blut vom Gehirn in die großen Sinusoide leiten. Es kommt zur Einblutung zwischen Dura und Arachnoidea. Die Symptomatik schreitet bei chronischen Subduralhämatomen nur sehr langsam über Wochen bis Monate fort, nach schwerem Trauma mit akuter Einblutung ist der Patient jedoch sofort tief bewusstlos (Letalität 50 %) und zeigt typischerweise im Gegensatz zum epiduralen Hämatom kein freies Intervall mehr. Subdurale Blutungen stellen übrigens auch eine gefürchtete Komplikation bei Marcumar-Patienten dar.
- **Subarachnoidalblutung:** Zur Blutung zwischen Hirnsubstanz und Arachnoidea kommt es am häufigsten durch rupturierte Aneurysmen oder arterio-venöse Fehlbildungen. Typischerweise werden die „schlimmsten Kopfschmerzen meines Lebens" angegeben.

Das Spiel ist inzwischen beendet und ich habe die Spielkameraden gebeten, den gestürzten Kollegen im Auge zu behalten. Etwa zweieinhalb Stunden später entdecke ich den Typen, wie er am Spielfeldrand im Schwall erbricht. Während ich zu ihm rüberlaufe, rufe ich schon den Notarztwagen ...

Untersuchungen & Ergebnisse

Er klagt über Doppelbilder und Kopfschmerzen und wirkt auf mich nicht mehr klar ansprechbar, sondern desorientiert und

verängstigt. Seine Vitalzeichen: RR 165/75 (systolisch erhöht!), P 36 (Bradykardie), Atmung 17/min., Temp. 37,1 °C.
Die rechte Pupille ist erweitert und reagiert nicht auf Licht. Er kann mit seinem rechten Auge nicht so ganz meinem Finger nach oben nasal folgen. Hier funktioniert also der dritte Hirnnerv (= N. oculomotorius) nicht mehr. Beim Ausfall dieses Nervs dominieren die funktionierenden „Pfuschermuskeln" (jene Muskeln, die das Auge nach außen unten auf das Heft des Nachbarn drehen). Dies erklärt die Doppelbilder.
Ein Patient mit Anisokorie aufgrund von Hirndruck ist in der Regel bereits somnolent und gibt daher keine Doppelbilder mehr an. Die Blickdeviation ist auch in tiefem Koma erkennbar.
Die Fundoskopie zeigt ein Papillenödem. Zusätzlich sind auf der gesamten linken Körperhälfte Motorik und Sensibilität ausgefallen. Die linksseitigen Muskeleigenreflexe sind überlebhaft (+3) auslösbar. Zudem ist der linke Babinski positiv. HWS nicht druckschmerzhaft. Keine Nackensteife.

Der Notarztwagen ist endlich da und ich gebe dem Kollegen alle notwendigen Daten mit der Hauptverdachtsdiagnose ...

Diagnose

____

Die Sicherung der Diagnose geschieht in der Klinik durch sofortiges CCT.

Therapie & Komplikationen

Das Auftreten der neurologischen Symptomatik macht das epidurale Hämatom zu einem ausgewachsenen Notfall; schnelles Handeln ist hier Gold wert. Tut man nichts, weil man es nicht erkannt hat, kostet dies die Hälfte der Betroffenen das Leben.
Die Blutung macht sich nämlich auf Kosten der Hirnmasse breit, welche gegen rigide Anteile wie Schädelknochen, Falx, Foramen magnum gedrückt bzw. eingeklemmt wird. Deshalb führt an Trepanation, Hämatomausräumung und Blutstillung kein Weg vorbei.

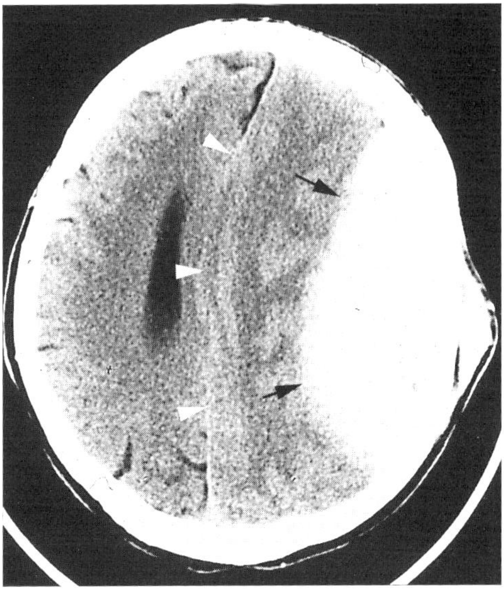

Abb. 1: **Epiduralhämatom.** Axiales Computertomogramm, nativ. Das frische Epiduralhämatom zeigt sich als bikonvexe, hyperdense Raumforderung links frontoparietal (→) mit massiver Raumforderung: Ventrikelkompression und Mittellinienverlagerung (▶) zur Gegenseite. Galeahämatom links parietal.

Weitere Infos

Diese Verletzung ist verständlicherweise nicht sportspezifisch. Man sollte also bei jeder äußeren Gewalteinwirkung in erhöhte Alarmbereitschaft geraten. Das symptomfreie Intervall, wie in diesem Fall beschrieben, ist zwar typisch, aber nicht häufig. Nur einer von zehn Fällen folgt laut Statistik diesem Ablauf. Ebenso ist die Bewusstlosigkeit unmittelbar nach dem Trauma häufig, aber nicht unbedingt Voraussetzung für die Diagnosestellung.
Das Labor ist bei diesen Leuten durch die Bank weg normal.

Nach dieser Aufregung kehrt so langsam wieder Normalität in das Turniergeschehen ein. Ich mache mich auf den Weg auf die andere Straßenseite, wo etwas abgelegen noch zwei weitere Spielfelder markiert sind. Und wie der Zufall es will, werde ich Zeuge, wie gleich drei Teilnehmer auf einmal nach der Scheibe springen – zwei kommen sich dabei näher, als ihnen lieb ist … Das Mädel landet unsanft, stürzt zu Boden und bleibt, schmerzverzerrt das Knie haltend, liegen. So, wie ich es mitbekommen habe, ist ihr Kumpel auf ihrem Fuß gelandet und hat dann mit seinem Knie ihres seitlich gerammt.

Patientin 2

Ich schnappe mir einen Eisbeutel, laufe zum Tatort und mache mir dabei kurz den Verletzungsmechanismus noch mal klar:

- fixierter Fuß,
- Außenrotation des Unterschenkels mit gleichzeitigem Valgusstress und
- Flexion des rechten Kniegelenkes.

Puh, 'ne ganz fiese Kiste! Dieser Verletzungsmechanismus ist übrigens auch sehr häufig bei Skifahrern, die sich nach hinten fallen lassen und letztendlich seitlich abrollen.

Die Athletin sitzt mittlerweile mit angewinkeltem rechten Knie und schmerzverzerrtem Gesicht. Der Sturz ist noch keine 30 Sekunden her.

Anamnese & Befund

Man kann schon im Seitenvergleich eine deutliche Schwellung des rechten Kniegelenkes, besonders über dem medialen Gelenkspalt, erkennen. Die Schwellung ist nicht teigig, sondern fluktuierend, was für eine intraartikuläre Blutung spricht, erst recht, wenn man bedenkt, wie rasch sie sich entwickelt hat. Ich versuche, so gut wie möglich das Ausmaß des Schadens zu bestimmen, allerdings lassen sich orthopädische Tests wie mediale Aufklappbarkeit, Lachmann etc. bei den Schmerzen, die die Arme hat, kaum durchführen. Also Eisbeutel mit einem Druckverband um das Knie gewickelt, auf die Trage gelegt und erstmal runter vom Spielfeld.

Vitalzeichen: RR 110/70, P 98, Atmung 24/min., Temp. 36,7 °C.

Als Betroffener ist man immer entsetzt, dass so etwas passieren konnte. Dann auch noch der Schmerz, die Aufregung … all das kann schnell mal zum Kollabieren führen. Also immer daran denken: ständig mit dem Verletzten sprechen, Feedback suchen über seinen Kreislaufzustand (Geht's dir gut? Schwarz vor den Augen? Schmerzen? etc.). In diesem Falle lasse ich die Frau besser in der Kopftieflage, bis sich ihr systolischer Druck stabilisiert hat (Schockindex = Pulsfrequenz/syst. Blutdruck; so um die 0,5 ist normal, bewegt sich das Ganze auf die 1 zu, sollte man gegensteuern).

Einige Spielkameraden haben sich bereit erklärt, sie mit ihrem privaten PKW zum nächsten Krankenhaus zu fahren; ich versuche,

---

Diagnose Patient 1: Epidurales Hämatom.

sie derweil etwas zu beruhigen und ihr zu erklären, was da wohl passiert sein könnte ...

DD-Überlegungen

Durch die äußere Gewalteinwirkung ist eine **Fraktur** immer möglich. Diese kann in der Regel durch Röntgenaufnahmen bestätigt oder ausgeschlossen werden.

Der seitliche Stoß, der das Knie unter Valgusstress gesetzt hat, stellt das **Innenband** auf eine extreme Zerreißprobe. Mit ein bisschen Glück reißen nur einige Fasern, es kann aber auch größere Anteile des Innenbandes treffen.

Erinnern wir uns noch einmal an den Anatomieunterricht – das Kniegelenk! Das mediale und laterale Kollateralband unterscheiden sich durch ihr Verhältnis zum medialen bzw. lateralen Meniskus. Das Außenband und der laterale Meniskus kommunizieren nicht miteinander, d.h., dass es in der Regel keine Verbindungsfasern zwischen diesen zwei Strukturen gibt. Fasern des Innenbandes strahlen jedoch in den **medialen Meniskus** hinein und machen einen deutlichen Anteil davon aus. Man kann also davon ausgehen, dass ein Trauma des Innenbandes auch den medialen Meniskus in Mitleidenschaft ziehen wird.

Die Außenrotation des Unterschenkels in Verbindung mit der Valgus- und Flexionskomponente rupfen zudem noch mächtig am **vorderen Kreuzband.** Und mit dem vorderen Kreuzband ist es so ähnlich wie mit der Schwangerschaft: Da gibt es keine halben Sachen – entweder das Kreuzband ist durch oder nicht.

Untersuchungen & Ergebnisse

Inzwischen sind etwa 20 Minuten vergangen und die Spielerin hat sich beruhigt und kreislaufmäßig stabilisiert. Trotzdem bleibt das Knie vorsichtshalber über Herzniveau. Das Eis muss jetzt aber entfernt werden, da sonst das Gewebe durch eine Vasodilatation (Schutzmechanismus gegen die Kälte) einen gegenteiligen Effekt auslöst. Der Druckverband wird dann ohne Eis belassen.

Diagnose

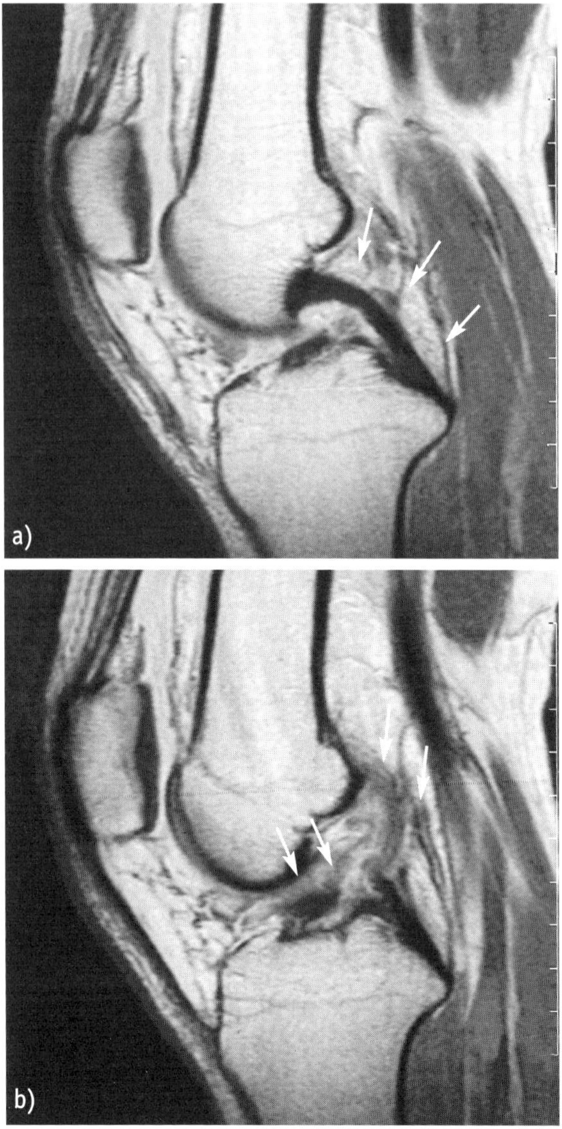

Abb. 2: MRT des Kniegelenks: a) intaktes hinteres Kreuzband;
b) Ruptur des vorderen Kreuzbandes (Pfeile).

Diagnose Patientin 2: Der Verdacht auf eine „Unhappy Triad" drängt sich auf: vorderer Kreuzbandriss + Innenmeniskusläsion + Ruptur des medialen Kollateralbands.

Therapie & Komplikationen

Akut: RICE = Rest (Ruhigstellung), Ice (Kühlung), Compression (Kompressionsverband), Elevation (Hochlagerung).

Gewöhnlich werden hier in athroskopischer Manier das vordere Kreuzband sowie gegebenenfalls die Innenmeniskusläsion repariert. Das vordere Kreuzband wird in der Regel durch das mittlere Drittel des Ligamentum patellae oder durch die Semitendinosus-Sehne ersetzt. Der Innenmeniskus kann je nach Verletzung entweder nur geglättet oder wieder vernäht oder mit einer Kombination von beidem einigermaßen wieder hergerichtet werden. Bei der Versorgung des Innenbandes gehen die Meinungen etwas auseinander – manche führen eine Refixation durch, andere lassen die Finger davon und hoffen, dass sich die Stabilität von selbst wieder herstellt. Welchen Weg man auch wählen mag, den größten Einfluss auf ein zufrieden stellendes Ergebnis hat immer noch die konsequente krankengymnastische Nachbehandlung. Und dazu gehört eine konsequente Auszeit vom Sport!

Derweil nimmt das Turnier hier weiter seinen Lauf, aber die Spieler finden offenbar, ich hätte für einen Sonntag nun genug geleistet – außer ein paar blauen Flecken lassen sie sich nichts mehr einfallen. Mir soll es recht sein. Ehrlich gesagt freue ich mich schon auf den langen freien Nachmittag, den ich gepflegt vertrödeln werde, und dann abends vielleicht noch auf das eine oder andere Bierchen mit Kalle am Bahnhofskiosk ... Mal sehen.

▸▸ *Was habe ich heute gelernt?*

- Epidurales Hämatom ▸ auch wenn's erst harmlos aussieht: nicht aus den Augen lassen
- Unhappy Triad ▸ so was wie das Murphy's Law am Knie

MONTAG

Patientin 1

Au weia! Das war wohl doch ein bisschen mehr als nur das eine oder andere Bier! Mein Kopf ist irgendwie schwerer als sonst und das Aufstehen kostet mich echte Überwindung. War aber ein wirklich netter Abend mit Kalle, einfach so verklönt, macht man viel zu selten . . . Zum Frühstück zwei Aspirin mit einer schnellen Tasse Pulverkaffee sind vielleicht nicht der ideale Start, aber was soll's. Heute morgen werd ich die Dinge mal etwas gemächlicher angehen.
Aber denkste: Auf dem Weg vom Klinikparkplatz zum Gebäude werde ich einige Meter vor der Liegendeinfahrt von einem Notarztwagen überholt. Ein bekanntes Sani-Gesicht grüßt aus der geöffneten Wagentür: „Wir bringen Arbeit für euch!"

Während er die Liege mit einem schätzungsweise 17-jährigen Mädchen Richtung Notaufnahme schiebt, erzählt er mir, dass das Mädel auf ihrem Mofa von einem betrunkenen Fahrer eines Kleinlasters angefahren worden und seitdem mit niedrigem RR bewusstlos ist. Seit knapp zehn Minuten hängt sie nun an einer Infusion mit isotoner NaCl-Lösung, von der sie dank Druckmanschette mittlerweile schon über zwei Liter intus hat. Beim Einrollen in die Notaufnahme erlangt sie ihr Bewusstsein wieder und klagt über brutale atemabhängige Abdominalschmerzen im Bereich des linken oberen Quadranten mit Ausstrahlung zum linken Schulterblatt.

Anamnese & Befund

RR 75/35, P 142, Temp. 36,8 °C.
Ihre Konjunktiven und Mundschleimhäute sind auffällig blass, was für einen ausgeprägten Blutverlust spricht. Kaltschweißige Haut. Palpatorisch ist eine sehr schmerzhafte Krepitatio im

Bereich der Rippen 8 bis 12 links deutlich spürbar. Die Bauchdecke ist aufgetrieben mit Abwehrspannung und klarem Rebound-Phänomen im linken oberen Quadranten (Eindrücken und plötzliches Loslassen der Bauchdecke im vorher schmerzfreien Bereich tut weh!). Die Schocklagerung (Kopf tief) und die direkte Palpation des schmerzhaften Quadranten verstärken die Schmerzausstrahlung zum linken Schulterblatt. Darmgeräusche sind abgeschwächt.

DD-Überlegungen

Ein Verkehrsunfall ohne sichtbaren Blutverlust, aber mit Bewusstlosigkeit lässt zwei große Warnlichter blinken: **Schädel-Hirn-Trauma** und **innere Verletzung.**

Geht man von Ersterem aus, muss man mit Ödembildung und intrakranieller Druckerhöhung rechnen. Auch eine **Blutung** kann den intrakraniellen Druck massiv erhöhen und zu Hirnmassenverschiebung führen, das habe ich ja von meinem Vormittag auf dem Frisbee-Feld noch in lebhafter Erinnerung!

Was die innere Verletzung angeht, kommt eigentlich jedes Organ im Thorax und Abdomen in Frage. Ja, sogar **geschlossene Frakturen** im Bereich der Extremitäten können zu unglaublichen Blutverlusten führen. Im Oberschenkel können problemlos zwei bis vier Liter Blut versacken. Laut Statistik ist jedoch bei Unfällen mit stumpfem Trauma von allen Organen die **Milz** am häufigsten betroffen – und zwar mit einer **Ruptur.**

Untersuchungen & Ergebnisse

Bei so 'nem komplexen Bild muss alles Erdenkliche ausgeschlossen werden. Daher auf keinen Fall an der Diagnostik sparen, sondern volles Programm: Das Allerwichtigste und Allererste und gleichzeitig Einfachste ist die Abdomen-Sonographie. Wenn man hier eine Milzruptur erkennt – und reichlich Blut im Bauch findet – ab in den OP! Erst wenn die Milzruptur sonographisch ausgeschlossen ist, hat man Zeit für weitere Diagnostik. CT nur, wenn eine Milzruptur im Sono fraglich und der Patient kreislaufstabil ist.

	Patientin	**normal**
Hb	9,4 g/dl	12–16 g/dl (Frauen)
Leukos	17000/µl	4000–10000µl
Neutrophile	81 %	60–70 %

Rö.-Thorax: Nicht zu übersehen ist die linksseitige Zwerchfellerhöhung in a.p.-Aufsicht. Die Seitaufnahme zeigt eine **Rippenserienfraktur** von der 8. bis zur 12. Rippe. Die 7. Rippe ist nur angebrochen. Ansonsten unauffällig. Wichtig ist der Ausschluss eines **Pneumo-** und/oder **Hämothorax!**

Sono Abdomen: riesiger Bluterguss um die Milz herum; deutlicher Flüssigkeitsspiegel.

Angesichts dieses Befunds sparen wir uns jetzt lieber das CT, stattdessen ABCs (Airway, Breathing, Circulation) sicherstellen: Sie atmet zwar noch spontan und ist wach, aber aufgrund der Gesamtsituation wird sie erst einmal elektiv intubiert und kontrolliert beatmet. Dann bekommt sie 'nen zentralen (ZVK) und 'nen arteriellen Zugang, um im Falle eines Falles in der Lage zu sein, dem Körper wieder Volumen bzw. O_2-Träger zuzuführen. Gleichzeitig kann man damit die arterielle Oxygenierung checken (Zirkulation).

Dann aber nichts wie ab in den OP!

Diagnose

____

Therapie & Komplikationen

Dauerkatheter (Foley-Katheter) in der Blase liegt schon ... Wann haben die das denn erledigt? – Hab ich gar nicht mitbekommen.

Nun aber schleunigst in den OP, um zu retten, was zu retten ist. In der Regel heißt das Milzexstirpation. Inzwischen versucht man die Milz bei Teilruptur mit Gewebekleber und Netzauflage zu erhalten. Bei unsicherer Blutstillung führt jedoch kein Weg an der Splenektomie vorbei.

Superwichtig, solange die Patientin wach ist: Bloß keine Schmerzmittel geben, bis nicht eindeutig gesichert ist, was eigentlich los ist und was unternommen werden sollte!!!

Weitere Infos

Eine der Gefahren nach Milzexstirpation: OPSI = Overwhelming Post-Splenectomy Infection – das steht einfach für eine Pneumokokkeninfektion, welche bei fehlender immunologischer Funktion der Milz den wehrlosen Körper „overwhelmt“, sprich über-

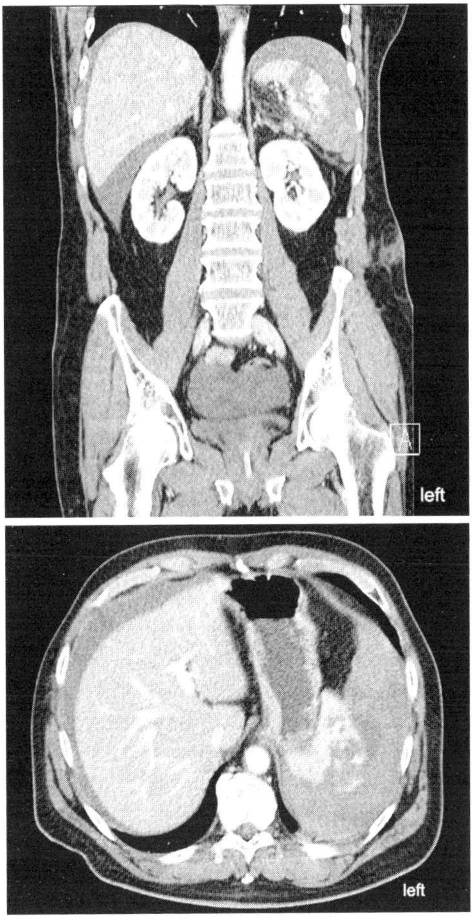

Abb. 3: So tät's aussehen: Milzruptur mit perisplenischem Erguss – Merzeihler-CT mit i.v. Kontrast axial sowie koronare Rekonstruktion.

wältigt. Daher sind nach der OP Antibiose und Impfung Pflicht statt Kür.

So eine Milzruptur kann übrigens auch nach einer gewissen Latenzzeit – sprich zweizeitige Milzruptur – auftreten. Deshalb sollten verdächtige Patienten nach stumpfem Trauma engmaschig kontrolliert werden.

Andere Zustände wie Pfeiffer'sches Drüsenfieber (Mononukleose), Malaria, Thalassämien, Speicherkrankheiten, lymphatische Erkrankungen etc., die typischerweise zu einer Splenomegalie führen, vergrößern auch die Gefahr einer Milzruptur. Deshalb wird Jugendlichen mit Mononukleose die Teilnahme am Sportunterricht, insbesondere an Kontaktsportarten, verboten.

Auf den Schrecken ziehe ich mir rasch einen Kaffee rein, bevor's zurück in die Ambulanz geht, und versuche, meine leicht zittrigen Knie wieder unter Kontrolle zu kriegen. Junge, Junge, muss eine neue Woche gleich so heftig anfangen? Durchschnaufen!

Patientin 2

In der Ambulanz verheißt mir Schwester Irmgard eine 44-jährige Patientin, die mit 157 cm stolze 134 kg auf die Waage bringt. Ihr Problem: Abgang von hellrotem Blut nach dem letzten Stuhlgang. Also bei allem Respekt, das ist wirklich der allerletzte Fall, auf den ich mich jetzt freue ... Bevor ich die Untersuchungszelle betrete, mache ich mich erstmal geistig-seelisch drauf gefasst, was mich da wohl erwarten könnte.

DD-Überlegungen

Bei sichtbarem Blut aus dem Popo kommt es erst mal auf die Farbe an – hellrotes Blut deutet darauf hin, dass die Blutung aus einem distalen Darmabschnitt (Rektum, Sigmoid, distales Kolon) stammt. Proximalere Blutungen im Bereich des Magens, des Duodenums oder des Jejunums verwandeln sich durch den Kontakt mit Magensäure zu einer schwarzen, teerartigen Masse; die Folge: übler Teerstuhl – pechschwarz und sein Gestank zieht einem die Socken aus.

Bei ganz frischem, hellrotem Blut drängt sich erst mal der Gedanke an **Hämorrhoiden** auf (... ein alter Chef hat mich immer „Homerrhoid“ genannt – keine Ahnung, weshalb ...). Auch da unterscheidet man zwischen äußeren und inneren. Die äußeren sind, wie der Name schon sagt, von außen mit dem unbewaffneten Auge und ohne Nachhelfen sichtbar. Sie sind brutal schmerzhaft, was man von den inneren Hämorrhoiden eher nicht behaupten kann.

Die inneren Hämorrhoiden unterteilt man wiederum in

- spontan prolabierende,

Diagnose Patientin 1: Milzruptur.

- auf Pressen prolabierende und auf Anspannen der Beckenbodenmuskulatur spontan zurückflutschende und
- auf Drücken und Pressen nicht hervorfallende Hämorrhoiden.

Bei inneren und äußeren Hämorrhoiden handelt es sich um Varizen des rektalen Venenplexus.

Dann gibt es noch die **Divertikulose,** bei der sich die Mukosa durch die Muscularis der geschwächten Darmwand stülpt. Bevorzugt tut sie dies an Gefäßdurchtrittsstellen, wo die Darmwand am schwächsten ist. Manchmal stülpt sie sich auch nicht durch, sondern mit der Muscularis aus. Erstere nennt man falsche oder Pseudodivertikel, letztere werden echte Divertikel genannt. Diese Schwäche der Darmmuskulatur verdankt man im Allgemeinen einer Ernährung mit zu wenig Ballaststoffen (statt Vollkorn und Müsli: Weißbrot und Fast Food). Bei älteren Menschen ist die Divertikulose übrigens die häufigste Ursache für schmerzlosen Abgang hellroten Blutes!

Bei jüngeren Patienten darf man den **M. Crohn** nicht vergessen, eine entzündliche Erkrankung des Magendarmtraktes, welche sich von der **Colitis ulcerosa** u. a. dadurch unterscheidet, dass sie nicht auf das Kolon beschränkt ist, sondern jeden Darmabschnitt von Mund bis Urmund (Popo) befallen kann.

Anamnese & Befund

Auf dem Untersuchungstisch sitzt eine Frau mit wirklich schweren Knochen und berichtet über rezidivierende Blutungen aus dem Hintern. Außerdem leidet sie an Verstopfung und stechenden, brennenden Schmerzen im Analbereich, die sie auch jetzt gerade verspürt. Sie hat sichtlich Probleme, eine Sitzposition für längere Zeit zu halten.

Schwester Irmgard hat schon ihre Hausaufgaben gemacht: RR 140/90, P 84, Temp. 37,2 °C – danke schön.

Ich bitte die Patientin in Seitenlage und verschaffe mir Sicht auf die Rosette, welche so auf Anhieb eigentlich einen unauffälligen Eindruck macht. Dann palpiere ich und mir fällt beim rektalen Einführen des Fingers ein erhöhter Sphinktertonus auf. Ich lasse die Patientin mal vorsichtig pressen, um den Tonus herabzusetzen, damit ich die anorektale Mukosa etwas inspizieren kann. Auf sechs Uhr (in Steinschnittlage) sehe ich 1.) eine longitudinal verlaufende Fissur, deren distal aufgeworfener Wall 2.) auf eine chronische Geschichte hindeutet. Am proximalen Fissurende zeigt sich 3.) eine auffällig rote, hypertrophe Mukosa – damit wäre sie komplett: die typische Trias bei ???. Und da! Jetzt kann ich auch die inneren Hämorrhoiden I. Grades erkennen!

Diagnose

Therapie & Komplikationen

Hier heißt es in erster Linie den Auslöser beseitigen, also Ernährung umstellen hin zu ballaststoffreicher und fettarmer Kost, evtl. Laxanzien und regelmäßig Sport. Symptomatisch können Sitzbäder helfen, außerdem Analgetika und Kortison (auch als lokale Tinktur). In jedem Fall muss aber zunächst eine Endoskopie abklären, ob nicht noch was anderes dahinter steckt. Man kann ja schließlich Läuse **und** Flöhe haben, gell?
Therapierefraktäre bzw. thrombosierte Fälle müssen chirurgisch, beispielsweise durch Stichinzision, angegangen werden. Außerdem kann es bei chronischem Verlauf zu wiederholten Infektionen kommen mit wirklich fiesen Abszess- bzw. Fistelbildungen. Die zerstören das funktionale Gefüge des Schließmuskels mit der Folge: Inkontinenz unterschiedlicher Ausprägung.

Weitere Infos

Hoher Pressdruck (... dass oben die Augen fast rausspringen ...) und großkalibrige, trockene Kotballen (Obstipation) kommen als Auslöser von Analfissuren ebenso in Frage wie Colitis ulcerosa, M. Crohn, Tuberkulose, Episiotomien (z. B. in der Geburtshilfe), Tumoren und Laxanzienmissbrauch. Auch das Einführen von Körperteilen und/oder Gegenständen da hinten kann schuld sein, aber das ist den Patienten dann meistens ein bisschen peinlich – ein Fall für anamnestisches Fingerspitzengefühl ...

Also, für mich geht dieser Fall eindeutig in die „Analen" ein. Hunger habe ich jetzt keinen mehr ... Dann schau ich halt, in welchem Zimmer grad kein Kollege zugange ist. Wo sind die PJs? Kommt einer mit?? Ich biege in eines der als „Patienten-besetzt" markierten Zimmer und stehe – vor meinem alten Lateinlehrer! So eine Überraschung! Ich setze zu einer ganz herzlichen Begrüßung an und stocke erneut: Er ist es gar nicht. Sieht ihm bloß ähnlich, aber nicht zu knapp! Irgendwie haben die beide etwas von Karl Dall, so gesichtsausdrucksmäßig ...

Patient 3

Anamnese & Befund

Egal! Jedenfalls ist der 63-Jährige nicht Lateinlehrer, sondern Klempner und kommt her, weil er seit einigen Wochen sein rechtes Auge nicht mehr ganz öffnen kann. Nicht einmal der Schnaps helfe ihm, klagt er. Er nimmt Medikamente gegen zu hohen Blutdruck. Der schwanke immer so um die 150 herum, sagt er. Er war über 35 Jahre, mit zwei Packungen täglich, Zigarettenraucher, hat aber vor zehn Jahren damit aufgehört … sein Sohn habe ihm die Enkel verweigert, solange er rauchte.

RR 150/90, P 80, Temp. 37,3 °C.

Die rechte Iris ist vom Augenlid fast komplett verhangen (= Ptosis), die rechte Pupille ist eng (= Myosis) und reagiert nur andeutungsweise auf Licht. Außerdem wirkt der ganze rechte Augapfel etwas eingesunken (= Enophthalmus), verglichen mit dem linken. Zusätzlich berichtet er, dass er nur auf der linken Gesichtshälfte schwitze, selbst an warmen Tagen bleibe die rechte Hälfte trocken.

DD-Überlegungen

Da muss man wohl nicht lange um den heißen Brei reden – die vorliegende Trias aus Ptosis, Myosis und Enophthalmus ist typisch für das sog. **Horner-Syndrom.**

Das Problem: Dem Horner-Syndrom kann eine ganze Latte an Ursachen zugrunde liegen!

Pancoast-Tumor: typischerweise in der Lungenspitze gelegenes Bronchialkarzinom. Durch die enge Nachbarschaft zu den zervikalen sympathischen Ganglien und dem Brachialplexus kann er durch Horner-Symptomatik und/oder neurologische Zeichen an der oberen Extremität erstmals in Erscheinung treten. Diagnostik: Rö.-Thorax, CT Thorax; Therapie: Radiotherapie vor und nach chirurgischer En-Bloc-Resektion des befallenen Lungenanteils.

Dissektion mit Wandhämatom der A. carotis interna (ACI): Auch hier erklären die engen topographischen Verhältnisse zum Grenzstrang die Symptomatik. Diagnostik: CT- bzw. MR-Angiographie. Therapie: Je nach Ausprägung Heparinisierung mit anschließender Markumarisierung bzw. Stenting der ACI oder letztendlich Gefäßplastik.

Wallenberg-Syndrom: gehört als Komplikation der Arteriosklerose der Gefäße im hinteren Stromgebiet (Aa. vertebrales) bei diesem speziellen Patienten zu den ganz heißen Tipps! Dabei werden die Beschwerden durch eine Läsion im Bereich des Hirnstammes, z.B. durch Infarkt aufgrund eines sklerotischen Gefäßverschlusses, oder durch einen verschleppten Thrombus aus dem Herzen verursacht. Diagnostik: MRT mit Diffusionswichtung und gezielte CT- oder MR-angiographische Gefäßdarstellung. Therapie: je nach Auslöser. Grundsätzlich Vollheparinisierung und Behandlung des Grundleidens als Prophylaxe.

Bell-Lähmung: Die häufigste Form der Fazialislähmung ist idiopathisch (= kein Auslöser bekannt) und häufig nur vorübergehend. Steroide beschleunigen manchmal die Heilung. Hierbei erinnert lediglich das hängende Augenlid an ein Horner-Syndrom. Myosis und Enophthalmus sind **nicht** vertreten. Durch den Fazialisausfall ist die Bewegung des Augenlides eingeschränkt. Daher muss man das Auge auf der betroffenen Seite vor Austrocknung schützen. Diagnostik: elektrophysiologische Untersuchung mit Blinkreflex sowie MRT.

Trauma: na logisch! Von Stichverletzung über Distorsionstrauma mit Dissektion der Halsarterien bis hin zum schlichten Schleudertrauma ist alles möglich.

Untersuchungen & Ergebnisse

Neben der weiteren Befragung erbringen auch körperliche Untersuchung, Röntgen Thorax, Auskultation der Karotiden sowie Hals-CT keinen Hinweis für Trauma, Lungentumor oder Karotis-Aneurysma. Die Bell-Lähmung kann man eigentlich auch ausschließen, weil der Mann alle Fratzen und Schnuten mit dem Mund nachmachen kann, ohne dass es asymmetrisch wirkt.

Also, was würde die MR-Angiographie der Kopf-Hals-Gefäße mit Darstellung der A. cerebelli inferior posterior (PICA) hier zeigen? Wahrscheinlich einen Verschluss, der zum Infarkt geführt hat. Durch ein MRT im Bereich der Medulla oblongata (Stammhirn) ließe sich dann ein tumoröses Geschehen hoffentlich ebenfalls ausschließen.

Diagnose

Diagnose Patientin 2: Analfissur, begleitet von inneren Hämorrhoiden.

Therapie & Komplikationen

Die Therapie beschränkt sich in diesem Falle lediglich auf Schadensbegrenzung (zunächst Vollheparinisierung, Blutdruck gut einstellen, antithrombotische Langzeitprophylaxe etc.). Logischerweise darf man dabei nicht vergessen, das betroffene Auge vor Austrocknung zu schützen (Bepanthen-Augensalbe, Augenklappe).

Weitere Infos

Um sich die Ursachensuche einfacher zu machen, muss man erst einmal wissen, wie es zu so einer neurologischen Reaktion kommen kann. Hierzu schnell eine stichwortartige Zeitreise zurück in den Neuroanatomiekurs!
Die Ganglien des Parasympathikus (P) findet man im thorakolumbalen Rückenmark lokalisiert, die des Sympathikus (S) im Stammhirn sowie in zervikalen und lumbosakralen Ganglienstrangen paravertebral. Die Augen erhalten (S-)Fasern von den zervikalen Ganglien, die für die Dilatation der Pupillen zuständig sind, während die (P-)Fasern die Konstriktion übernehmen.
Nun ist es wie mit der Wippe auf dem Spielplatz: Wenn eines der beiden Systeme durch irgendetwas in Mitleidenschaft gezogen wird, gewinnt der Gegenspieler die Überhand.
Wenn also dieser vermeintliche Lateinlehrer eine konstrikte Pupille hat, dann überwiegt natürlich der Parasympathikus. Was wiederum heißt, dass das (S-)System lädiert ist.

„Mein Lateinlehrer sah aus wie Karl Dall“, verrate ich ihm. „Mein Sohn hatte Latein in der Schule“, erwidert er. „Mein Schulfreund ist auch Klempner“, nicke ich und verabschiede ihn.
Mahatma, unsere neue PJ-lerin, hat die nächste Patientin schon vorbereitet und steht wartend in der Tür.
Aber jetzt brauche ich erst mal irgendetwas in den Magen. So ganz ohne Frühstück bin ich auf die Dauer einfach nicht genießbar. Während wir auf der Suche nach was Essbarem einen Abstecher in den Aufenthaltsraum machen, berichtet Mahatma mir schon mal von ihrer Patientin. 37 Jahre, verschwommener Blick und Kopfschmerzen. – War die vielleicht auch gestern auf ein paar Bier?, schießt mir im ersten Moment durch den Kopf. Da … Kekse! Nicht schlecht für den Anfang. Einen tief in die Backentasche, einen zwischen „de Zäng“ und noch einen in die Hand als Wegzehrung – jetzt kann ich mich wieder besser auf die Patientin konzentrieren.

„Wie lang hat fie daf denn fffon?", sprühe ich Mahatma die Kekskrümel entgegen.

„Schon seit zwei Tagen", ist die Antwort. „Am schlimmsten seien die Schmerzen über beiden Schläfen, vor allem im Liegen. Heute morgen beim Schuheanziehen ist ihr, wie sie sagt, komplett die Sicht ausgefallen. Übel ist ihr auch. Und dann", Mahatma holt tief Luft „also, sie ist ein bisschen panisch, weil vor Jahren der inzwischen verstorbene Sohn ihrer Nachbarin einen Gehirntumor hatte, mit den gleichen Symptomen …"
Ich gehe mit Mahatma im Schnelldurchlauf die Differenzialdiagnosen durch, die mir dazu so spontan einfallen:

DD-Überlegungen

Trauma – hatten wir ja erst …
Meningeom ist der häufigste paramediane Hirntumor beim Erwachsenen. Es lässt sich per Kernspin bzw. CT nachweisen, histologisch sieht man die berühmten Psammonkörper. Hat übrigens nach chirurgischer Exzision eine sehr gute Prognose, weil prinzipiell gutartig und nicht metastasierend.
Kopfschmerzen, vor allem an den Schläfen, Sehstörungen, Übelkeit, das alles passt auch ganz gut zur **Arteriitis temporalis.** Für die Diagnose wäre eine Histo der Schläfenarterie fällig, da sieht man dann die Riesenzellen. Mit Kortison mittel- bis langfristig kriegt man die Entzündung ganz gut in den Griff – unerkannt kann sie bis zur Erblindung führen.
Wenn mehr Liquor produziert wird, als abfließen kann, macht die **Zunahme des Hirndrucks** auch Kopfschmerzen, typischerweise besonders an den Schläfen. Kann durch Hypervitaminose A, Tetrazykline oder abruptes Absetzen einer langfristigen Kortisontherapie verursacht werden, kann aber auch idiopathisch auftreten. Dann spricht man von einem **Pseudotumor cerebri.** Hier zeigt die Fundoskopie ein Papillenödem, und bei Lumbalpunktion ist der Liquordruck erhöht. Die Hirnstruktur im CCT ist zwar normal (!), aber das erweiterte Ventrikelsystem fällt bei Liquorabflussstörungen sofort auf.
Auch **Migräne** macht bekanntlich Kopfschmerzen mit Phono-

Diagnose Patient 3: Wallenberg-Syndrom.

und Photophobie, Übelkeit und Sehstörungen. Den Trigger hat man jetzt im Hypothalamus gefunden und auch die trigeminale Aktivierung wird heiß diskutiert. Wenn so ein Anfall kommt, ist Reizabschirmung (abgedunkelter Raum, Ruhe) günstig, aber das machen die Betroffenen in aller Regel schon von ganz alleine. Leichten bis mittelschweren Attacken kann man mit nichtsteroidalen Antiphlogistika beizukommen versuchen, bei schweren Anfällen Triptane. Wichtig: Wenn Übelkeit dabei ist, zirka eine Viertelstunde vor dem Schmerzmittel was gegen die Übelkeit geben, z.B. Metoclopramid, dann bleibt das Schmerzmittel auch drin …

Die **Meningitis** – zu deutsch: die Entzündung der weichen Hirnhäute – kann man sich durch Viren, Bakterien oder durch Noxen/Medikamente einhandeln. Typisch sind neben Fieber und Kopfschmerzen Nackensteife und Opisthotonus. Diagnostisch führt da kein Weg an der Liquorpunktion vorbei.

Eine **Sinusthrombose** kann ähnliche Symptome machen wie die Hirndruckerhöhung, da der venöse Abfluss behindert ist. MRT und MR-Angio mit Darstellung der venösen Phase sichern die Diagnose. Danach je nach klinischem Zustand Vollheparinisierung und anschließende Markumarisierung.

Anamnese & Befund

Als wir das Zimmer betreten, sitzt die Patientin mit schmerzverzerrtem Gesicht auf der Untersuchungsliege.

Die Frau weiß, wo sie sich gerade befindet und welcher Tag heute ist. Weder die Befragung noch die Inspektion ihres Schädels gibt irgendeinen Hinweis auf Schlag oder Sturz. Phono- und Photophobie liegen nicht vor. Ebenso keine Nackensteifigkeit. Sie verneint einen Drogenkonsum und stand auch sonst in letzter Zeit unter keinerlei medikamentöser Therapie. Ihre Temporalarterien sind weder geschwollen noch druckdolent.

Mahatma hat Blutdruck und Co. schon erfasst: RR 135/80, P 72, Temp. 36,6 °C.

Die Funduskopie zeigt ein heftiges Ödem der Papille, ein Zeichen für intrakranielle Druckerhöhung! Nun muss ein CCT her, um einen raumfordernden Prozess sicher auszuschließen!

Untersuchungen & Ergebnisse

Aber das CCT ist völlig unauffällig, das ist ja schon mal gut! Das MRT mit MR-Angio zeigt freie Sinusoide; das Labor schließt bakteriellen und oder viralen Befall aus und auch das Blutbild hat nix Auffälliges zu bieten. Aber die Liquorpunktion: Der Öffnungsdruck ist mit 31,5 cmH_2O (normal: 7,5–18 cmH_2O im Liegen, 15–25 cmH_2O im Sitzen) ganz klar zu hoch!

Diagnose

Therapie & Komplikationen

! Bei geringstem Verdacht auf Meningitis sofort – noch während die Laboruntersuchungen laufen – Antibiose mit Ceftriaxon einleiten, weil gut liquorgängig!

Mit Carboanhydrase-Hemmer (Azetazolamide) wird erst mal die Liquorproduktion runtergedreht; Diuretika (Furosemide) steigern den Abfluss. Aber Vorsicht mit der Diurese … Kaliumverlust! Elektrolythaushalt regelmäßig kontrollieren! Wenn alles nix hilft, hilft CSF-Shunting: Da wird eine Verbindung gelegt zwischen CSF (zerebrospinale Flüssigkeit) und Bauchraum. Um den Sehnerv zu retten, kann man evtl. die Nervenscheide fenstern. Eine Chronifizierung kann auf lange Sicht zur Optikusatrophie und somit zur endgültigen Erblindung führen. Deshalb muss die Patientin so lange stationär bleiben, bis alle anderen Ursachen ausgeschlossen und die Symptome durch die medikamentöse Therapie rückläufig sind.

Ich übergebe den Fall an die junge Kollegin und verabschiede mich … zurück ins Stationszimmer. Aber ich hab es ja schon geahnt – keine Kekse mehr da. Nur noch so kleine abgepackte Honigportionen … besser als nix! Dann folgt das übliche Spiel: Schwester Irmgard entdeckt mich, drückt mir 'ne Akte in die Hand und jagt mich in das nächste Behandlungszimmer. Aber den Honig behalte ich!!!
Den Türgriff zum Untersuchungszimmer in der Hand, kämpfe ich noch mit diesem ziepigen Zeugs am Gaumen. Sieht ja irgendwie blöd aus, wenn der Doc nicht mal mehr guten Morgen sagen kann, weil er sich den Mund verklebt hat … Schwester Irmgard feixt. Haha, sehr witzig!

Patientin 5

Anamnese & Befund

Im Zimmer begrüßt mich eine 34-Jährige, die seit einem Tag von brennenden Schmerzen beim Wasserlassen und häufigem Harndrang gequält wird. „Dabei lohnt es sich gar nicht, für die paar Tröpfchen aufs Klo zu gehen", beschwert sie sich. Kann ich verstehen. Ihr Blutdruck ist 120/80, Puls 72, Fieber hat sie keins: 36,8 °C. Die Nierenlager sind frei, also höchstwahrscheinlich kein Infekt und auch keine Nephrolithiasis (Nierenstein) auf der Höhe. Aber die Palpation der Blase bereitet Unbehagen und triggert Harndrang.

Die Genitalien schauen unauffällig aus, sind geruchsneutral und ohne Ausfluss. Der Harn macht dagegen schon eher einen trüben Eindruck.

Schwangerschaft wird verneint. Zurzeit habe sie keinen Sexualpartner.

DD-Überlegungen

Allzu viele Differenzialdiagnosen fallen mir bei dieser Patientin nicht ein, schließlich präsentiert sie einen so typischen Fall von **Harnwegsentzündung.** Bleibt die Frage: bakteriell oder nichtbakteriell (Reizung der Blase durch Erkältung)? Wär's bakteriell, könnte man noch mal unterscheiden zwischen nosokomialen (also durch 'nen Blasenkatheter, Anamnese!) und nicht-nosokomialen Infekten, die bei Frauen mit Beginn der Sexualaktivität recht häufig sind. Geschlechtsverkehr und Manipulationen der Genitalien führen häufig zu diesen Symptomen.

Prinzipiell prädestiniert jede **Blasenentleerungsstörung** zu Harnwegsinfekten. Beim Mann wird sie durch **Prostatahyperplasie** (und eigentlich auch jede Striktur zwischen Glans penis und Blasenhals) begünstigt und verursacht durch den erschwerten Abfluss eine prästenotische Druckerhöhung mit Rückstau und Restharnbildung. Dieser Restharn sowie der verminderte Wash-out-Effekt beim Wasserlassen bereiten den vermehrungswütigen Keimen in den ableitenden Harnwegen beste Siedelungsbedingungen. Aber auch bei der Frau können Harnröhren-Engstellen zu Blasenentleerungsstörungen und rezidivierenden Zystitiden führen. Auch neurogene Entleerungsstörungen sind möglich. Eine genaue Anamnese kann einem da auf die Sprünge helfen, und auch die sonographische Kontrolle des Restharns nach Miktion ist wichtig.

Von zehn Patientinnen sind acht bis neun mit E. coli infiziert. Seltener sind Proteusinfektionen, bei denen der Urin alkalisch wird, weil diese Keime den sauren Harnstoff zersetzen.

Blutentnahme braucht's eigentlich bei Verdacht auf unkomplizierten HWI ohne Fieber nicht so dringend, aber da bin ich heute mal nicht so ... Also: Blut und Harn abnehmen und ab ins Labor damit. Am besten wäre Katheterurin, wegen der Gefahr der Kontamination, die dabei wegfällt. Vorsichtige Kollegen legen eine Urinkultur an, um besser reagieren zu können, falls die antibiotische Therapie nicht anschlagen sollte. Aus dem Stegreif lässt sich ein U-Stix durchführen, wobei so ein Streifen mit unterschiedlichen chemisch reagiblen Feldern in den Urin gehalten wird. Anhand der Farbänderungen in diesen Feldern kann man Parameter wie Leukos, Zucker, pH etc. grob abschätzen.

Untersuchungen & Ergebnisse

Blutbild: Leukos 13 500, das lässt auf eine bakterielle Entzündung schließen. U-Stix: positiv für Leukos, Urin-pH ist erhöht.

Die Urinanalyse zeigt eine eitrige Beimischung (Pyurie) ohne (!) Leukozytenzylinder (d.h. die Nieren sind nicht befallen). Über 10 000 Bakterien pro ml Urin lassen am Harnwegsinfekt keinen Zweifel mehr offen. Der Urin ist positiv für die Leukozytenenzyme, die bei deren Zerfall frei werden, sowie für Nitrate, welche die Bakterien als Stoffwechselprodukte freisetzen.

Diagnose

____

Therapie & Komplikationen

Bloß nicht auf die Ergebnisse der Mikrobio warten, die dauert schließlich zwei Tage und die Patientin leidet ja. Aber auf jeden Fall muss man sich vergewissern, dass vor Therapiebeginn eine gemacht wurde!

Deshalb also schon mal anfangen mit Trimethoprim und Sulfa-

Diagnose Patientin 4: Pseudotumor cerebri. Ist übrigens am häufigsten bei Frauen zwischen 15 und 40.

methoxazol im bewährten Kombipack (z.B. Cotrim) und falls nötig nach Erhalt der Urinkultur umsteigen auf eine testgerechte Medikation.
Durch Geschlechtsverkehr werden Keime in die Urethra regelrecht „einmassiert". Aufgrund der Nähe zum Anus handelt es sich hier meist um Darmkeime. Deshalb ist es günstig, nach dem Geschlechtsverkehr zu urinieren (Washout-Effekt).
Es ist wichtig, auch so einen scheinbar „banalen" Harnwegsinfekt vernünftig zu therapieren, um zu verhindern, dass sich die Keime aufsteigend in Richtung Nieren bewegen. Sonst kann dies zu einer ausgewachsenen Pyelonephritis führen. Und das ist nun wirklich kein Spaß!

Nun fängt meine Blase auch gleich zu drücken an. Ich verpiesel mich mal.
Kaum von dieser dringlichen Angelegenheit zurück, drückt mir jemand die nächste Akte in die Hand. „Bloß nicht hetzen", knirsche ich zwischen den Zähnen. Die neue Akte aufgeschlagen, betrete ich das Zimmer.

Patient 6

Anamnese & Befund

Vor mir sitzt ein junger Mann, der so auf den ersten Blick ganz normal ausschaut. „Mir schmerzt die Brust", beklagt er sich und deutet links auf seinen Brustkorb.
Er ist 28 Jahre alt und arbeitet gelegentlich auf dem Bau. Während seines letzten Jobs sei ihm immer öfter die Puste ausgegangen, wenn er mal ein Stockwerk Treppen steigen oder die geladene Schubkarre 20 Meter weit bewegen musste. Jetzt habe er schon seit drei Monaten nicht mehr gearbeitet, trotzdem sei er ständig groggy. Außerdem ginge ihm die Luft aus, sobald er mal einen Schritt schneller antrete, zum Beispiel, um noch die grüne Ampel zu erwischen. Dazu kämen nun seit einigen Tagen auch noch diese linksseitigen Brustschmerzen, sogar in Ruhe.
Nun erst mal Blutdruck messen, untersuchen und dabei unauffällig überlegen: RR 110/90, P 112, Temp. 36,9 °C.
Der Mann ist nicht zyanotisch und macht einen ruhigen, orien-

tierten Eindruck. Rekapillarisierung normal. Pulsation über Apex palpabel. Zweiter Herzton leise und paradox gespalten (= Pulmonalklappe fällt vor der Aortenklappe). Spindelförmiges, raues Systolikum mit PM über dem 2. ICR rechts, ausstrahlend in die Karotiden.

DD-Überlegungen

Schmerzen in der linken Thoraxhälfte, die bei körperlicher Anstrengung ausgelöst und/oder verstärkt werden, lenken den Verdacht zunächst auf eine Herzgeschichte. Das Alter des Patienten stellt dabei keineswegs ein Ausschlusskriterium dar. Hin und wieder hört man ja in der Presse, dass Sportler während des Spiels einfach tot umgekippt seien, mit der Diagnose **akutes Herzversagen.** So ein plötzlicher Herztod ist oft Rhythmus-bedingt, durch schnelle ventrikuläre Tachykardie oder Kammerflimmern.

Akutes Herzversagen kann auch die „finale Komplikation" bei **hypertropher Kardiomyopathie** sein – hier liegt eine asymmetrische Hypertrophie des Ventrikelseptums vor, welche in mehr als der Hälfte der Fälle autosomal-dominant vererbt wird. Da ist der Herzmuskel dermaßen kräftig, dass er erstens die eigene Auswurfbahn versperrt und es zweitens den Koronararterien ganz schön schwer macht, den Blut- bzw. O_2-Bedarf des Muskelgewebes zu decken. Folge: Atemnot bei Anstrengung, pektanginöse Thoraxschmerzen, Synkopen. Auf die Diagnose bringt einen – nicht immer – der vergrößerte Herzschatten im Rö.-Thorax, aber vor allem das Herzecho mit Doppler-Sono.

Aber das muss es ja nicht sein, möglich wäre auch eine **Aortenklappenstenose (AKS),** die bei älteren Patienten durch Kalzifikation der Klappen, bei jüngeren durch rheumatische Herzklappendestruktion oder durch eine angeborene bikuspide (zwei statt drei Segel!) Aortenklappe entstehen kann. Auch dabei findet man Atemnot bei Anstrengung, im fortgeschrittenen Stadium auch in Ruhe. Passen würde dazu auch der Auskultationsbefund, dieses holosystolische, spindelförmige, raue Systolikum, das sich typischerweise unter Valsalva verstärkt und in die Karotiden fortgeleitet wird. Im Röntgenbild sieht man (nicht unbedingt sofort, oft erst später) eine Linksherzvergrößerung; im Doppler-Sono die eingeschränkte Öffnungsbewegung der Aortenklappe mit deut-

---

Diagnose Patientin 5: Unterer Harnwegsinfekt – man kann auch ganz banal „Blasenentzündung" dazu sagen.

licher Flussbeschleunigung, im fortgeschrittenen Stadium dann auch 'ne verminderte Ejektionsfraktion des LV. Wird so eine AKS symptomatisch, ist die Klappenöffnungfläche meist bereits sehr stark – auf unter 1 cm^2 – eingeschränkt. Quantifizieren kann man das per TEE (transösophageales Echo), Kernspin und/oder Herzkatheter.

Beim **rheumatischen Fieber** richten sich Antikörper, die sich nach Infektion mit A-Streptokokken gebildet haben, einige Wochen später auch gegen die Synovialmembran der Gelenke und die Basalmembran der Herzklappen. Folge dieses immunologischen Missverständnisses ist eine permanente Herzklappenschädigung. Die Mitralklappe trifft's übrigens am häufigsten, gefolgt von der Aorten- und danach der Pulmonalklappe. Diagnose per Anamnese und Antistreptolysin-O-Titer.

Eine **koronare Herzkrankheit,** kurz KHK, würde ich dagegen eher bei älteren Patienten erwarten. Bei fortgeschrittener Atherosklerose der Koronararterien bekommt der Herzmuskel nicht mehr genug Blut (und Sauerstoff) ab, besonders, wenn er's bei Anstrengung gerade extra nötig braucht. Die Folge: Angina pectoris, Myokardinfarkt, Herzversagen, je nachdem, wie proximal die Engstelle liegt und ob das Gefäß komplett veschlossen ist oder noch ein bisschen was durchlässt. Auf die Spur kommt man der Sache per Belastungs-EKG, eindeutig gesichert wird's durch Koronarangiographie.

Eine **Aortensklerose** würde man ebenfalls eher bei älteren Patienten erwarten. Dabei handelt es sich um die Verkalkung der Aorta (auch ohne Klappenbeteiligung) mit daraus resultierender Linksherzbelastung und -hypertrophie. Auf Thorax- und Abdomenaufnahmen älterer, asymptomatischer Menschen sieht man so etwas schon häufiger. Therapie braucht's in der Regel nicht.

Also dann: EKG, Rö.-Thorax, Echo. Außerdem natürlich Labor mit Herzenzymen (besonders Troponin T, GOT, LDH) und Antistreptolysin-Titer.

Untersuchungen & Ergebnisse

Das EKG zeigt Zeichen der linksventrikulären Hypertrophie mit positivem Sokolow-Index (R in V_5 oder V_6 und S in V_1 oder V_2 > 3,5 mV). Im Rö.-Thorax erscheint der Herzschatten geringgradig verbreitert; außerdem sieht man eine poststenotische Aortendilatation. Das Herz-Echo offenbart eine bikuspide Aortenklappe mit pathologischem Gradienten und konzentrische Linksherzhypertrophie.

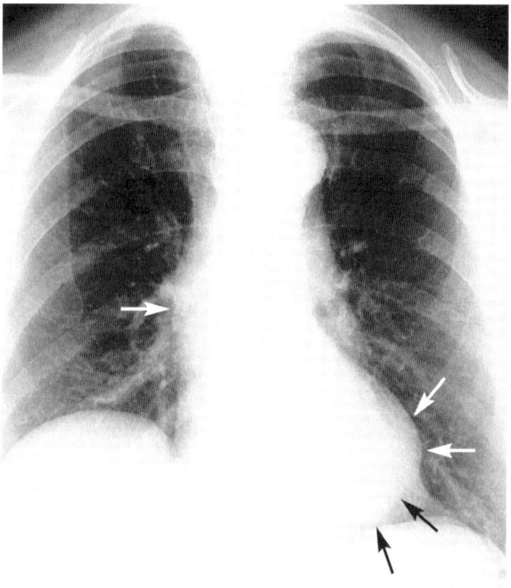

Abb. 4: Thoraxaufnahme p.a.: Die linke Herzkontur ist infolge der konzentrischen Myokardhypertrophie abgerundet (→→). Die aszendierende Aorta bildet partiell den rechten Mediastinalschatten (→), was für eine Ektasie spricht. Nebenbefundlich Zwerchfellhochstand rechts, im Fall dieses Patienten ohne pathologisches Korrelat.

Diagnose

Therapie & Komplikationen

Therapie der Wahl bei einer hochgradigen, symptomatischen Aortenklappenstenose wie dieser hier ist die Klappenchirurgie. Bei asymptomatischen leicht- und mittelgradigen Aortenklappenvitien regelmäßige kardiologische Kontrollen. An die Endokarditisprophylaxe denken!
Generell sollte der junge Mann Spitzenbelastungen meiden und seine tägliche Trinkmenge auf 1,5 bis 2 Liter beschränken. Bei Auftreten von peripheren Ödemen, d. h. Symptomen der Herzinsuffizienz, können Diuretika die Rekompensation beschleunigen.

Weitere Infos

Die Aortenklappenstenose stellt bei Erwachsenen die häufigste Herzklappenläsion dar und ist in diesem Alter in der überwiegenden Mehrzahl der Fälle degenerativ bedingt. Auf vier betroffene Männer kommt eine Frau.

Ein laut lallender Mann auf dem Flur reißt mich aus meinen Gedanken. August, unser neuer AiP, steckt den Kopf ins Zimmer: „Ach, hier bist du! Kannst du mal schauen ... ich komm nicht klar." Edel sei der Mensch, hilfreich und ... na klar, bin schon unterwegs!

Patient 7

Vor dem Behandlungszimmer beschreibt August kurz den Patienten: „Ein aufgebrachter, übergewichtiger Mann ohne Vorerkrankungen, ehemaliger LKW-Fahrer. Seit einigen Tagen zeigt er neurologische Symptome wie Sprach- und Sehstörungen, Kopfschmerz usw. Seine Frau bringt ihn her. Ich habe ihn neurologisch untersucht, war aber nicht ganz einfach, er ist nämlich völlig von der Rolle. Soweit ich's beurteilen kann, sind seine Kranialnerven seitengleich intakt; Babinski negativ. Andere Tests für Gleichgewicht, Ataxie und so konnte er nicht ausführen. Immerhin, Blut für großes Labor habe ich schon abgenommen ..."

Anamnese & Befund

Als August und ich das Zimmer betreten, springt ein fettleibiger Mann erregt auf und lallt gestikulierend unverständliches Kauderwelsch. Er ist 60 Jahre alt und deutlich verwirrt. Seine Frau fährt ihn energisch an, damit er sich wieder setzt. „Er hat das schon seit etwa vier Tagen. Morgens vor dem Frühstuck und am späten Nachmittag. Für heute ist es das erste Mal. Wir waren gerade noch mit Gartenarbeit beschäftigt, als es mit Kopfschmerzen losging." Ich frage August nach dem Blutzucker. „Ist mit angefordert", bestätigt er, „Blutdruck habe ich auch schon gemessen: 140/90, Puls 96, Temperatur 37,2 °C."

Scheinbar erkennt er seine Frau und uns als Ärzte, weiß aber nicht, wo er sich gerade befindet oder welchen Tag wir gerade haben. Er ist blass und kaltschweißig. Die Prüfung der Hirnnerven ist beidseits unauffällig. Feinschlägiger Tremor. Thoraxauskultation unauffällig. Alkoholkonsum wird verneint, ebenso regelmäßiger Medikamentenkonsum. „Manchmal nimmt mein Mann nicht verschreibungspflichtige Tabletten gegen seine Knieschmerzen." Auskultation von Thorax und Abdomen sind ebenfalls unauffällig.

DD-Überlegungen

Das sinnlose Gefasel könnte für ein **Wernicke-Korsakoff-Syndrom** sprechen, da sind Konfabulationen und anterogerade Amnesie typisch, verursacht durch die Degeneration des Corpus mamillare (im Zwischenhirn). Schuld ist ausgeprägter chronischer Vitamin-B_1-(Thiamin-)Mangel, wie er bei Alkoholismus mit dauerhafter Fehlernährung auftritt. Die Therapie heißt Vitaminsubstitution.

Eine **Unterzuckerung** sieht man am häufigsten **iatrogen** bei Diabetikern durch Insulinüberdosis bzw. Kumulation. Fängt auch mit den beschriebenen Symptomen an und kann sich bis zum Koma steigern. Kann aber auch durch übermäßige Aufnahme von insulinogenen Substanzen getriggert werden, z.B. Leucin und Lysin (die zwei „L"s), findet man zuhauf in Proteinpräparaten.

Bei der **Addison-Krise** kommt es auch zur Unterzuckerung, nämlich durch eine Unterfunktion der NNR, sei es durch gestörte ACTH-Produktion oder primär durch defektes NNR-Gewebe. Es kommt zu 'ner verminderten Produktion und Ausschüttung von Glucocorticoiden und somit zur Hyperkaliämie, Hypercalciämie, Hyponatriämie und zu einer hypoglycämischen Stoffwechsellage. Diagnose: Serum-Kortisonspiegel, ACTH-Stimulationstest zur Differenzierung zwischen primärem und sekundärem Typ.

Eine echt abgefahrene Variante ist die **artifizielle Persönlichkeitsstörung** – da spritzen sich die Leute absichtlich Insulin, um mit akuten Symptomen in medizinische Betreuung zu kommen. Warum sie das tun? Eine einfachere Frage, bitte! Manchmal liegt da eine veritable psychopathologische Störung vor, die in Richtung **Münchhausen-Syndrom** geht. Deshalb aufgepasst: Fehlt das C-Peptid im Serum, spricht das für extern zugeführtes Insulin. Das körpereigene Insulin besteht nämlich aus Pro-Insulin und C-Peptid, welches beim Abbau freigesetzt wird. Handelsübliches Insulin hat dagegen kein C-Peptid. Hier ist neben Glukose dann auch dringend ein Psychokonsil geraten.

Das **Insulinom** ist eine Neoplasie der β-Zellen des Pankreas, gekennzeichnet durch die sog. Whipple-Trias: hypoglykämische Attacken nach Fasten und körperlicher Anstrengung, Blutzucker unter 30 mg%, Verschwinden der Symptome unmittelbar nach i.v. Glukose.

Und da wäre noch, last but not least, der **Alkoholrausch** (das

---

Diagnose Patient 6: Aortenklappenstenose.

erinnert mich schlagartig wieder an die vergangene Nacht ...). Für die Erklärung braucht's einen kleinen Exkurs in die Biochemie: $C_2H_5O_2$ wird durch die Alkoholdehydrogenase zu Acetaldehyd (CH_3CHO) und dieses wiederum durch die CH_3CHO-Dehydrogenase zu Azetat umgewandelt. Dabei wird NAD^+ zu NADH umgesetzt. Dieser NADH-Überschuss, der im Suff anfällt, kurbelt den Umbau von Pyruvat zu Laktat und von Oxalazetat zu Malat an, weil dadurch NADH wieder zu NAD^+ rückverwandelt wird. Dadurch wiederum wird aber der Glykoneogenese das Substrat entzogen, die körpereigene Zuckerproduktion wird also kaltgestellt. Deshalb kommt es letztendlich zur Hypoglykämie. Ergo gibt man Säufern, die in die Notaufnahme gebracht werden, eine Glukose-Infusion.

Untersuchungen & Ergebnisse

August legt eine Braunüle und wir hängen probatorisch eine Glukoseinfusion an – und wie durch einen Zauber verschwinden die Symptome innerhalb weniger Momente!

Der Serum-Kortisonspiegel ist im Normbereich, die Hypothalamus-Hypophyse-NNR-Achse also nicht gestört. Aber er hat 'ne Hypoglykämie (26 mg%), das Serum-Proinsulin sowie Insulin sind erhöht. Auch das C-Peptid ist erhöht, also ist Insulinzufuhr von außen ausgeschlossen (s.o.).

Daraufhin wird die bildgebende Diagnostik bemüht (CT, MRT und Angiographie des Abdomens): Dabei zeigt sich eine Geschwulst im Pankreasschwanz.

Diagnose

____

Therapie & Komplikationen

Zunächst einmal Glukose p.o. oder i.v. Dann aber umgehend bei den Viszeralchirurgen vorstellen, um den Tumor zu entfernen. Fast jedes dritte Insulinom ist zu klein, um sich genau lokalisieren zu lassen. Deshalb sind auch postoperativ Rezidiverscheinungen nicht so selten. In diesen Fällen gibt man Diazoxide und andere Insulin-Ausschüttungshemmer, kombiniert mit Streptozozin und Doxorubizin (Zytostatika).

Solche Hypoglykämie-Attacken führen nicht selten sekundär zu

Körperverletzungen, z.B. durch Sturz bei Synkopen. Schlimmstenfalls drohen komatöse Zustände und sogar der Tod.

Weitere Infos

Insulinome sind fast immer gutartig, selten und fast immer als singulärer Herd im Pankreas lokalisiert. Multipel oder maligne sind sie nur in Ausnahmefällen. Am häufigsten kommen sie im fünften bis siebenten Lebensjahrzehnt vor.
Dadurch, dass die Glukose durch das Insulin ständig in die Zellen verstaut wird, hat der Patient ein ewiges Hungergefühl ... daher das Übergewicht. Die unkompensierte Hypoglykämie schlägt aufs Hirn ... daher die Verwirrung.

Augustus hat wieder etwas dazugelernt, und ich auch, denn ich hatte die artifizielle Hypoglykämie schon längst wieder vergessen!
Apropos Hypoglykämie: Mein Magen knurrt – und nicht zu knapp. Auf dem Weg in die Kantine erzähle ich August von meinen Zeiten als König der kalifornischen Freeways ...
Damals bin ich nämlich als Tomaten-Trucker durch die kalifornische Wüste gegurkt. Auf einer meiner nächtlichen Fahrten habe ich dort Chuck kennen gelernt, einen eher schmächtigen 16-jährigen Schüler, der sich während seiner Schulferien als Ladungskontrolleur auf den Feldern ein bisschen Geld verdiente. In der dunklen Nacht sah und hörte man draußen auf dem Feld die Arbeiter, meist Mexikanos, die im grellen Licht des Erntetraktors die Anhänger mit Tomaten beluden. Während ich darauf wartete, dass auch meiner seinen Teil Tomaten abbekam, schwatzte ich mit besagtem Chuck. Ganz gemütlich, aber mittendrin wandte er sich plötzlich ab und würgte in einen Graben. „Na, also bitte, so ein schlechter Gesellschafter bin ich doch auch wieder nicht?", empörte ich mich insgeheim, da entschuldigte er sich aber auch schon und erzählte einfach weiter, als sei nichts gewesen ...

Diagnose Patient 7: Inselzelladenom (Insulinom).

Aber das wollte ich dann doch genauer wissen:

Anamnese & Befund

Auf Nachfragen erzählte er mir von seinen retrosternalen Schmerzen, die immer dann stärker wurden, wenn er was gegessen hatte. Die hochgewürgte Masse bestand aus unverdauter Nahrung. Leicht konnte ich einen Burrito mit Bohnen, Hackfleisch, frischen Tomaten und Schmand erkennen. Da waren auch noch vereinzelt Zwiebelringe mit drin.

„Iss doch weiter, August. Das Chili hier in der Kantine ist doch heute gar nicht übel." Irgendwie scheint der Gute einen etwas empfindlichen Magen zu haben. Aber da muss er durch, gehört alles zur Ausbildung, oder? Also weiter mit Chuck:

Das passiere ihm regelmäßig, seit er denken könne, erzählt er, immer dann, wenn er sich nicht genug Zeit zum Kauen ließe oder zu wenig Flüssigkeit beimenge. Ich frage, ob er schon einen Arzt aufgesucht habe. Da schaut er mich an wie von einem anderen Stern: „Can't afford it, man. My mom's got no insurance" und zuckte mit den Schultern. Ist in den Staaten nicht so selten, dass sich einer den Besuch beim Arzt schlicht nicht leisten kann, weil er keine Versicherung hat.
Immerhin: Er hat keinen Schwindel und auch keine Atemnot bei körperlicher Belastung. Für seine Schule läuft er die Ein-Meilen-Distanz ohne Probleme. Blutig habe er noch nie erbrochen. Kein Nachtschweiß, kein Fieber, kein ungewollter Gewichtsverlust. Er verneint Zigarettenkonsum. Gelegentlich rauche er Hasch, aber erst seit gut zwei Jahren.
Also kann ich wohl auch von normalen Vitalzeichen ausgehen.

DD-Überlegungen

Am wahrscheinlichsten handelt es sich hier um eine **Achalasie:** Normalerweise entspannt sich ja der kardiale Sphinkter, wenn der verschluckte Brocken sich ihm nähert. Bei dieser Störung nicht. Er bleibt eng und die Nahrung staut sich im Ösophagus. Die Diagnose stellt man normalerweise nach Rö.-Thorax mit Breischluck: Da sieht man dann die schnabelförmige Einschnürung am distalen Ende eines kelchförmig erweiterten Ösophagus. Manometrisch

kann man das Ganze quantifizieren. Zur Therapie sind Relaxanzien, Botulinum-Toxin und im Zweifelsfall chirurgisches Einschneiden des Schließmuskels angesagt.
Auch das **Ösophagus-Ca** geht mit einer Verengung des Ösophaguslumens einher. Aber bis es so massiv Symptome macht, bestehen meist schon Kachexie und allgemeine Malaise. Endoskopie und Biopsie sichern die Diagnose. Je nach Lokation und Ausmaß kommen dann Radiochemotherapie, Exzision oder beispielsweise 'ne Magenhochzug-Anastomose zum Zuge.
Ein **Barrett-Ösophagus** entsteht im Gefolge chronischer Refluxkrankheit. Normalerweise ist ja der distale Ösophagus mit Plattenepithel ausgekleidet. Schwappt aber durch den ständigen Reflux immer wieder saurer Mageninhalt hoch, bekommt der Ösophagus dort eine Art Identitäskrise: Er denkt, er sei nun auch Teil des Magens, und kleidet sich daraufhin mit Zylinderepithel aus. Ein Zehntel der Fälle entarten zum Adeno-Ca. Auch hier verschaffen Endoskopie und Biopsie Klarheit. Anschließend wird wie bei Ösophagus-Ca verfahren.
Von einer **Hiatushernie** spricht man, wenn der Magen der Speiseröhre teilweise oder ganz im Thoraxraum Gesellschaft leistet statt, wie es sich gehört, unterhalb des Zwerchfells zu bleiben. Nun wird es im Retrosternalraum verständlicherweise ganz schön eng, daher die Symptome wie Dysphagie, Reflux etc. – dasselbe Spiel wie bei den **Ösophagusdivertikeln** (Zenker-, Traktions-, epiphrenisches Divertikel). So 'ne Hiatushernie ist eine sehr häufige endoskopische Diagnose und macht in den meisten Fällen weder Beschwerden noch eine Refluxkrankheit. Diagnose per Endoskopie, Kontrastaufnahme des Ösophagus. Behandeln kann man, wenn Beschwerden vorliegen, zunächst mit Protonenpumpen-Inhibitoren oder Prokinetika. Außerdem sollte man dem Patienten raten, mit erhöhtem Kopfteil zu schlafen und keine späten Mahlzeiten oder Alkohol zu sich zu nehmen. Bei Persistenz der Beschwerden kann man (oder der Chirurg) über eine Fundoplicatio nachdenken. Bei chronischer Refluxösophagitis müssen regelmäßige Biopsien aus der Entzündung entnommen werden, um ein Barrett-Ca nicht zu übersehen. Dann kann man immer noch die Entscheidung fällen über operative Eingriffe.

Untersuchungen & Ergebnisse

Kontrastmittelaufnahme des oberen Verdauungstraktes würde ergeben: sektkelchförmiger Ösophagus mit schnabelförmiger distaler Ausziehung des unteren Ösophagussphinkters.

Diagnose

____

Therapie & Komplikationen

Zunächst versucht man mit oralen Kalziumkanal-Blockern und/oder mit Nitraten eine Relaxation des Sphinkters zu erreichen. Wenn das nix bringt, versucht man es mit Botulinum-Toxin, welches endoskopisch in den Sphinkter eingespritzt wird. Wenn auch das refraktär bleibt, greift man zur endoskopischen Ballondilatation oder sogar zum Messer (Myotomie). Ganz ohne ist die Achalasie nämlich nicht: Bei Chronifizierung kann es zu narbigen Strikturen kommen. Blutungen sind bei der enormen mechanischen und der Säurebelastung der Speiseröhre – gerade nach einer operativen Versorgung – auch keine Seltenheit. In der Horizontalen (im Schlaf) kann es auch gefährlich werden – Aspirations-

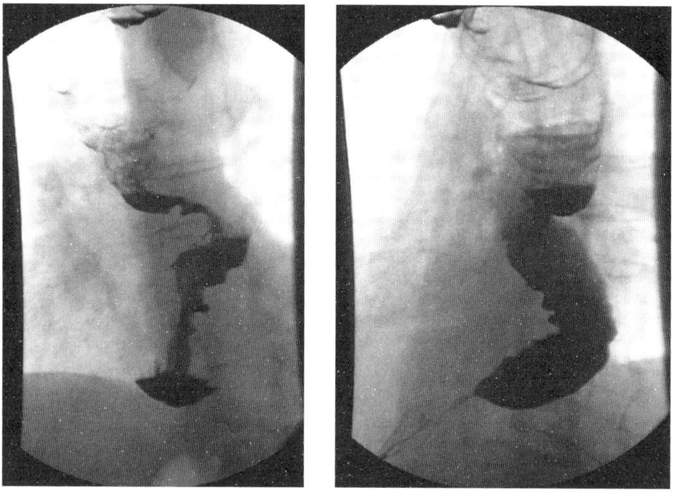

Abb. 5: Achalasie lateral und a.p. mit wasserlöslichem oral appliziertem KM.

gefahr mit möglicher Pneumonie. Weitere Komplikationen sind Barrett-Ösophagus und die maligne Entartung, Unter- und Fehlernährung etc. Das Karzinomrisiko ist immerhin um satte 1000 Prozent erhöht, also zehnmal häufiger als in der Normalbevölkerung.

Weitere Infos

Der Auerbach-Plexus (Plexus myentericus) ist hier entweder gar nicht oder falsch angelegt. Es herrscht eine neuromuskuläre Entkopplung im unteren ösophagealen Sphinkterbereich.

Die geladenen Anhänger wurden auf den Weg gerollt. Der aufgewirbelte Staub tanzte im Scheinwerferlicht, während ich ankoppelte. Chuck füllte das Abhol-Formular aus, während ich meine Bremsen für eine Fahrt mit voller Ladung nachjustierte. Danach ein Händedruck und die üblichen amerikanischen Abschiedsfloskeln ... „Nice meeting you. Take care. Bye-bye." Was aus Chuck geworden ist? Keine Ahnung.
Und vom Chili auf meinem Teller ist auch nichts mehr zu sehen. Ob noch ein Kaffee drin ist, bevor wir uns wieder zur Ambulanz bewegen? August nickt mit dem Kopf.
Frisch gestärkt kommen wir wieder in der Ambulanz an. Leider hat hier die Arbeit keine Pause gemacht, wir werden schon heiß erwartet ...

Patient 9

Anamnese & Befund

Ein 52-jähriger Mann klagt über Ohrenschmerzen rechts, die vor zwei Tagen begonnen haben. Seit einigen Stunden hört er plötzlich rechts nichts mehr, und die rechte Gesichtshälfte ist gelähmt. Besonders schwierig sei das Essen, erklärt er, weil er rechts außerdem Geschmacksstörungen und Halsschmerzen habe.
Fieber hat er keins: Temp. 36,6 °C, P 84, RR 130/80.
Die Untersuchung zeigt eine rechtsseitige periphere Fazialisparese (er kann die rechte Augenbraue nicht heben) sowie einen vesikulären Ausschlag über dem rechten Ohr. Außerdem hat er einen neurosensorischen Hörverlust und einen Geschmacksverlust im

Diagnose Patient 8: Achalasie.

Bereich des rechten vorderen Drittels der Zunge. Die Prüfung der restlichen Kranialnerven ist ohne Befund.
Aber dann erzählt er so nebenher, dass er erst vor einigen Monaten im Krankenhaus in Behandlung war. Ich horche auf: Damals war er wegen eines Hodgkin-Lymphoms in Behandlung – nach aller Wahrscheinlichkeit ist seine Immunabwehr also nicht so ganz auf dem Damm!

DD-Überlegungen

Das Vorhandensein der vesikuloformen Läsionen macht die Diagnosestellung in diesem Fall vergleichsweise einfach. Aber so versteckt über dem Ohr, hätte man sie auch leicht übersehen können. Und was käme hier sonst noch in Frage?
Wichtig ist, eine **intrakranielle Blutung** oder **sonstige Läsion** per CT auszuschließen.
Die **idiopathische Fazialis-Lähmung,** nach ihrem Erstbeschreiber auch **Bell-Lähmung** genannt, tritt gewöhnlich einseitig auf und ist die häufigste Form der Fazialisparese. Auch sie geht mit Geschmacksstörungen im Bereich des vorderen Zungendrittels einher (sensorische Fasern des N. facialis).
Alle in Frage kommenden Läsionen, die zu einer **Einengung des zerebellopontinen Winkels** führen (Cholesteatom, Meningeom, Metastasen, Akustikusneurinom etc.), können sich mit einseitigem Gehörverlust, Schwindel, Tinnitus und begleitender Fazialisparese bemerkbar machen. Die Hauptkomplikation wäre dabei der intrakranielle Druckanstieg mit fatalen Folgen. Ausschließen lässt sich so was per Kernspin oder CT.
Ziemlich abgefahren, aber gar nicht sooo selten ist die Polyneuritis vom Multiplextyp, auch bekannt unter dem Namen **Mononeuritis multiplex.** Das ist eine axonale Störung der sensorischen sowie motorischen Fasern, die mehrere einzelne Nerven befällt. Alles Mögliche kann der Auslöser sein, angefangen mit Diabetes mellitus über Kollagenosen, rheumatoide Arthritis, Polyarthritis nodosa bis zu HIV.

Untersuchungen & Ergebnisse

Blutbild: Lymphozytose, sonst unauffällig.
Wenn Neurologie mit im Spiel ist, immer daran denken, dass neben dem normalen Blutbild auch eine Untersuchung der zerebrospinalen Flüssigkeit (CSF) angesagt ist! Hier sind in der Lumbalpunktion die Zellzahl mäßig und die Proteine leicht erhöht.

Dies spricht für einen viralen Befall. Wäre außerdem der Liquorzucker erniedrigt, ist das ein Indiz, dass Bakterien im Spiel sind. Der Tzanck-Abstrich („Gott sei Tzanck, ich hab keinen Herpes!") der herpesähnlichen Bläschen ist positiv. Beim Tzanck-Test wird Gewebsmaterial vom Blasengrund gewonnen. Unterm Mikroskop lassen sich darin im gefärbten Ausstrichpräparat akantholytische Virusriesenzellen nachweisen.

Diagnose

Therapie & Komplikationen

Ähnlich wie das Herpes-simplex-Virus überwintert das Varicella-zoster-Virus, nachdem es uns die Windpocken beschert hat, in den Nervenwurzeln und Ganglien unserer Nerven, bis es bei nachlassender Immunabwehr wieder aktiv wird. (Ich kann mir gut vorstellen, wie es sich's da gemütlich gemacht hat: Es sitzt vor der Glotze mit Chips, Popcorn, Bier, Wein und härteren Getränken, frisst und besäuft sich. Alles durcheinander natürlich, bis ihm übel wird, dann torkelt es entlang des Nerven bis zur Endigung, praktisch auf die Veranda seines Hauses, kotzt alles aus, und das ist, was wir dann als juckende oder schmerzende Bläschen auf unserer Haut mit uns rumtragen müssen ...).

Ist der Zoster ausgebrochen, kann Aciclovir die Krankheitsdauer verkürzen und die unangenehmen postherpetischen Neuralgien vermindern. In leichteren Fällen kann das Medikament oral gegeben werden, in schweren Fällen kommt man um die i.v.-Gabe nicht herum. Wichtig ist auch eine suffiziente Schmerzbehandlung mit Analgetika, Antirheumatika und in schweren Fällen sogar mit Opiaten. (Kortikoide setzt man fast nie ein.) Bei Patienten mit Fazialis-Lähmung sind mimische Übungen sinnvoll. Wegen der Gefahr einer Keratitis bei mangelndem Lidschluss sollten regelmäßig eine Augensalbe angewendet und eine Schutzklappe getragen werden.

So, nachdem das ja praktisch eine Blickdiagnose war, rasch weiter ins nächste Zimmer, die postprandiale Müdigkeit, auch als „After-lunch-Coma (ALC)" bekannt, abarbeiten!

Hoch motiviert und voller Tatendrang öffne ich die Tür ... und verfehle damit nur knapp die 19-jährige Petra K., die offenbar nervös im Zimmer auf und ab gegangen ist. Na also, bevor man hier arbeitslos wird, macht man sich seine Patienten selbst ...

Patientin 10

Anamnese & Befund

Dabei kommt sie eigentlich her wegen Müdigkeit und Abgeschlagenheit, die während der letzten paar Monate immer mehr zugenommen haben. Außerdem beschreibt sie einen Heißhunger auf Eiswürfel. (Dieses Phänomen wird auch Pica genannt – beschreibt einen Heißhunger auf Substanzen, die nicht als Lebensmittel gedacht oder ohne Nährwert sind; z.B. Seife, Lehm, getrocknete Farbe, Eiswürfel etc. Dabei kommt es durch die veränderten Essgewohnheiten, z.T. aber auch durch Hemmung der Eisenresorption, gehäuft zu Eisenmangel.) Die körperliche Untersuchung bleibt bis auf die brüchigen Fingernägel der Patientin, eine gewisse Schleimhautblässe und eine verzögerte Rekapillarisierung (länger als eine Sekunde) unauffällig. Besonders deutlich zeigt sich eine Anämie an den Konjunktiven – und die sind auch bei ihr ziemlich käsig.

Nach eingehender Befragung stellt sich heraus, dass sie seit einigen Monaten unter Metrorrhagie (außerhalb der Menstruation stattfindende Blutungen von längerer Dauer) leidet. Den Frauenarzt habe sie aber aus Scham und weil sie immer was anderes vorhat, noch nicht aufgesucht.

RR 120/80, P 76, Temp. 36,4 °C.

DD-Überlegungen

Während sie sich Blut abnehmen lässt, stelle ich wieder meine Hirnwindungen auf den Kopf ... also zunächst muss mal ans Licht, warum sie so blutet. Dazu müssen wohl die Gyn-Kollegen ran.

Für die geklagten Symptome ist – na klar – am ehesten eine **Eisenmangelanämie** verantwortlich. Die ist bei Frauen wegen der Menses wesentlich häufiger als bei Männern. Bei fortschreitendem Blut-(und Eisen-)Verlust kann es zu schwerwiegenden Folgen wie einem Plummer-Vinson-Syndrom und/oder sogar zu einem sog.

„High-output"-Herzversagen kommen. Das Herz versucht nämlich durch erhöhte Schlagzahl, die O_2-Versorgung des Gewebes aufrechtzuerhalten. Chronisch kann dies zur exzentrischen Hypertrophie und schließlich sogar zur Dekompensation führen.

Eine **chronische Bleivergiftung** kann auch eine Anämie verursachen, da Pb in der Hämsynthese eine hemmende Funktion hat. Das vordergründige Bluten dieser Frau sowie das Fehlen jeglicher Neurologie macht die Pb-Vergiftung jedoch unwahrscheinlich.

Dann kämen noch in Frage: **Infekt, Vitamin-B_{12}-** und/oder **Folsäuremangel** und sogar ein **maligner Hintergrund** der Blutung.

Untersuchungen & Ergebnisse

Die Laborwerte helfen, die Diagnose einzugrenzen:

	Petra	**Normwerte**
MCV	72,0 fl	80,0–100,0 fl
MCHC	28,0 % Hb/Ery	25,0–35,0 % Hb/Ery
Erys	3,4 Mio/µl	4,4–6,0 Mio/µl
Fe im Serum	erniedrigt	
Hk	26 %	37,0–46,0 %
Hb	8,4 g/dl	12,0–16,0 g/dl
RDW (radial distribution width)	erhöht	normal
Ferritin	erniedrigt	normal
totale Eisenbindungskapazität	erhöht	normal

Also das, was laborchemisch auffällt, ist der niedrige Hb. Außerdem Serumeisen erniedrigt, hohe Eisenbindungskapazität, MCV niedrig (mikrozytäre Anämie), Färbeindex vermindert (hypochrome Anämie). Also klassische:

Diagnose

____

Diagnose Patient 9: Na, wie gesagt, die Bläschen sind hier der Schlüssel. Da haben wir ganz klassisch ein so genanntes **Ramsay-Hunt-Syndrom,** was einfach nur ein hipperes Wort ist für den **Herpes zoster** im alleinigen Ausbreitungsgebiet des 7. und 8. Hirnnervs.

Therapie & Komplikationen

Zunächst mal müssen die Gynäkologen natürlich die genaue Ursache der Blutung rauskriegen und dann möglichst kausal angehen. Außerdem sollte jemand mit mehr Zeit als ich sich mit der Frau wegen der Essstörung hinsetzen und reden, reden, reden ... Vielleicht gibt's da ja auch 'ne Selbsthilfegruppe – ob sich so viele mit Pica finden?

Symptomatisch braucht das Mädel aber erst mal eine Menge Eisen, am besten zweiwertig (Fe^{++}) oral über mindestens drei Monate. So lange dauert's nämlich, bis die totale Ebbe im Eisenspeicher behoben ist. Eine Hb-Erhöhung stellt übrigens keinen Parameter für den „Füllungszustand" der Eisenspeicher dar! Das geht nämlich ganz flott: Die Retikulozyten fangen schon innerhalb von zwei bis vier Tagen an zu sprießen. Nach etwa zehn Tagen ist auch die Hb-Erhöhung laborchemisch feststellbar. Die Fe-Substitution geht aber über Monate. Als Nebenwirkungen sind Magen-Darm-Beschwerden mit Durchfall und Teerstuhl bekannt.

Weitere Infos

Haupthinweis für die Eisenmangelanämie ist die mikrozytäre hypochrome Anämie, die man an den Labordaten erkennen kann. In diesem Fall gibt es eine gynäkologische Ursache für die Blutungen und den Eisenverlust. Die häufigsten Blutungsquellen findet man im Magendarmtrakt (Gastritis, Ulkus, Hämorrhoiden, Neoplasien, Parasiten usw., aber auch Nasenbluten ist möglich) und Urogenitaltrakt (Nephritiden, Neoplasien, Infektionen, Menstruation etc.).

Verständlicherweise kann ein Fe-Mangel auch durch verminderte Aufnahme verursacht werden – entweder relativ (während Wachstumsphasen, Schwangerschaft) oder absolut (verminderte Fe-Einnahme mit der Nahrung). Eisenmangelanämien sind die häufigsten Anämien bei Frauen.

Nachdem ich die Patientin schonend darauf vorbereitet habe, dass an der Untersuchung durch den Gynäkologen kein Weg vorbeiführt, trabe ich weiter. Mal sehen, was der Tag als Nächstes bringt ...

Auf dem Gang winkt mich Ambulanzpfleger Moss mit vollem Mund grinsend zu sich herüber. Gibt's da was zu essen? Moss ist das Rückgrat unserer Ambulanz. Ich habe noch nie jemanden gesehen, der eine so offensichtliche Perücke mit so viel Haltung trägt wie er. Ich beeile mich. Da hat wahrscheinlich jemand Geburtstag. Ich biege erwar-

tungsvoll in das Zimmer – und er wirft der Patientin noch ein höfliches Lächeln zu und schließt die Tür hinter sich. Dass ich aber auch immer wieder auf solche Manöver reinfalle! Jetzt hilft es nichts: immer schön lächeln.

Patientin 11

Anamnese & Befund

Die 24-jährige Frau kommt in die Ambulanz, weil sie seit gestern Abend ein unangenehmes, fast schon schmerzhaftes vaginales Jucken verspürt. Außerdem klagt sie über Ausfluss und Brennen beim Wasserlassen. Sie nimmt bereits seit knapp sechs Jahren die Pille.

Die körperliche Untersuchung ist unauffällig, bis auf das deutlich gerötete Genitale. Auch der zähe, weißliche Ausfluss ist deutlich zu erkennen und geruchlos.

DD-Überlegungen

Hinter der häufigsten **bakteriellen Infektion** steckt Gardnerella vaginalis. Typisch ist hier der faul riechende Ausfluss, wie alter Fisch. pH > 4,5; Mikrobio/Kolpozytologie: typische kurze gramnegative Stäbchen.

Bei Dysurie sollte man auch an einen **Harnwegsinfekt** denken! In den allermeisten Fällen sind E. coli die Erreger. Dabei ist der Ausfluss allerdings weder dick noch weißlich.

Trichomonas vaginalis ist ein birnenförmiger Flagellat, dem es auch ohne O_2 ganz gut geht und der ähnliche Symptome machen kann. Ebenfalls extrem übel riechend, macht aber eher grüngelben Ausfluss.

Die wahrscheinlichste Diagnose hier ist jedoch die **vaginale Kandidose,** am häufigsten ist die Infektion der Vagina mit Candida albicans. Macht Juckreiz und einen geruchlosen, pastösen, weißen Ausfluss, der irgendwie an Hüttenkäse erinnern könnte. Normalerweise sollte der Pilz nicht allzu gut Fuß fassen können, aber wenn die normale Vaginalflora aus verschiedensten Gründen vermindert wurde, kann er sich ziemlich hemmungslos ausbrei-

Diagnose Patientin 10: Eisenmangelanämie.

ten. Bei der Frau hier kann als Risiko die orale Kontrazeption gelten.

Untersuchungen & Ergebnisse

Der vaginale pH-Wert ist 4,0 (das ist normal!). Urinanalyse (wird immer mitgemacht) ist hier auch unauffällig. Beim Mikroskopieren habe ich Glück, eine billige Diagnose: Der Nativausstrich des Ausflusses zeigt ganz typische Sprosszellen mit scharfer Umrandung.

Diagnose

Therapie & Komplikationen

Therapiert wird lokal mit fungiziden Cremes oder Vaginalzäpfchen, beispielsweise mit Clotrimazol (Canesten® entweder Ein-Tages-Dosis oder über sechs Tage). Fluconazol ist geeignet zur oralen, systemischen Therapie. Wofür man sich entscheidet, hängt nicht zuletzt von der Präferenz der Patientin ab.

Weitere Infos

Die Scheidenflora besteht aus vielen potenziell pathogenen Keimen, die aber bei guter Abwehrlage und vernünftiger Mischung nichts anrichten. Candida ist ja fast immer, neben den anderen bakteriellen Gesellen, in einer gesunden Vagina vertreten. Wenn die Flora der Scheide oder die Abwehrmechanismen sich verändert haben, z.B. durch pH-Wert-Verschiebung, Schwangerschaft, Seifenspülungen der Vagina, Diabetes, Pille, dann sind dadurch einigen Bewohnern die lebensnotwendigen Umstände genommen und sie werden förmlich ausgerottet. Nun freuen sich die widerstandsfähigeren Kollegen – in diesem Fall Candida – und vermehren sich wie die Karnickel. Auch Antibiose oder immunsuppressive Therapie prädestiniert zur Kandidose.

Der Geschlechtspartner muss hierbei **nicht** mitbehandelt werden.

So, jetzt will ich doch diesen Pfleger Moss sehen! Diese linke Nummer schreit doch nach Rache!

Wo steckt der Typ? Meine Suche wird vom Oberarzt unterbrochen, der mir über den Gang zuruft: „Oh, gut dass Sie gerade kommen. Wenn Sie sich hier kurz kümmern könnten, ich muss dringend zum Chef!" Haha, wer's glaubt! Aber was soll's: Ober sticht Unter. Also weiter im Text ...

Patient 12

Anamnese & Befund

Der 68-jährige Mann befindet sich in Begleitung seines Sohnes und wirkt agitiert und etwas „von der Rolle". Er sei nicht krank und will sofort nach Hause. Das Untersuchungszimmer hält er für eine Bahnhofshalle. Na, also wirklich: Vielleicht ist es hier so gemütlich, aber doch nicht so groß?!
RR 140/90, P 68, Temp. 37,7 °C.
Sein Sohn (41) berichtet, dass der Vater in der Vergangenheit schon mehrmals blutig gehustet habe. Seit fast vier Wochen klagt der alte Herr über Schmerzen in der Brust. Sein Urin sei sehr dunkel. Der Sohn kennt seinen Vater nur als Raucher, sprich seit mindestens 40 Jahren raucht der Mann zwei bis drei Packungen Zigaretten pro Tag. C2 (Alkohol) ist keiner im Spiel.

DD-Überlegungen

Mit diesem Wissen tippe ich auf ein **Bronchial-Ca.** Lebermetastasen und konsekutive Hyperbilirubinämie würden den dunklen Urin erklären, der Stuhl müsste dann ziemlich hell sein. Rein theoretisch könnte man auch an eine **Tuberkulose** denken, aber da bliebe der Urin hell.
Eine kurze Frage bringt die Metastasen-Theorie gleich wieder ins Wanken: Der Stuhl ist nämlich unverändert dunkel. Dem Sohn fällt dann auch noch ein, dass sein alter Herr kaum Wasser lässt, obwohl er ganz normal isst und trinkt.
Hmm. Damit ist das Bronchial-Ca. zwar noch nicht ausgeschlossen, aber die Lebermetastasen waren vielleicht doch ein wenig voreilig. Also, die Konstellation von seltenem Wasserlassen und konzentriertem Urin spricht für Wasserretention. In der Wüste und kurz vor dem Verdursten mag das ja ein sinnvoller Mecha-

Diagnose Patientin 11: Vaginale Kandidose.

nismus sein, aber in unseren Breiten herrscht ja wahrlich kein Getränkemangel.

Die Ursache kann man jetzt prärenal, renal oder postrenal suchen. Postrenal kommen da Abflussbehinderungen in Frage (z.B. eine **Prostatahyperplasie**). Eine **Niereninsuffizienz** (renal) kann ebenfalls viele Ursachen haben; bei einem 68-jährigen Raucher kann man berechtigterweise von maroden und stenosierten Gefäßen ausgehen, die den Nieren wortwörtlich den Hahn zudrehen. Prärenal kann **Volumenmangel** oder eine **unangemessene ADH-Produktion** verantwortlich sein. Drei Grundmechanismen können Letzteres bewirken:

- 1. Potenzierung der ADH-Wirkung an der Niere durch Chlorpropamide oder NSAR
- 2. Stimulation der ADH-Produktion aus dem Hypophysenhinterlappen durch Medikamente wie Carbamazepin, Vincristin, Chlorpropamid oder durch Meningitis, Enzephalitis, Schädelhirntrauma (Subarachnoidalblutung), Übelkeit und Hirntumor
- 3. ektope Produktion von ADH kommt bei Sarkoidose und Tuberkulose vor, aber auch Karzinome des Pankreas, der Lunge oder des Duodenums können dahinter stecken.

Sollte bei diesem Patienten das antidiuretische Hormon (ADH), der körpereigene Wassersparer, auf Hochtouren laufen, müsste das recht einfach mit der Messung des Serum-Natriums und der Urinosmolalität aufzudecken sein.

Folgende Untersuchungen ordne ich also zuerst an: Routinelabor mit Blutbild und ADH-Bestimmung, Messung der Urin-Osmolalität, Rö.-Thorax, Sputum-Histologie. Außerdem mach ich mich mal noch an die digital-rektale Untersuchung, um mir einen Eindruck von der Prostata zu verschaffen. Und um eine Blutung als Ursache der dunklen Stuhlfärbung auszuschließen, kann eine Gastroskopie auch nicht schaden.

Untersuchungen & Ergebnisse

Die Rektaluntersuchung ist aber o. B. und auch das Blutbild ist normal. Serum-Natrium ist erniedrigt (127 mmol/l), das drückt auch die Serum-Osmolalität runter. Dafür ist die Urin-Osmolalität erhöht. Außerdem ist ADH im Serum nachweisbar, was normalerweise nicht der Fall ist! Im Rö.-Thorax erscheint das Mediastinum durch hilusnahe Verdichtung erweitert (typisch für Kleinzell-Ca).

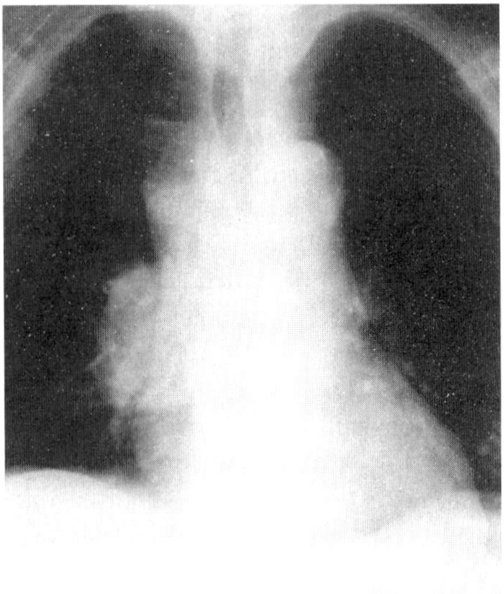

Abb. 6: Hilusnahe Verdichtung im Röntgenbefund.

Die Gastroskopie ist vom Mund bis zur Duodenalschleimhaut unauffällig. Der Stuhl scheint seine Färbung also wahrscheinlich verschlucktem blutigen Hustenauswurf zu verdanken. In der Sputum-Histologie werden maligne Zellen nachgewiesen, die für ein kleinzelliges Bronchial-Ca sprechen.

Diagnose

Therapie & Komplikationen

Erst mal symptomatisch Schleifendiuretika (Furosemid), außerdem soll der Mann kein weiteres Wasser aufnehmen. Mit Na-Infusionen wird der Ausgangswert über ein bis zwei Tage ganz langsam in Richtung Normwert (135–150 mmol/l) korrigiert. Schneller sollte man das nicht angehen, um permanente zentrale Schäden zu vermeiden. Für chronische Fälle gibt's Demeklozyklin (ein Tetrazyklin), das wohl der stärkste ADH-Antagonist ist und z.B. bei unbehandelbaren Malignitäten hergenommen werden kann. Dann gilt's, den Auslöser zu finden und zu behandeln. Dementsprechend fällt auch die Prognose aus, beim Kleinzeller kann diese bei günstigen Verläufen zu einer 5-Jahres-Überlebensrate von

40–50% führen. Der Kleinzeller (Oat-Cell-Carcinoma) spricht gut auf Strahlentherapie und Zytostatika an.

Weitere Infos

Typisch für das SIADH ist die Hyponatriämie ohne Ödembildung. Dadurch erklärt sich auch die Verwirrtheit: Schließlich reagieren auch Nervenzellen mit Wasserein- und -ausstrom bei schwankendem extrazellulärem Natrium.
Die starke ADH-Ausschüttung führt zu einer starken Wasserretention. Das renal entwichene Natrium ist im Urin also hoch konzentriert. Im Serum hingegen bewirkt das viele Wasser eine relative Hyponatriämie, sprich Hypoosmolalität.
Hat sich schon mal wer gefragt, warum man nach einem Weizen (oder drei) solche Unmengen an farblosem Urin ablässt? … Nun, Alkohol hemmt ADH!

Moss steckt den Kopf ins Zimmer und fragt nach dem Oberarzt. Ich schüttle den Kopf und er ist schon wieder weg. Ich hätte ihn in irgendeine falsche Richtung schicken sollen. „Nebenan ist schon alles vorbereitet", schaut er noch mal rein. „Da können Sie dann gleich weitermachen." Ich nicke ins Leere, wende mich dem Patienten zu und beginne mich zu verabschieden.

Patientin 13

Anamnese und Befund

Anschließend betrete ich folgsam das Nachbarzimmer, wo mich eine hoch gewachsene, 19 Jahre alte und eine etwas gedrungene Frau so um die 40 rum erwarten. So wie's aussieht, ist die jüngere die Patientin, die ältere ist nur zum Dolmetschen mitgekommen. Die junge Dame kommt frisch aus Weißrussland und versteht kein Wort deutsch.
Druckgefühl und eine Schwellung in der Leiste treiben sie her. Bezüglich Stuhlgang und Nahrungsaufnahme gibt sie keine Probleme an. In der Leiste beidseits sind hernienähnliche Prominenzen zu sehen und gut zu tasten.
Dabei bemerke ich, dass ihr die Schamhaare fehlen, aber rasiert habe sie sich dort noch nie. Mir geht das Stichwort „hairless

woman" durch den Kopf. Die kleinen Schamlippen sind nur spärlich ausgebildet. Sie hat seit knapp zwei Jahren eine stabile Beziehung ohne sexuelle Probleme. Ihre Menarche habe noch nicht eingesetzt (primäre Amenorrhö).
Sie hat auffällig große Brüste mit blassen, kleinen Areolen und Mamillen. Der Tastbefund ist aber eigenartig: Fühlt sich gar nicht an wie Drüsengewewebe, eher wie Fett. Auch axillär fehlt die Behaarung.
Ich schicke sie erst mal zur Sono bei den gynäkologischen Kollegen.

DD-Überlegungen

Hier liegt eindeutig eine Störung der Androgenphysiologie vor; entweder sind die Eier während des inkompletten Deszensus insuffizient geworden (**testikuläre Fehlbildung**) und haben somit den Körper nicht mit Testosteron versorgen können, oder aber die Androgenrezeptoren reagieren nicht (**testikuläre Feminisierung**).

Untersuchungen & Ergebnisse

Zum Glück arbeite ich in einem interdisziplinär geführten Haus, sodass die Kollegen von der Gyn im Rahmen des Konsils als Ursache für die Schwellungen in den Leisten nicht nur ektopische Testes bestätigen können, sondern auch die blind endend angelegte Vagina bei fehlendem Uterus diagnostizieren. Hier die Untersuchungsergebnisse von den Gyn-Kollegen: Ultraschall: keine Ovarien, kein Uterus. Eileiter rudimentär angelegt. Außerdem entspricht das Serum-Testosteron dem männlichen Normwert; die Karyotypisierung ergibt 46,XY.

Diagnose

____

Therapie & Komplikationen

Die ektopischen Testes prädestinieren für Neoplasien (wohl u.a. auch durch ihre relativ hohe Umgebungstemperatur). Also müssen sie entfernt werden (Gonadektomie). Die Histo der entfernten

Diagnose Patient 12: SIADH (buchstabiere: **S**yndrom der **I**nadäquaten **ADH**-Produktion) bei kleinzelligem Bronchial-Ca (paraneoplastisches Syndrom).

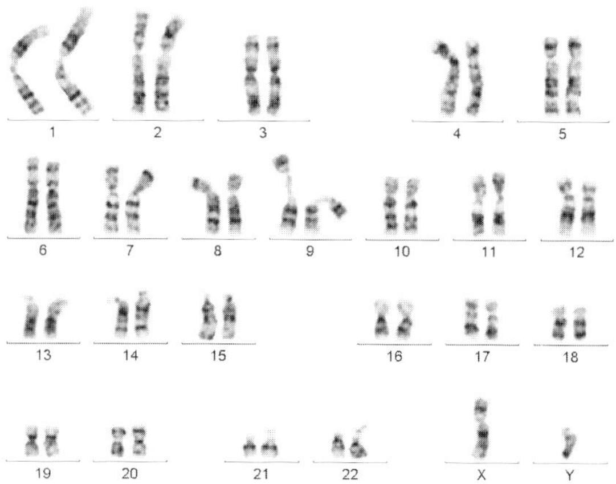

Abb. 7: G-Banden-Karyogramm mit normalem XY-Karyotyp.

Testes ergibt übrigens dysfunktionelles Gewebe ohne Nachweis für Spermatogenese.
Östrogentherapie und chirurgische Rekonstruktion einer Vagina haben die Bildung der sekundären und primären Geschlechtsmerkmale zum Ziel.

Weitere Infos

Ursache dieses Leidens ist das Fehlen von Testosteron-Rezeptoren, ein genetischer Defekt, der X-chromosomal rezessiv vererbt wird. Ergo haben die Betroffenen zwar einen männlichen Genotyp, von dem sie jedoch häufig erst mal gar nichts wissen, da der Phänotyp aufgrund des fehlenden Testosteron-Einflusses weiblich ist. Verständlicherweise erleiden diese Patienten häufig Krisen bezüglich ihrer Geschlechtsidentität, deshalb muss die Therapie stets auch einen psychotherapeutischen Ansatz beinhalten, in dem auch der Partner mit einbezogen wird.
Hier noch ein paar Zahlen: Die Häufigkeit aller primären Amenorrhöen beträgt fast 3%. Davon beruht rund jede zehnte auf testikulärer Feminisation.

So, jetzt muss ein Tässchen Kaffee her. Ganz allmählich macht meine Kondition schlapp und in mir wächst die Sehnsucht nach dem wohlverdienten Feierabend. Vielleicht hatte Moss ja doch ein Herz und hat die Kaffeemaschine im Aufenthaltsraum angeschmissen? Damit könnte er so einiges wieder gutmachen!

Na, wer sagt's denn! Zwar macht Moss mir unmissverständlich klar, dass es hier auch eine Kaffeekasse gibt, dass er nicht als Kaffeekocher für die ganze Kompanie angestellt ist, dass derjenige, der den letzten trinkt, ... und so weiter. Ich schlürfe die braune Brühe, schnappe mir die nächste Patientenakte und ergreife – leicht genervt – die Flucht.

Patient 14

Anamnese & Befund

Ein 62-jähriger Mann, der aussieht wie Bukowski *(übrigens, im Film „Barfly" ist Bukowski himself flüchtig beim Kameraschwenk an der Bar zu sehen – aber auch sonst ein sehr empfehlenswerter Streifen!),* wurde von seiner Lebenspartnerin in die Ambulanz gebracht – mit Fieber, Schüttelfrost und Husten, der so produktiv ist, wie man es sich in den schlimmsten Träumen vorstellt: Jetzt weiß ich, was die Altvorderen mit „maulvollen, faul riechenden Expektorationen" gemeint haben! Außerdem hat er massiv stechende Schmerzen über dem linken Schulterblatt, vor allem beim Einatmen. Seine Freunde vom „Kaiser-Eck" hätten ihn wiederholt, zuletzt vor ca. zehn Tagen, volltrunken und halb bewusstlos nach Hause geschleppt. In jener Nacht, so berichtet seine Lebenspartnerin, habe er sich im Schlaf übergeben.

Seine Vitalzeichen bei Aufnahme: Temp. 40,9 °C, P 112, RR 150/95.

Er zeigt bei gedämpfter Perkussion einen erhöhten Stimmfremitus über dem linken unteren Lungenlappen. Auskultatorisch rasselt er ganz schön, besonders links-basal.

So! Erstmal einen Rö.-Thorax in zwei Ebenen und ein Blutbild anfordern. Zusätzlich noch ein bisschen was frisch Gehustetes ins Labor geben. In der Zwischenzeit überlege ich mir, was es sein könnte ...

DD-Überlegungen

In Anbetracht des Fiebers mit der segmentförmigen Perkussionsdämpfung drängt sich der Gedanke an eine **Lobärpneumonie** ja förmlich auf. Typischerweise ein Streptococcus-pneumoniae-

---

Diagnose Patientin 13: Testikuläre Feminisierung.

Infekt, bei dem die schlauen Pathologiebücher immer diese berühmten Krankheitsphasen aufzählen: Anschoppung – rote Hepatisation – graugelbe Hepatisation – Lyse.
Alter und Allgemeinzustand des Patienten sollten die Aufmerksamkeit ebenfalls in Richtung **Lungen-Ca** lenken. Wenn er jetzt auch noch raucht, ist der Lungentumor ein ganz heißer Gedanke!
Auch eine **Lungen-Tbc** käme durchaus in Frage.
Ich bin schon gespannt, was Röntgen und Labor dazu sagen!
Der übel riechende produktive Husten gibt übrigens einen Hinweis darauf, dass da Anaerobier am Werk sind. Über 90 % der Flora der oberen Atemwege sind Anaerobier (kaum zu glauben, wo da doch so eine Menge Luft rumschwirrt!). Im Darm, wo anaerobe Bedingungen herrschen – da kommen sie dann so richtig in Fahrt … deshalb stinken Fürze so deftig!
Eine **Zwerchfellhernie** wäre zwar etwas sehr weit hergeholt, aber prinzipiell möglich. Dabei flutscht der Magen teilweise oder vollständig durch die ösophageale Apertur des Zwerchfells hoch in den Thoraxraum. Perkutorisch durch eine Hyperresonanz auffällig. Eine relative Perkussionsdämpfung käme durch komprimiertes Lungengewebe zustande.
Wenn man sich streng auf die Anamnese stützt, liegt wohl am ehesten eine **Aspirationspneumonie** vor: Der hochgewürgte Mageninhalt wird teilweise eingeatmet; dabei gelangen auch Mund- und Rachenflora in die Lunge und machen sich dort gleich an die Arbeit. So was führt selten zum Aspirationstod, häufiger zum ARDS (sprich: akutes Lungenversagen).

Untersuchungen & Ergebnisse

Im Röntgenbild sieht man ein konsolidiertes (verdichtetes) Areal mit Abszess (abgegrenzter Luft-Flüssigkeits-Spiegel) am unteren linken Lobus.
Und das Labor beschreibt ganz typisch einen bakteriellen Befall.

	Patient	**Normal**
Leukos	18300/µl	4500–11000/µl
Granulozyten	84 %	42–75 %

Diagnose

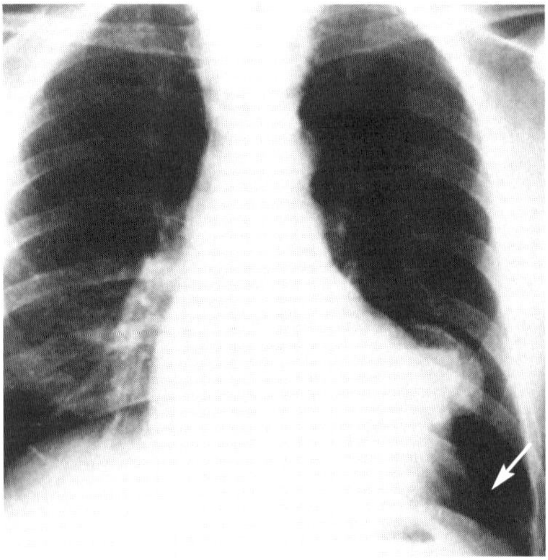

Abb. 8: Lungenabszess im linken Lungenunterfeld.

Therapie & Komplikationen

Da man hier nicht auf das Kulturergebnis der Sputum-Untersuchung warten kann (das dauert Tage und der Patient braucht jetzt Hilfe) muss man mit einer empirischen Antibiose anfangen, die die häufigsten Keime killt. Man hat die Wahl zwischen einem Cephalosporin zusammen mit Clindamycin oder alternativ einer Kombination aus Ampicillin oder Amoxicillin plus einem Betalaktamase-Hemmer oder einem dieser neuen Fluorchinolone (Moxifloxacin); je nach Schwere der Erkrankung gibt man das Zeug anfangs i.v. und kann dann später auf oral übergehen.

Weitere Infos

Wenn man mal schnell an der Uhr drehen könnte, käme nach zwei Tagen der Bericht von der Mikrobiologie: gemischte Mundflora. Über 90% Anaerobier – Peptostreptokokken (in Ketten oder Klumpen auftretende kleine grampositive Kokken), Fusobakterien (dünne, spitz auslaufende, gramnegative Stäbchen), mikroaerophile Streptokokken und Bacteroides melaninogenicus und andere Bacteroides-Arten (dünne, blasse, pleomorphe, gramnegative Stäbchen). Na, da liegen wir ja mit der Antibiose ganz gut im Rennen …

Diagnose Patient 14: Es ist also keine echte Lobärpneumonie, sondern eine **Aspirationspneumonie mit Lungenabszess,** die auch als Komplikation der Lobärpneumonie vorkommt.

Wenn ihr mal betrunken ins Bett fallt, dann bäuchlings oder in stabiler Seitenlage! Zustände, die unsere bewussten und unbewussten Reflexe sedieren, stellen eine potenzielle Lebensgefahr durch Aspiration dar! Dazu gehören Alkoholismus, Drogenkonsum, Sedativa, Epilepsie, Schädelhirntrauma und gewisse neurologische Störungen.

Während ich gerade darüber nachsinne, ob ich mit meinem eigenen kleinen Exzess letzte Nacht vielleicht gerade an einer ähnlichen Krankengeschichte vorbeigeschrammt bin, reißt mich das Tuten der Gegensprechanlage aus meinen Gedanken.
Die Damen von der Aufnahme rufen um Hilfe, sie haben es mit ganz besonders aufgebrachten Eltern eines fünfjährigen Mädchens zu tun und sind damit offensichtlich ein bisschen überfordert.

Patientin 15

Die Kleine (110 cm, 18 kg = 50. Perzentile) scheint nicht orientiert und kaum ansprechbar. Angeblich habe sie vor einigen Stunden mehrmals erbrochen und dann tonisch-klonische Krämpfe erlitten. Atmung 22/min, Temp. 39,4° C, P 148/min. Das klingt wieder nach einem ausgewachsenen Notfall! Bevor ich hinunter renne, ermahne ich die Schwestern, die Vitalzeichen engmaschig weiter zu kontrollieren!

DD-Vorüberlegungen

Unterwegs durch den Gang mit 210 km/h überlege ich, was mich erwarten könnte. Also: Es ist etwas, was sich schnell verschlechtert hat. Die neurologische Beteiligung mit zunehmender Progredienz könnte für einen **steigenden intrakraniellen Druck** sprechen. Und was, wenn der Hirndruck normal ist? Ach, es ist bestimmt nur ein banaler **Fieberkrampf**... dazu noch etwas exsikkiert. Oder hat sie vielleicht irgendetwas **Toxisches** verschluckt? Auch ein Anstieg körpereigener Giftstoffe, sekundär durch **Leber-** (hepatisch-urämische Enzephalopathie, fulminantes Leberversagen) oder **Nierenschaden** (Glomerulonephritiden) käme in Frage. Könnte eine **Magen-Darm-Grippe** nicht auch zu einem Temperaturanstieg und einer E'lytentgleisung und damit zu Krämpfen führen ... bei so einem kleinen Körper schlägt sich so was doch schnell nieder.

Anamnese & Befund

Während die sorgenvollen Eltern berichten, reicht mir der Vater den Impfschein der Kleinen. Also daran denken wirklich kaum welche – echt vorbildlich! Die Kleine laboriert seit etwa einer Woche an einer Erkältung mit erhöhter Temperatur, Husten, verstopften Nasenwegen, verschleimtem Rachen usw. Um dem Kind das Ganze etwas zu erleichtern, haben die Eltern in die Hausapotheke gegriffen und dem Kind gegeben, was sie sich auch selbst bei so einem grippalen Infekt verordnen: Acetylsalicylsäure. Die Tochter hat ihre Impfungen komplett und sogar die diesjährige Influenza-Vaccine vor zwei Monaten erhalten.

DD-Überlegungen

Also, die Kombination ASS und Kind löst bei mir genauso ein Unbehagen aus wie die Kombination Kind, Haarnadel und ungeschützte Steckdose ... Mit dem Funduskop ins Auge geguckt und ich erkenne eine ausgeprägte Stauungspapille. Da die durchaus nahe liegende Verdachtsdiagnose **Reye-Syndrom** den fatalsten Verlauf haben kann, sehe ich zu, dass genau das abgeklärt wird. Mit ein bisschen Glück bin ich ja im Unrecht, dann kann die Suche nach dem Übeltäter weitergehen. Also, Oberarzt verständigt, der schaut sich die kleine Patientin an und ruft auch gleich auf der **Intensivstation** an, um ein Bett klarzumachen. Es sei lange her, aber er hat so etwas schon mal miterleben müssen. Schnell vorher noch Blut abnehmen für's Labor. Außerdem in der Radiologie anrufen und ein CCT anmelden!

Untersuchungen & Ergebnisse

Labor:

Leberwerte erhöht, INR bei 4,5 (normal 1), Quick 23% (normal 70–120%), Triglyceride erhöht, Blutzucker 30 mg/dl (normal 70–100 mg/dl nüchtern), C-Peptid normal (kein iatrogenes Insulin gespritzt worden).

Die **Leberpunktion** bestätigt den Verdacht: fettige Degeneration mit lymphozytärer Infiltration. Im Hirn-CT sieht man ein generalisiertes Ödem ohne scharf abgrenzbare intrakranielle Raumforderung.

Diagnose

Therapie & Komplikationen

Auf Intensiv angekommen, bekommt sie als Erstes Mannitol (osmotisch wirksam) und Dexamethason i.v. gegen den erhöhten Hirndruck. Flüssigkeit bilanzieren ist wichtig, um Überhydrierung zu vermeiden, die kann sonst ihrerseits wieder den intrakraniellen Druck erhöhen. Eine Infusion mit 10%iger Glukose peppt den niedrigen BZ-Spiegel wieder auf. Außerdem Vitamin K und FFP (zu Deutsch: fresh frozen plasma), um die Thrombozytenaggregationshemmung durch Acetylsalicylsäure zu antagonisieren.

Es drohen massenweise Komplikationen wie gastrointestinale Blutungen, SIADH, Arrhythmien, Pankreatitis, Pneumonie, Flüssigkeits- und Elektrolyt-Ungleichgewicht, Nierenversagen, Lungenversagen, Aspirationspneumonie. Die 70%ige Letalität nach voller Ausprägung der Symptome sollte einen größten Respekt gegenüber diesem Krankheitsbild lehren. Bloß nicht lange fackeln! Falls die Stabilisierung gelingt, sollte eine antivirale Diagnostik und Therapie eingeleitet werden. Obwohl FFP-Konzentrate 6 Monate in Quarantäne gelagert werden und auf HIV und Hepatitiden hin untersucht werden, besteht auch dabei noch die Gefahr einer viralen Infektion. In der Not, die Gerinnung zu stabilisieren, jedoch, nimmt man dieses Risiko hin, wenn keine virusinaktivierten Produkte zur Verfügung stehen.

Weitere Infos

Wahrscheinlich sind Viren (Varizellen, Influenza) und Medikamente, insbesondere Acetylsalicylsäure, für die Entstehung des Reye-Syndroms verantwortlich. Acetylsalicylsäure ist daher bei Fieber bei unter 16-Jährigen kontraindiziert. Pathophysiologisch ist die Ursache der akuten Enzephalopathie eine reversible Störung der Mitochondrien mit verringerter Aktivität der Enzyme, die am Harnsäurezyklus beteiligt sind. Die genaue Ätiologie kennt keiner. Gefährdet sind hauptsächlich Kinder im Alter zwischen 0,5 und 15 Jahren. Dieses Krankheitsbild ist wegen der Bekanntheit des Risikofaktors zum Glück sehr selten geworden.

Draußen auf dem Flur herrscht „Feierabendstimmung" ... leere Gänge ohne Patienten. Zwei Pflegerinnen verabschieden sich, eine dritte dreht nochmal die Runde in den leeren Zimmern und füllt die Schränke auf. Moss ruft aus der Leitstelle mit dem Telefon an der Brust: „Könntest du noch kurz auf Station vorbeischaun? ... Eine Patientin mit schmerzhaften Krämpfen. Die Dienstärzte sind alle im OP" – Da will ich ja mal nicht so sein, obwohl mir der nahe Feierabend mittlerweile auch die Füße ganz schön schwer macht.

Patientin 16

Anamnese & Befund

Auf Station höre ich, dass die Patientin vorgestern an der Schilddrüse operiert wurde. Jetzt lässt sie die Schwestern nicht in Ruhe, weil sie schmerzhafte, spastische Krämpfe in ihren Händen und Füßen hat. Die 58-jährige, wohlbeleibte Dame freut sich über meine Ankunft und entschuldigt sich für die Störung, aber sie halte es wirklich nimmer aus ...

RR 130/80, P 72, Temp. 36,6 °C.

Unter ihrem Halsverband prangt eine reizlose Wunde. Aber die stört sie auch gar nicht. Stattdessen macht sie dieses Kribbeln im Gesicht und an Armen und Beinen schier wahnsinnig. Die Hände zeigen tetanische Krämpfe, auch das Chvostek-Zeichen (beim Beklopfen des N. facialis im Bereich der Wange wird Zucken der Mundwinkel ausgelöst) ist positiv, ebenso der Trousseau (nach Anlegen der Blutdruckmanschette am Arm, wo für ein paar Minuten der arterielle Mitteldruck gehalten wird, kommt es im positiven Fall zur Pfötchenstellung). Sowohl die Zweipunkt- als auch die Spitz-/Stumpf-Diskriminierung sind völlig intakt.

DD-Überlegungen

Zunächst einmal käme eine **Hyperventilation** in Betracht:

$CO_2 + H_2O \leftrightarrow HCO^{3-} + H^+$

Diese berühmte Formel, übrigens von der Carboanhydrase katalysiert, erklärt den Sachverhalt der Tetanie bei Hyperventilation. Dabei atmet man verstärkt CO_2 ab und erzeugt somit einen verstärkten Verbrauch von HCO^{3-} und H^+. Es kommt zu einer respiratorischen Alkalose. Der Mangel an H^+-Protonen wird durch „Rekrutierung" von Ca^{2+} aus dem Sarkolemm ausgeglichen. Dort herrscht dann wiederum ein Ca-Mangel, der zu Krämpfen führt. Durch die respiratorische Alkalose wird zudem Ca vermehrt an

Diagnose Patientin 15: Reye-Syndrom.

Protein gebunden, d.h., das ionisierte Ca^{2+} nimmt weiter ab. Außerdem bekommt man bei der Hyperventilation ein Kribbeln im Gesicht und an den Händen und Füßen ... das kennt jeder nach dem Aufblasen von mehreren Luftballons in schneller Folge. Therapie: Atemkontrolle, in eine Tüte atmen lassen etc.
Da bei der Patientin kurz zuvor die Schilddrüse entfernt wurde, wurden wohl aus Versehen die Nebenschilddrüsen (Epithelkörperchen) mit entfernt. Diese sitzen der hinteren Schilddrüsenkapsel auf und sind bei der OP nicht immer zu identifizieren. In den Epithelkörperchen wird Parathormon gebildet, welches in den Nieren die Reabsorption von Ca (und die vermehrte Ausscheidung von Phosphat) bewirkt. Fehlen sie, kommt es also zu einer Abnahme von Ca mit o.g. Folgen: **Hypoparathyreoidismus.**
Weitere Gründe für eine Hypokalzämie können sein:

- Alkoholismus
- Vitamin-D-Stoffwechselstörung, meist bei chron. Niereninsuffizienz durch verminderte 1,25(OH)2-Vit.-D_3-Synthese mit Osteopathie
- vermehrter Bedarf, z.B. Stillzeit, Schwangerschaft
- Medikamente, z.B. Schleifendiuretika
- Seltener sind medulläre Schilddrüsenkarzinome mit Kalzitonin-Überproduktion (Kalzitonin hemmt nämlich die Osteoklasten) oder osteoplastische Tumormetastasen, beispielsweise von Bronchial-, Mamma- oder Prostata-Ca

Untersuchungen & Ergebnisse

Im EKG sieht man 'ne QT-Verlängerung.
Serum-Parathormon und Serum-Kalzium sind auf 1,9 mmol/l erniedrigt (Norm 2,3–2,6 mmol/l) bei erhöhtem Serum-Phosphat 1,9 mmol/l (normal wären 0,77–1,55 mmol/l). Mg ist normal.

Diagnose

Therapie & Komplikationen

Nach einer Thyreoidektomie sind diese Symptome aufgrund der mechanischen Manipulation normal und nur vorübergehend. Langfristig gibt man Vitamin D und Kalzium. Jetzt akut Kalziumglukonat als i.v. Infusion, um die Symptome zu lindern (z.B.

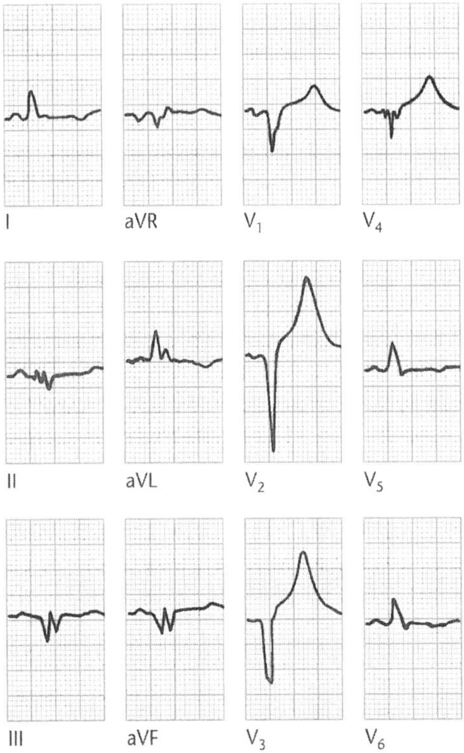

Abb. 9: QT-Verlängerung bei Hypokälzämie. Zu beachten: QT-Intervall von 0,57 s, die Herzfrequenz beträgt hier 51/min, die QT_c-Dauer daher 0,52 s.

20 ml Calciumgluconat 10 % langsam i.v. **Nicht** bei digitalisierten Patienten, da Ca und Digitalis synergistisch wirken!). Wird so eine chronische Hypokalzämie nicht rechtzeitig erkannt und behandelt, kann es durch Kalzifikationen der Linsen zur Katarakt-Entstehung kommen: Ca-Mangel beeinträchtigt nämlich den Natriumauswärtstransport aus der Augenlinse und führt über eine Zunahme des Wassergehalts zu deren Schwellung. Die Folgen sind Ruptur und Degeneration der Linse. Ähnliches passiert in den Basalganglien, daher kann es zu Parkinson-ähnlichen Symptomen kommen. Die Beteiligung des ZNS wiederum prädestiniert zu Anfallsleiden, wohl auch durch Degeneration und damit verbundene gestörte Überleitungen.

Diagnose Patientin 16: Hypoparathyreoidismus.

Weitere Infos

Am häufigsten findet man so einen Hypoparathyreoidismus nach Thyreoidektomie, allerdings ist er meist reversibel. Dauerhaft kommt er bei Ersteingriffen nur in 0,1 bis 2% der Fälle vor; bei Rezidiveingriffen steigt die Häufigkeit auf etwa 1 bis 3%. Selten gibt's so was idiopathisch, möglicherweise ist da eine Autoimmungenese im Spiel. Noch seltener ist die Aplasie von Nebenschilddrüse und Thymus (Di-George-Syndrom).

So! Patientin beruhigt und schön alles dokumentiert, damit's vom Oberarzt keinen Einlauf gibt. Jetzt geht's nach Haus, und zwar pronto, ehe noch jemand auf dumme Gedanken kommt ...

▸▸ *Was habe ich heute gelernt?*

- Milzruptur ▸ kann auch eine Weile nach dem Trauma noch auftreten
- Analfissur mit Hämorrhoiden ▸ wenn's blutet, trotzdem andere Ursachen ausschließen
- Wallenberg-Syndrom ▸ Hochdruck-bedingte Hirnstammschädigung macht ein Horner-Syndrom
- Pseudotumor cerebri ▸ macht Hirndruckzeichen ohne erkennbare Raumforderung im CT
- Harnwegsinfekt ▸ ab 100 000 Keime/ml nicht die Mikrobio abwarten, sondern blind anbehandeln
- Aortenklappenstenose ▸ kleine Blutdruckamplitude, Systolikum mit Ausstrahlung in die Karotiden und Linksherzhypertrophie sollten einem zu denken geben
- Insulinom ▸ findet man C-Peptid im Serum, hat man's mit körpereigenem Insulin zu tun
- Achalasie ▸ Vorsicht vor Aspiration im Schlaf
- Ramsay-Hunt-Syndrom ▸ Herpes zoster, der den 7. und 8. Hirnnerv trifft
- Eisenmangelanämie ▸ Eisen lange genug substituieren
- Vaginale Kandidose ▸ beim Ausfluss auf den Geruch achten
- SIADH ▸ nicht immer ist's der Tumor selbst, der auf sich aufmerksam macht, manchmal hat er dazu einen paraneoplastischen „Adjutanten" nicht auf die falsche Spur bringen lassen

- Testikuläre Feminisierung ▶ die psychologische Betreuung der Betroffenen nicht vergessen
- Aspirationspneumonie mit Lungenabszess ▶ lieber auf dem Bauch oder in stabiler Seitenlage schlafen, wenn's am Abend zu feucht wurde
- Reye-Syndrom ▶ Kindern bloß kein Aspirin verpassen
- Hypoparathyreoidismus ▶ nach Schilddrüsen-OP nicht selten, aber auch meist nicht von Dauer

DIENSTAG

Patient 1

Hat da mal eben wer 'nen Baum zum Ausreißen für mich? Nach einem abgehangenen Abend auf der Couch und ein paar Stündchen gepflegtem Schönheitsschlaf (oder wie man das in meinem Fall nennen will ...) fühle ich mich heute morgen wieder für alles gerüstet. Ob's am Frühling liegt? Der Typ, der da mit seiner Freundin vor mir über den Krankenhausparkplatz läuft, weiß offenbar auch nicht so recht, wohin mit seiner Energie. Irgendwie hat er scheint's seinen linken Arm nicht so ganz unter Kontrolle, der zuckt so komisch ...
Zehn Minuten später – mittlerweile umgezogen, im standesgemäßen Kittelchen und mit der ersten Tasse Stationskaffee intus – mache ich mich mit der ersten Patientenakte auf den Weg ins Untersuchungszimmer – und stehe wieder vor dem Energiebündel vom Parkplatz.

Anamnese & Befund

Wie sich rasch herausstellt, betrifft dieses Zucken nicht nur den linken Arm: Auch die Gesichtmuskeln wollen nicht so, wie er will, ständig schneidet er seltsame Grimassen und das Sprechen fällt ihm schwer. 23 Jahre sei er alt und von Beruf Bierbrauer, so viel kriege ich gerade noch mit. Dann übernimmt seine Freundin das Reden und erzählt, dass er in letzter Zeit ungewohnt launisch sei. Auf seiner Arbeit wäre er ebenfalls durch eigenartiges Benehmen aufgefallen.
Seine Vitalzeichen geben keinerlei Anhalt: RR 120/80, P 84, Temp. 37,1 °C.
Als Erstes fallen sein wachsartiger Teint und die gelblichen Skleren ins Auge. Ansonsten taste ich eine ausgeprägte Hepatomegalie. Periphere Sensibilität und Muskeleigenreflexe sind symmetrisch intakt. Keine weiteren Auffälligkeiten, auch die Fundoskopie zeigt nix Besonderes.

DD-Überlegungen

Na, also, Hepatosplenomegalie, Ikterus und dann noch Bierbrauer, klingt doch ganz nach einem **alkoholbedingten Leberschaden.** Eine zirrhotische Leber würde im fortgeschrittenen Stadium den Ikterus gut erklären. Hepatische Neuropathie, Psychosen usw. entstehen durch die Akkumulation von körpereigenen Abfallstoffen, die eine funktionsfähige Leber längst eliminiert hätte. Neben Alkoholabusus sollte man aber auch andere Erkrankungen, die zu einer Leberzirrhose führen können, wie Hepatitis und **Glykogenspeicherkrankheiten** etc., unbedingt abklären.

Andererseits ist er mit 23 ja reichlich jung für so eine Alki-Karriere. Und dann noch seine Chorea und die Verhaltensänderung – er ist zwar ziemlich selten, aber das alles zusammen mit der Lebervergrößerung und dem Ikterus erinnert mich schon schwer an einen **Morbus Wilson** – die Kupferspeicherkrankheit. Die Diagnose kann durch den Nachweis des Kayser-Fleischer-Ringes in der Spaltlampenuntersuchung und definitiv histologisch durch eine Leberbiopsie bestätigt werden.

Hier ist ein Labor mit sämtlichen Leberwerten angesagt, außerdem Serum-Kupfer- und Coeruloplasmin-Spiegel. Das ist das Transportprotein für Cu. Außerdem wären die Gerinnungsparameter interessant. Und außerdem telefoniere ich noch schnell mit den Augen-Docs, da kann sicher einer mal schnell die Spaltlampe bemühen! Mein Oberarzt will dann noch ein MR-Schädel und den 24-Stunden Sammelurin auf Kupfer untersucht haben ... Letzteres aus reinem Interesse, wie er sagt.

Untersuchungen & Ergebnisse

Indirektes Bilirubin, Leberwerte erhöht, Serum-Coeruloplasmin niedrig, freies Serum-Cu erhöht. Prothrombinzeit verlängert. Im kranialen MRT erkennt man die Degeneration des Putamen und des Nucleus caudatus bei allgemeiner zerebraler Atrophie. Und die Spaltlampenuntersuchung zeigt – na? – einen Kayser-Fleischer-Ring wie aus dem Lehrbuch: Die Iris erscheint innen grün, außen wie braun umrandet. Der 24-Stunden-Sammelurin zeigt am nächsten Tag auch eine vermehrte Kupferausscheidung. Eine Leberbiopsie wird ebenfalls noch durchgeführt, um den parenchymatösen Zustand in Hinblick auf eine mögliche Lebertransplantation erfassen zu können.

Diagnose

Therapie & Komplikationen

Stellt man die Diagnose frühzeitig, versucht man das Kupfer durch Chelat-Bindung mit Kaliumsulfid im Darm zu behalten und mit Zinkazetat oder D-Penicillamin verstärkt aus dem Körper zu filtern. Das wirkt allerdings nur als so eine Art Klotz am Bein der Erkrankung, der die Progredienz zwar bremst, aber nicht heilt. Früher oder später kommt es entweder zum Versagen der zirrhotischen Leber oder zum Einsetzen einer akut fulminanten Phase, d.h. akutes Leberversagen. In beiden Fällen ist dann die Lebertransplantation angesagt. Außerdem ist das hepatozelluläre Karzinom eine gefürchtete Komplikation des M. Wilson.

Weitere Infos

Diese Schose wird autosomal rezessiv vererbt und je nach Schweregrad bis zum 30. Lebensjahr klinisch auffällig. Durch das Fehlen des Kupfertransportproteins Coeruloplasmin lagert sich das frei schwimmende Kupfer in allen Parenchymorganen (Nieren, Leber, Hirn) und in der Kornea (als Kayser-Fleischer-Ring) ab. Die Schäden an den Organen führen zum entsprechenden Krankheitsbild mit Niereninsuffizienz, motorischen und psychischen Störungen.

Wow, das war der erste Kayser-Fleischer-Ring, den ich in echt gesehen habe. Aber ehrlich gesagt, wenn man es so hautnah erlebt, läuft's einem irgendwie kalt den Rücken runter. Im Lehrbuch klingt das alles so logisch, wie 'ne Rechenaufgabe: zu wenig Enzym, ergo zu viel Kupfer, das stopft der Körper in alle Ritzen, die er finden kann, bis Leber und Hirn die Grätsche machen. Aber dass das in Wirklichkeit so einem Mann passiert, der sogar noch ein Stück jünger ist als man selber, und jetzt muss er zuschauen, wie seine Gliedmaßen nicht mehr machen, was er will ,wegen dem Kupfer im Hirn, da wird's einem schon ein bisschen anders ...

Noch immer nachdenklich, drücke ich die Klinke des nächsten Untersuchungszimmers runter – und stehe mitten im prallen Leben. Zwei aufgedrehte Kinder so um die drei, vier Jahre turnen auf der Untersuchungsliege rum, das dritte krabbelt gerade zielstrebig in Richtung Tretmülleimer. Das mütterliche „Nein" geht im Gejohle genauso unter wie mein leicht entsetztes „Guten Morgen". Die Mutter beugt sich runter, um ihren jüngsten Sprössling vor dem Mülleimer – oder umgekehrt? – zu retten, und stockt stöhnend mitten in der Bewegung.

Patientin 2

Anamnese & Befund

Damit sind wir auch gleich in medias res: Ihre starken LWS-Schmerzen treiben sie her. Sie ist 40 Jahre alt, ein bisschen mollig und von Beruf Altenpflegerin, zurzeit allerdings nur halbtags. Während ich ihre Vitalparameter messe, schaue ich mir aus dem Augenwinkel ihre Brut an und frage mich, ob in dem „nur" wohl ein leichtes Bedauern mitgeschwungen hat? Na, auf alle Fälle: RR 120/80, P 76, Temp. 36,8 °C.

DD-Vorüberlegungen

Ein **Bandscheibenvorfall** erzeugt gewöhnlich eine Radikulopathie, d.h. Schmerzausstrahlung und/oder Gefühlsstörungen (Taubheit) und/oder Kraftausfall entlang des Versorgungsgebiets der betroffenen Nervenwurzel. MRT oder CT zeigen einen Prolaps oder eine Protrusion. Dagegen liegt bei der **Spondylarthrose** ein degenerativer Verschleiß der Facettengelenke (kleine Wirbelgelenke) vor. Wird durch Nativröntgen der Wirbelsäule in zwei Ebenen dingfest gemacht und mit Krankengymnastik, Rückenschule und evtl. Injektionen unter Röntgenkontrolle in die betroffenen Gelenke hinein behandelt.

Dann wären da noch **muskuläre Verspannung** – die kennt jeder. Dieser Schlamassel mündet oft in einen Teufelskreis aus Fehlhaltung–Schmerz–Verspannung–Fehlhaltung. Wenn man morphologische Veränderungen durch bildgebende Verfahren ausgeschlossen hat, muss man diesen Teufelskreis mit systemischen und lokalen Analgetika, Wärme, Muskelrelaxanzien, manuellen Anwendungen, Haltungsschulung, Gymnastik etc. so gut es geht knacken.

Diagnose Patient 1: Morbus Wilson.

Anamnese & Befund

Lotrecht aufsteigende Wirbelsäule bei Beckengeradstand. Leichte rechtskonvexe BWS-Skoliose. Das Abklopfen der Wirbelsäule ist im lumbosakralen Bereich schmerzhaft. Paravertebrale Muskelverspannungen, besonders im zervikothorakalen und lumbosakralen Übergang. Periphere Durchblutung, Motorik und Sensibilität sind symmetrisch intakt, bei seitengleich gut auslösbaren Muskeleigenreflexen. Lasègue und Mennel sind beidseits negativ. Ansonsten ist der Befund unauffällig. Die Bauchdecke ist weich und ohne Palpationsschmerz. Keine Schwellung oder Deformität der Fingergelenke. Anamnestisch ebenfalls keine weiteren Erkrankungen bekannt.

Ich schicke sie zunächst mal zum Röntgen und suche jemanden, der in der Zwischenzeit diese drei Rangen davon abhält, hier sämtliche Schubladen auszuräumen.

Untersuchung & Ergebnisse

Auf der Röntgenaufnahme sieht man eine deutliche Gelenkspaltverschmälerung zwischen Wirbelkörper L5 und S1! Es liegt ein starker Diskusverschleiß vor und es wundert mich, dass diese Frau keine radikuläre Symptomatik zeigt! Außerdem erkennt man ebenfalls einen Verschleiß der kleinen Facettengelenke, im LWS-Bereich stärker als weiter oben. Die Wirbelkörper sind auch nicht mehr so ganz blockförmig, sondern zeigen osteophytäre Randbauten, wie es für degenerierte Wirbelsäulen typisch ist. Im BWS-Bereich läuft die Wirbelsäule rechtskonvex aus.

Doch was ist das? Im rechten oberen Quadranten ist ein rundes, röntgendichtes Gebilde zu sehen … ein Gallenstein? Tatsächlich, es ist ein Gallenstein. Nochmals untersuche ich die Patientin. Sie hat aber weder Schmerzen im rechten Oberbauch noch in der rechten Schulter oder im Epigastrium. Auch die typischen Zeichen einer symptomatischen Cholezystolithiasis wie Kolik, passagere Stuhlentfärbung, Braunfärbung des Urins verneint die Frau.

Diagnose

Therapie & Komplikationen

Einer Cholezystitis, die beispielsweise als Folge einer mechanischen und chemischen Irritation bei Cholezystolithiasis mit chronischen Stauungszuständen auftreten kann, sollte man tunlichst aus dem Weg gehen. Nicht nur, weil's sauweh tut, sondern auch, weil einem noch eine ganze Reihe weiterer Komplikationen blühen können, wie eine Steineinklemmung im Ductus cysticus oder choledochus mit Koliken und Ikterus, Empyem und Ruptur mit akutem Abdomen, Peritonitis etc. Deshalb sollte man einem Gallensteinträger, vor allem dem mit multiplen Konkrementen, eine Cholezystektomie wirklich warm ans Herz legen, weil die kleinen Steine leicht abgehen können. Ein größeres solitäres Konkrement macht, wie in diesem Fall, meist keine Probleme.

Was die Lumbago angeht: Das versucht man zunächst mal mit NSAR und Anleitung zur Krankengymnastik in den Griff zu kriegen. Nehmen die Beschwerden zu, stehen Kernspin und neurochirurgische Konsultation an, dann muss man weitersehen …

Weitere Infos

Die fünf F's unter denen eine Cholezystolithiasis am häufigsten vorkommt: Female, fat, forty, fair und fertile … nach den berühmten drei F's „Fernsehen, fressen und Liebe machen" wohl sicherlich die zweitberühmteste F-Serie.

Stationspfleger Moss hat in der Zwischenzeit völlig ungeahnte Qualitäten entwickelt: Ganz Profi, hat er sich um die drei Zwerge gekümmert, seit die Mama zum Röntgen musste. Mittlerweile hat er den Kleinen auf dem Schoß, der voller Inbrunst am Kolben einer Einwegspritze nuckelt, und zeigt den beiden Größeren gerade, wie sie sich mit dem Mullverband gegenseitig die Hände fesseln können. Der Mann ist so gerissen, man glaubt es kaum. Und alle haben Spaß, das ist ganz offensichtlich!

Der Tag heute steht offenbar ganz im Zeichen der lieben Kleinen: Gleich im nächsten Zimmer treffe ich auf zwei Eltern, die mir halb stolz, halb beunruhigt ihr neugeborenes Töchterchen präsentieren.

Diagnose Patientin 2: Lumbago; Nebenbefund: Cholezystolithiasis.

Patientin 3

Anamnese & Befund

Die Kleine ist vor elf Tagen in einem so genannten Geburtshaus zur Welt gekommen. Es war eine komplikationslose Vaginalgeburt. Dennoch sind die Eltern besorgt, weil sie seit der Geburt blaue Lippen hat und das Atmen ihr Probleme zu bereiten scheint. An der Blaufärbung der Lippen ändere sich auch dann nichts, wenn das Baby schreie, bestätigt die Mutter. Pränatale Ultraschallbefunde gibt es nicht, da die Eltern aus beruflichen Gründen bis zum 8. Schwangerschaftsmonat in Ghana gelebt hatten, wo keine Sonographien durchgeführt worden sind.
Die O_2-Sättigung liegt bei 91 %. Das Abdomen ist eingesunken. Hypersonorer Klopfschall über der linken Thoraxhälfte. Herzgeräusche sind nach rechts verlagert. Über dem linken Thorax fehlen die Atemgeräusche – dafür ist aber deutliche Peristaltik zu hören.

DD-Überlegungen

Also, dieses Bild (Peristaltik in der linken Thoraxhälfte mit Verschiebung der Herzgeräusche nach rechts etc.) spricht eigentlich für die **Zwerchfellhernie** ... selbst der **Pneumothorax,** der als Notfall ebenfalls zu fehlenden Atemgeräuschen in der betroffenen Thoraxhälfte führt, kann so gut wie ausgeschlossen werden, weil das Ganze ja schon seit elf Tagen so anhält. Nixdestotrotz – ein Rö.-Thorax wird uns auch da mehr Aufschluss gewähren ... es könnte auch ein **angeborener Herzfehler** der Grund für die Blaufärbung der Lippen sein?

Untersuchungen & Ergebnisse

Der Rö.-Thorax zeigt in der a.p.-Aufnahme einen nach rechts verdrängten Herzschatten und Darmschlingen in der linken Thoraxhälfte. Der Blick von lateral beschreibt eine hintere Zwerchfellhernie (Bochdalek).

Diagnose

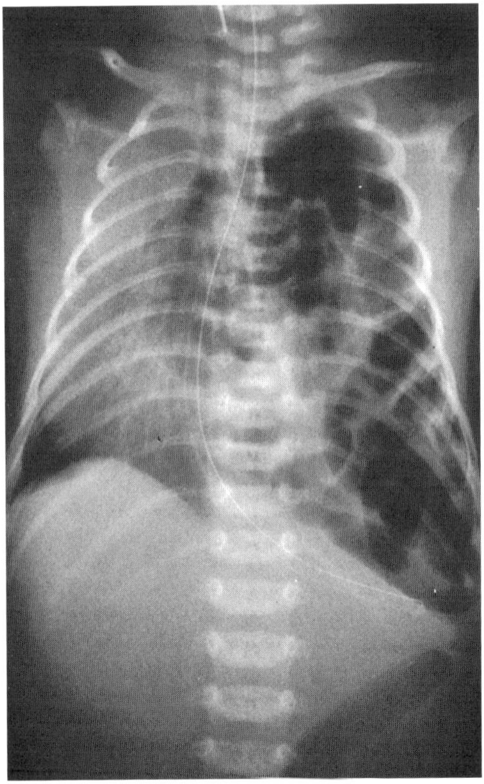

Abb. 10: Babygramm bei Bochdalek-Hernie: Zwerchfell nicht abgrenzbar, Darmschlingen im linken Thorax nachweisbar, Mediastinalverlagerung nach rechts.

Therapie & Komplikationen

Also, zuerst intubieren und 100 % O_2-Zufuhr! Wichtig ist jetzt erst mal, einen positiven intrapulmonalen Druck aufzubauen, damit es zur physiologischen Druckumkehr kommt und sich der Ductus Botalli schließen kann. Der sofortige chirurgische Eingriff scheint gar nicht so en vogue zu sein. Wenn das mit der Ventilation nicht anschlägt, werden die Kinder dann oft an eine ECMO (Extra Corporal Membrane Oxigenation) gehängt. Dabei wird das Blut aus dem Körper heraus an eine Membran geleitet, an welcher dann der Gasaustausch und die Oxigenierung stattfindet. Im Falle einer OP werden die Darmanteile wieder zurück ins Abdomen gezogen. Da diese Störung aber schon intrauterin vorgelegen hat, ist ein bleibender, restriktiver Lungenschaden nicht auszuschließen.

Diagnose Patientin 3: Bochdalek'sche Hernie.

Auch über mögliche Rezidivhernien sollten die Eltern informiert werden.
Im Rahmen der Therapie wird das Kind wohl über einen längeren Zeitraum intubiert werden müssen. Dies kann Infektionen begünstigen und/oder zur pulmonalen Hypertonie führen, welche dann wiederum eine eigene Therapiekaskade erforderlich macht.

Weitere Infos

Die meisten Hernien sind die posterolateralen Bochdalek'schen Hernien. Unter 10 % aller Zwerchfellhernien sind retrosternal gelegen und werden Morgagni-Hernien genannt. Beide Typen machen sich physiologische Schwachstellen des Zwerchfells zu Nutze und drängen sich mit den Darmschlingen an den Stellen in den Thoraxraum, an denen die Muskulatur gar nicht oder nur sehr spärlich angelegt ist. Da die Leber rechts liegt, findet man fast alle Zwerchfellhernien (> 90 %) linksseitig!

Also mit Abstand das Schwierigste an dem Fall war, den Eltern klar zu machen, dass auch mehrere Wochen intensivmedizinische Therapie mit Intubation eine OP nicht ausschließt und dass trotz allem niemand ihnen versichern kann, dass das Mädel anschließend eine topgesunde Lunge hat. Für den sensiblen Umgang mit Eltern braucht man definitiv schon die höheren Weihen, so viel ist klar ...
Apropos Sensibilität, die ist im nächsten Zimmer auch wieder gefragt!

Patientin 4

Da sitzt nämlich eine 21-jährige Kassiererin (politisch korrekt: Einzelhandelskauffrau) mit vor Nervosität zerknülltem Taschentuch in den Händen auf dem äußersten Rand des Stuhls. Sie ist in der achten Woche ihrer ersten Schwangerschaft und völlig aus dem Häuschen, weil am Morgen (vor ungefähr drei Stunden) eine vaginale Blutung eingesetzt hat. Das Blut sei klumpig, enthalte aber keine „Teile vom Baby", erklärt sie. Angefangen hatte es bereits vor drei Tagen mit leichten Schmierblutungen. Die habe sie aber nicht so ernst genommen, weil ihre Mutter ihr erklärt hatte, das sei nicht so schlimm und käme öfter mal vor. Seither habe sie ständig wiederkehrend krampfartige Unterleibsschmerzen. Die Blutungen hätten aber nie richtig aufgehört, und seit heute morgen seien sie richtig heftig. Nun macht sie sich große Sorgen und hat Angst vor einer Fehlgeburt. Dabei sei sie doch so vorsichtig gewesen: Eisen und Folsäure nimmt sie gewissenhaft und regelmäßig, geraucht hat sie noch nie und Alkohol habe sie, seit sie von der Schwangerschaft weiß, auch nicht mehr getrunken. Sie kämpft mit den Tränen.

RR 120/80, P 64, Temp. 37,0 °C.

DD-Vorüberlegungen

Während ich ein paar möglichst beruhigende Bemerkungen vor mich hin grummle, drückt mir die junge Frau ihren Mutterpass in die Hand, aus dem mir gleich das erste Ultraschallbild entgegenflattert. Die Fruchthöhle ist darauf schon ganz gut zu erkennen. Warum muss die Frau denn ausgerechnet hier in der Notaufnahme auftauchen? Wozu gibt's denn Gynäkologen? Klingt doch alles nach einem **drohenden Abort!** Na, jetzt ist sie jedenfalls hier, und ich muss mir was einfallen lassen. Dunkel erinnere ich mich noch daran, dass man verschiedene Formen oder besser Stadien eines Aborts unterscheidet: Abortus completus/incompletus/imminens/incipiens/spontaneus fallen mir so nach und nach ein. Generell ist eine Fehlgeburt (Abort) definiert als vorzeitiges Schwangerschaftsende, bei dem der Fetus weniger als 500 Gramm wiegt und außerhalb des mütterlichen Organismus nicht lebensfähig ist. Das ist er frühestens so ab der 22. bis 24. Schwangerschaftswoche.

- Beim **Abortus completus,** der im Normalfall einen Frühabort bis zur 16. Schwangerschaftswoche darstellt, wird der Embryo mitsamt seiner Eihäute und der Plazenta ausgestoßen.
- Demgegenüber steht der **Abortus incompletus,** der ab der 16. Schwangerschaftswoche eintreten kann, bei dem Reste von Plazenta, Eihäuten oder Fet in der Gebärmutter verbleiben.
- Der **Abortus imminens** stellt den Zustand des drohenden Aborts dar. Der Zervikalkanal des Uterus ist noch geschlossen und es treten nur leichte Blutungen und Wehen auf. Beim Abortus imminens kann die Schwangerschaft der Patientin möglicherweise noch gerettet werden.
- Ist der Muttermund bereits deutlich geweitet und sind Blutungen und Wehentätigkeit verstärkt, so spricht man vom **Abortus incipiens,** der nur noch in den seltensten Fällen durch konservative Therapieversuche aufgehalten werden kann.
- Die Bezeichnung **Abortus spontaneus** besagt lediglich, dass ein Abort ohne Einwirkung von außen in Gang gekommen ist.

- Nur der Vollständigkeit halber: Es gibt auch noch den verhaltenen Abort, der häufiger verenglischt als **missed abortion** bezeichnet wird. Dabei bleibt der Fruchttod Wochen bis sogar Monate unbemerkt, weil der Fetus nicht ausgestoßen wird. Schlimmstenfalls kann es zu Infektionen oder aber sehr selten – vor allem in späteren Schwangerschaftswochen – durch Zerfallsprodukte des toten Fetus bei der Mutter zur Verbrauchskoagulopathie kommen. Geht die Frau regelmäßig zur Schwangerschaftsuntersuchung, würden jedoch die fehlenden Herztöne auffallen.

Um potenzielle Infektionen mit nachfolgenden Verwachsungen vorzubeugen, sollte bei jedem Abort großzügig nachkürettiert werden.

Eine DD wäre die **Extrauteringravidität.** Wie der Name schon sagt, entwickelt sich die Schwangerschaft dabei außerhalb des Uterus. Gelegentlich bluten Frauen in der Frühschwangerschaft (häufig 6. bis 8. SSW) leicht über mehrere Tage aus der Scheide und haben zusätzlich einseitig Unterbauchschmerzen. Dann muss es klingeln. Rein theoretisch kann die Frucht fast überall heranwachsen: in den Tuben, auf den Ovarien, ja sogar im Peritoneum (Bauchhöhlenschwangerschaft). Das kann nicht nur dem Embryo selbst schaden, sondern auch das Leben der Mutter gefährden. Deshalb sollte er per Laparoskopie entfernt oder die Rückbildung der Schwangerschaft mit Methotrexat angestrebt werden. Aber die junge Frau hat mir ja schon Mutterpass und Ultraschallbild präsentiert – da konnte man deutlich die intrauterine Fruchthöhle erkennen.

Anamnese & Befund

Der allgemeine körperliche Befund ist völlig unauffällig, auch die Palpation des Unterbauches ist nicht schmerzhaft. Die Bauchdecke ist weich, keine tastbaren Raumforderungen. Wäre der Fundus des Uterus schon zu tasten, spräche das für eine weiter fortgeschrittene Schwangerschaft. Erst so ab der 12. SSW kann man ihn bei schlanken Frauen an der Symphyse erfühlen. Bei der vaginalen Spekulumuntersuchung sehe ich Blut, das aus dem Zervikalkanal kommt. Von Plazentagewebe oder Kind keine Spur. Bei der digitalen Untersuchung ist der Muttermund geschlossen und die Portio noch nicht verkürzt, d.h. der Gebärmutterhals ca. 3 cm lang. Die Palpation der Portio ist nicht schmerzhaft.

Um zuverlässig sagen zu können, ob hier wirklich eine Fehlgeburt im Gange ist, muss ein vaginaler Ultraschall her. Dabei ist es wichtig, dass die Frau mit auf den Bildschirm schauen kann, damit sie mitbekommt, was passiert. Sie soll nicht denken, dass ich ihr etwas verheimliche …

Untersuchung & Ergebnisse

Hej!!! Gebannt schauen wir alle beide auf den Bildschirm, wo man den Feten erkennen kann, schön im Uterus eingebettet, mit munteren Herzaktionen. Die Scheitelsteißlänge entspricht der 9. SSW. Als ich der jungen Mutter die Herzschläge auf dem Bildschirm zeige, die wie flatternde Schmetterlingsflügel aussehen, gibt sie einen lauten Erleichterungsseufzer von sich.

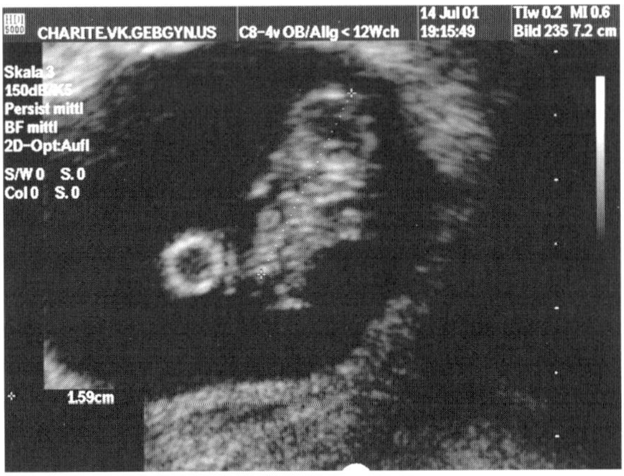

Abb. 11: Embryo 9. SSW und Dottersack.

Entwarnung kommt auch vom Labor: Hb, Leukos und CRP normal, Thrombos, Quick und PTT auch.
Ihre Blutgruppe ist übrigens 'ne ziemliche Rarität: AB rhesusnegativ. Es ist super wichtig, auf die Blutgruppe zu achten!! Etwa 10% aller Frauen sind rh-negativ und müssen bei Blutungen in der Schwangerschaft präventiv zur Vermeidung einer Rhesusunverträglichkeit so um die 28. SSW rum und gleich nach der Geburt, sobald feststeht, dass das Baby Rh-positiv ist, Rhesusantikörper (Partobulin®) gespritzt bekommen.

Diagnose

Therapie & Komplikationen

Trotz unauffälliger Vital- und Laborparameter erscheint mir, einfach wegen der starken Blutung, die Situation nicht ganz koscher. Rufe also den diensthabenden Gyn-Meister an und nehme die Patientin stationär auf. Das scheint der jungen Mama auch ganz recht zu sein, der Schreck steckt ihr offenbar tief in den Gliedern. Bevor's hochgeht, bekommt sie von mir noch schnell einen peripheren Zugang und außerdem angesichts ihrer Rhesusgruppe eine Anti-D-Prophylaxe. Man weiß ja nie, wenn der Vater Rh-positiv ist und das Kind auch, haben wir sonst bald 'ne fette Rhesusinkompatibilität ... muss man ja nicht beschwören. Ansonsten sind jetzt angesagt: Bettruhe und Beobachtung von Mutter und Kind. Schwangere kriegen, damit die Wehen nicht in die Gänge kommen und um einem drohenden Abort möglichst den Wind aus den Segeln zu nehmen, oral Magnesium in relativ hoher Dosis (das heißt dosiert bis kurz vorm Durchfall).

Weitere Infos

Eine Ersttrimesterblutung muss nicht immer was Schlimmes bedeuten. Sie kommt so ungefähr bei zwei bis drei von zehn Schwangeren vor. In ungefähr der Hälfte der Fälle kommt es anschließend zum Abort. Vorausgegangene Schwangerschaftsabbrüche oder Fehlgeburten prädestinieren zum erneuten Abort und stellen immer 'ne rote Flagge dar.

Bei mehr als zwei Fehlgeburten spricht man von einer habituellen Abortneigung. Dann sollte man nach der Kürettage den Feten von einem speziellen Pathologen (Pädopathologen) untersuchen lassen. Der findet vielleicht einen Hinweis auf die Ursache, z. B. genetische Anomalien oder Infektionen.

Kommt es tatsächlich zum Abort, so sollte der Frau eine Gesprächsmöglichkeit angeboten werden. Auch wenn die Schwangerschaft nur so kurz bestanden hat und möglicherweise noch kaum jemand davon wusste und die Umgebung deshalb nicht mittrauert, so hat die Frau doch einen Verlust erlitten, den sie adäquat verarbeiten muss.

Patient 5

Nun habe ich mir ein Tässchen Kaffee redlich verdient! Auf dem Weg in den Aufenthaltsraum kommt mir aber leider so ein Mensch vom Bahnhofssicherheitsdienst in die Quere, der einen sichtlich kranken Fixer in die Ambulanz schleppt. Da war ich doch ganz klassisch mal wieder zur falschen Zeit am falschen Ort ... Auf denn, der Kaffee muss jetzt wohl noch ein bisschen warten.

Anamnese & Befund

Viel Anamnese ist bei dem Typen in seinem reichlich bewusstseinstrüben Zustand nicht drin. Mit Mühe kriege ich raus, dass er 36 Jahre alt ist, rechtsthorakal Schmerzen hat und Blut hustet. Außerdem leidet er offensichtlich unter Schüttelfrost. Na, wenigstens die Vitalzeichen lassen sich ohne weitere Schwierigkeiten feststellen: RR 110/75, P 104, Temp. 39,9 °C.
Die Tattoos, die beide Arme des Mannes zieren, erschweren die Inspektion ein wenig. Man erkennt jedoch multiple Injektionswunden – nicht nur in der Armbeuge, sondern auch über Unterarm- und Handrücken, an den Unterschenkeln und über beiden Fußrücken. Einige der Einstiche sind entzündet und schmerzhaft. Die meisten peripheren Venen sind vernarbt und thrombosiert.
Auffällig sind die gefüllten Jugularisvenen (positiver Jugularvenenpuls) beim aufrechten Sitzen und die Hepatosplenomegalie mit dem pulsierenden Leberrand (Leberpuls). Bei der Thoraxauskultation hört man deutlich ein holosystolisches Schwirren mit Punctum maximum über dem 4. ICR rechts parasternal (Trikuspidalklappe), verstärkt in Inspiration.
Weiter geht's mit Blutentnahmen für 'ne Blutbildbestimmung, Elektrophorese und Blutkultur. Die sollte mehrfach wiederholt werden, um auch wirklich einen Erreger zu fassen zu kriegen, wenn es ihn gibt. Außerdem natürlich Rö.-Thorax und EKG.

DD-Überlegungen

Der Thoraxschmerz könnte einen vielleicht an einen **Pneumothorax** denken lassen. Dabei gelangt Luft dorthin, wo sie nicht hingehört – nämlich in den interpleuralen Raum (= Pleuraspalt). Durch den normalerweise hier herrschenden mittleren Unterdruck von –6 cmH_2O bleibt die Lunge entfaltet. Eine Perforation der Tho-

Diagnose Patientin 4: Drohender Abort (Abortus imminens).

raxwand oder der Pleura visceralis hebt den Unterdruck auf – die Lunge kollabiert. So was kommt gerade bei eher asthenischen jungen Männern durchaus auch spontan vor. Leitsymptom ist neben dem Schmerz aber auch Atemnot, von der man bei dem Typen nun nicht viel feststellen kann. Außerdem erklärt so ein Pneu auch nicht das Fieber und den Schüttelfrost.

Würde alles eigentlich eher zu 'ner **Pneumonie** passen. Husten, Fieber, Luftnot, Thoraxschmerz wären da durchaus logisch zu erklären. Im Röntgenbild könnte man dann die entsprechenden Verschattungen sehen und mit ein bisschen Glück kriegen wir auch den Erreger per Blutkultur oder aus dem Sputum.

Tuberkulose wäre auch noch 'ne Möglichkeit. Erst recht, wo er ja Hämoptysen entwickelt. Ein Intrakutantest mit Tuberkulin würde hier diagnostisch (ein bisschen) weiterhelfen. Definitiv was sagen kann man natürlich erst mit Nachweis der Mykobakterien im Sputum oder besser im Bronchialsekret (Mikroskopie: säurefeste Stäbchen, Kultur, oder schneller und sensitiver per Polymerasekettenreaktion [PCR]).

Wegen der rechtsthorakalen Schmerzen könnte man bei einem älteren Patienten auch an eine **koronare Herzkrankheit (KHK)** denken. Atherosklerose der Koronararterien führen zur Minderversorgung des Herzmuskels, die sich als Angina pectoris, Myokardinfarkt oder Herzversagen bemerkbar machen kann, je nachdem, wie proximal die Koronarstenose liegt und wie stark sie das Gefäßlumen einengt. Na ja, aber Fieber? Wohl eher doch nicht.

Die Trias Fieber, Anämie, Herzgeräusch würde eigentlich auch ganz gut zu 'ner **Endokarditis** passen. Dazu braucht man den Nachweis der Keime (Bakterien oder Pilze) in den Blutkulturen. Im TEE (transösophageale Echokardiographie) kann man Vegetationen an den Herzklappen erkennen. Dann sollte man tunlichst auch nach septischen Embolien an Haut, Augenhintergrund, Milz, Darm (Bauchschmerzen), Niere (Hämaturie, Flankenschmerz), Gehirn (MR Schädel) oder Lunge (CT Thorax) suchen. Außerdem noch ein Herzdoppler.

Untersuchung & Ergebnisse

- Hb 9,8, MCV normal, MCHC normal, MCH normal, Leukozyten 21 000, Granulozyten 79 % (Linksverschiebung)
- Blutkultur aus der Mikrobio: Staph. aureus
- Elektrophorese: Albumine erniedrigt, alpha-2-Globuline erhöht
- Rö.-Thorax: verstärkte Lungengefäßzeichnung

- im EKG sieht man bis auf Sinustachykardie nichts Auffälliges
- Herzecho (Doppler): Vegetationen auf der Trikuspidalklappe mit Klappeninsuffizienz.

Diagnose

Therapie & Komplikationen

Gegen Staph. aureus gibt man am besten ein Aminoglykosid, kombiniert mit einem penicillinasefesten Penicillin i.v. Alternativ ist Vancomycin bei Penicillinresistenz möglich.
Wichtig ist, dass man so schnell wie möglich mit der Therapie beginnt und immer mehrere Antibiotika miteinander kombiniert. Nebenwirkungen beachten! D.h. regelmäßige Spiegelkontrollen bei Vancomycin und Aminoglykosiden, Krea und Transaminasen im Auge behalten. Wird der Patient nicht rasch fieberfrei oder treten unter keimgerechter Antibiose weiter Embolien auf oder wird er hämodynamisch instabil, muss man zügig operieren: kardiale Fokussanierung durch Klappenersatz!

Weitere Infos

Da i.v. Drogen in den meisten Fällen nicht unter sterilen Bedingungen injiziert werden, ist der bakterielle Befall des Endokards, bevorzugt an den Klappen, in der Szene häufig. In absteigender Reihenfolge sind folgende Klappen betroffen: Trikuspidalklappe (> 50 %), Aortenklappe (> 30 %), Mitralklappe (knapp 30 %). Gerade bei Fixern ist in erster Linie das rechte Herz betroffen; kein Wunder, schließlich kommen die Keime bei i.v. Gabe nun mal zuerst an der Trikuspidalklappe an. Dagegen krallen sich Endokarditiden anderer Ursache häufiger das linke Herz. Neben Staph. aureus – dem häufigsten Erreger – und Streptokokken kommen auch Candida und Pseudomonas als Verursacher vor, vor allem bei Immunsupprimierten.

So, während der Patient nun in seinem Bett der stationären Aufnahme entgegenrollt, mache ich mich flott auf die Socken, ehe mich nochmal was von meinem Kaffee abhalten kann …

Patient 6

3K-gestärkt (Kaffee, Keks und Klön) mache ich mich wieder auf den Weg.

Anamnese & Befund

Diesmal erwartet mich im Untersuchungszimmer ein 39-jähriger Veganer, will sagen, ein Mensch, der sich absolut ohne tierische Produkte ernährt. Er klagt über strumpfförmige Parästhesien und Schwäche insbesondere der unteren Extremitäten. Er ist blass und fühlt sich abgeschlagen und müde – schon seit Monaten. Die Parästhesien hätten sich über die Monate von den Zehenspitzen aus immer weiter körperwärts ausgebreitet, sagt er.

RR 115/80, P 76, Temp. 36,8 °C.

Auffällig ist seine insgesamt blasse Erscheinung. Dagegen ist seine Zunge so rot, als hätte er gerade ein Kirscheis gegessen – hat er aber nicht. Alkoholabusus wird verneint. Man erkennt einen leichten Sklerenikterus. Unterer Leberrand etwa acht Fingerbreit (normal wären zwei bis vier) unterhalb des Rippenbogens tastbar: Hepatomegalie. Auch die Milz ist deutlich palpabel, was sie eigentlich nicht sein sollte: Splenomegalie.

Die Wirbelsäule ist weder druck- noch klopfschmerzhaft und frei beweglich. Die Iliosakralgelenke sind ebenfalls frei. Lasègue und Mennel sind beiderseits negativ. Die Muskeleigenreflexe der oberen Extremitäten sind abgeschwächt, die der unteren gar nicht auslösbar. Der Babinski ist auf beiden Seiten positiv. Außerdem sind Vibrations- und Lageempfindung der unteren Extremität gestört.

Also, hier nehme ich erst mal Blut ab, dabei kreuze ich die Untersuchung des Serum-Cobalaminspiegels besonders fett an. Außerdem ist das wohl ein Kandidat für den Schilling-Test und die Analyse der Magensäure. Ebenfalls ins Untersuchungsprogramm gehören die Antikörpertiter gegen gastrische Parietalzellen und Intrinsic Factor (IF).

DD-Überlegungen

Die strumpfförmige Empfindungsstörung der Extremitäten wäre eigentlich typisch für einen **Diabetes mellitus.** Diabetische Erythrozyten geben nur sehr ungern ihre O_2-Moleküle wieder her, sodass es zur ischämischen Degeneration des Gewebes kommt – also auch zum stetigen Zerfall der peripheren Nerven.

Bei der **Multiplen Sklerose** zerfallen dagegen die Myelinscheiden

… niemand weiß bislang, woran es genau liegt. Virale und autoimmunologische Genese werden postuliert. Sensibilitätsausfälle können da die ersten Symptome sein. Bei der Diagnose hilft die seitenvergleichende Messung der Nervenleitgeschwindikgeit.
Eine weitere Möglichkeit wäre die **Cobalaminmangelanämie:** Chronischer Mangel an Cobalamin (Vitamin B_{12}) kann nämlich auch zum beschriebenen Beschwerdebild führen. Typische Befunde wären makrozytäre Anämie und positiver Schilling-Test. Ursachen sind entweder ungenügende Zufuhr in der Nahrung, ungenügende IF-Produktion im Antrum oder gestörte Resorption des IF-Cobalamin-Komplexes im terminalen Ileum. Beim **Morbus Crohn** ist die Funktion des Ileums gestört, worunter auch die Resorption des IF-Vit.-B_{12}-Komplexes im distalen Bereich leiden kann. Da passt aber die sonstige Klinik bei diesem Patienten nicht so dazu.
Eine Variante, die eher bei älteren Patienten vorkommt, ist die **perniziöse Anämie** – eine autoimmune Geschichte, bei der Antikörper gegen die IF-produzierenden Parietalzellen der Magenschleimhaut oder direkt gegen IF gerichtet sind. Da hilft nur lebenslange Vitamin-B_{12}-Substitution (i.m.!). Komplikationen sind die chronisch atrophische Gastritis und Magen-Ca.
Die **Folsäuremangelanämie** ist zwar auch eine makrozytäre Anämie, macht aber keine Strumpfparästhesien. Sie kommt häufig vor bei Alkoholismus, zytostatischer Medikation (mit Folsäureantagonisten wie Methotrexat), Phenytoin, aber auch durch vermehrten Bedarf während Schwangerschaft und Stillzeit.
Da Lasègue und Mennel negativ sind, ist ein **Bandscheibenvorfall** eher unwahrscheinlich. Dabei drückt die vorgefallene Bandscheibe auf die Nervenwurzel. Je nach betroffener Etage kommt es zu peripheren neurologischen Ausfällen mit radikulären Parästhesien und/oder Schmerzen.

Untersuchungen & Ergebnisse

Kein HCl im Magensaft (Achlorhydrie), MCV ist erhöht, indirektes Bilirubin und LDH als Hämolyseparameter sowie Serumeisen sind erhöht, Hb dagegen niedrig (9,8 g/dl) – da haben wir 'ne klassische makrozytäre Anämie. Außerdem viele hypersegmentierte neutrophile Granulozyten. Das Serum-Cobalamin ist erniedrigt und der Schilling-Test positiv.

Diagnose Patient 5: Endokarditis.

Da es sich dabei um ein so klassisches buntes Differentialblutbild handelt (das würde man vor allem auch im Knochenmark sehen), erübrigt sich die Suche nach chronisch entzündlichen Darmerkrankungen. Als Auslöser kommt bei diesem Kandidaten aufgrund seiner eher einseitigen Ernährung wohl am ehesten ungenügende Zufuhr mit der Nahrung von Vitamin B_{12} in Frage. Bei unklarem Befund sollte aber unbedingt per Knochenmark-Untersuchung eine maligne hämatologische Erkrankung ausgeschlossen werden, da nicht selten auch komplette Panzytopenien auftreten können.

Diagnose

____

Therapie & Komplikationen

Vitamin-B_{12}-Substitution – lebenslang und i.m., wenn sich der Patient nicht vernünftig ernährt.

Weitere Infos

Vitamin B_{12} kommt nur in tierischen Produkten vor. Leute, die kein Fleisch essen, aber Milch und Eier konsumieren, werden Vegetarier genannt. Veganer dagegen sind sozusagen Hardcore-Vegetarier, die ganz strikt jedes tierische Produkt von ihrem Speisezettel streichen. Beide Gruppen neigen zur B_{12}-Hypovitaminose. Die neurologischen Defizite kommen durch den typischen degenerativen Befall des Tractus lateralis und posterioris des Rückenmarks zustande. Manche Patienten entwickeln eine Psychose. Der Angelsachse benutzt in diesem Zusammenhang häufig den Ausdruck „Megaloblastic Madness". Depressionen sind bei allen Formen der Anämie keine Seltenheit.

Die Vorstellung, mich so ausschließlich von Obst, Körnern und Gemüse zu ernähren, macht mir augenblicklich Hunger. Ein Blick auf die Uhr zeigt, dass mich noch mindestens eine Stunde von der Aussicht trennt, in der Kantine was Vernünftiges zu kriegen. Vielleicht finde ich ja wenigstens noch ein Stückchen Schokolade oder so was in der Küche? Im Moment scheint eh nicht allzu viel los zu sein, kein Mensch sitzt mehr im Wartezimmer …

Patient 7

In der Küche dudelt das Radio einen Uralt-Song von Ted Nugent: „Cat Scratch Fever" (die alten Hippies unter uns haben vielleicht sogar noch 'ne Vinylscheibe davon!). Bis vor ein paar Jahren hab ich mir über den Titel nie irgendwelche Gedanken gemacht – bis ich vor ungefähr vier Jahren bei einer Famulatur mal einen neunjährigen Jungen gesehen hab ...

Anamnese & Befund

Er kam mit schmerzhaften Schwellungen in der linken Achselhöhle und links zervikal, die sich seit ca. drei Tagen entwickelt hatten. Seine Eltern bewirtschafteten einen Bauernhof, wo erst vor einigen Wochen eine Katze Junge geworfen hatte, in die der Kleine ganz vernarrt war. Bei der Untersuchung fand ich ein kleines, entzündlich gerötetes Knötchen am linken Unterarm sowie eine gleichseitige, druckdolente, axilläre Lymphadenopathie.
RR 90/60, P 125, Temp. 38,3 °C

DD-Überlegungen

Voller Schreck dachte ich als Erstes an eine **lymphatische Erkrankung** – immerhin ist fast jede zweite maligne Erkrankung bei Kindern eine Leukämie. Unter diesen wiederum am häufigsten ist im Kindesalter die akute lymphatische Leukämie (ALL).
Als harmlosere DD fiel mir dann aber noch das **Cat Scratch Fever** – zu deutsch: Katzenkratzkrankheit (geiler Zungenbrecher!) ein. Auch diese Krankheit geht mit Lymphknotenvergrößerung einher und kommt in den meisten Fällen bei Kindern und Teens vor. Rochalimaea henselae heißt der Übeltäter, den der Mensch in der Regel einer Katze verdankt. Die Diagnose ergibt sich aus der Anamnese sowie dem Nachweis von Kratzeffekten bzw. Bissstellen und der dazu in Beziehung stehenden Lymphknotenschwellung. Zur endgültigen Diagnosestellung braucht's den Erregernachweis in der Lymphknotenbiopsie. (Antikörpertiter werden nicht untersucht.) Das Ganze verläuft selbstlimitierend, nach sechs bis acht Wochen ist der ganze Spuk vorbei: Sämtliche Symptome bilden sich komplett zurück.

Diagnose Patient 6: Chronischer Vitamin-B_{12}-Mangel.

Untersuchungen & Ergebnisse

Volltreffer: In einer histologischen Spezialfärbung der Lymphknotenbiopsie sowie in der Kultur ließ sich Rochalimaea henselae nachweisen.

Diagnose

Therapie & Komplikationen

In der Regel bedarf es hier nur einer symptomatischen Versorgung. Die Behandlung erfolgte bei dem Jungen mit antiseptischen Umschlägen mit Kaliumpermanganat. Bei schwerem Verlauf sowie bei Immunsuppressierten und HIV-Patienten führt man auch eine Antibiose durch. Bei Fluktuationen im Lymphknotenbereich kommt die Punktion in Betracht.

Weitere Infos

Die Infektionsquelle sind v.a. junge Kätzchen. Der Erreger ist aber auch in Katzenflöhen nachweisbar. Der eigentliche Pathomechanismus ist immer noch nicht geklärt. Die Kratzer oder Bisse des Wirtstieres rufen zunächst eine Papel hervor. Diese verschwindet normalerweise spontan nach einigen Tagen. Die Inkubationszeit beträgt ungefähr 'ne Woche.

... Das Lied ist zu Ende, das zum Erbrechen gut gelaunte Geblubber des Radiomoderators reißt mich aus meinen Gedanken. Schokolade ist auch keine zu sehen, aber wieder eins von diesen Honig-Portionspäckchen tut's genauso. Hauptsache Glückshormone ...
Mittlerweile hat sich auf wundersame Weise die Ambulanz wieder mit Wartenden gefüllt, ich schnappe mir also die nächste Patientenakte.

Patient 8

Dem 48-Jährigen, der mir da gegenübersitzt, geht's richtig dreckig. Er erzählt mir, er habe seit ca. zwölf Tagen anhaltend Fieber, Gliederschmerzen, Stirn- und Schläfenkopfschmerzen sowie produktiven, nicht-eitrigen Husten. Er ist alleinstehend – wenn man seine sechs Papageien nicht mitzählt. Er fürchtet, er habe seine Vögel angesteckt, da auch sie ihm zunehmend krank vorkommen.

Während ich ihm den Blutdruck messe (RR 140/90, P 46, Temp. 39,5 °C) kommen mir – frei assoziierend – schon mal ein paar Ideen, was bei diesem Kameraden so alles angesagt sein könnte.

DD-Vorüberlegungen

Fieber, Kopf- und Gliederschmerzen passen natürlich erst mal 1A zu einer **Grippe,** ich meine die echte, fiese, die mit dem Influenza-Virus. Bei älteren Patienten können sekundäre Erkrankungen (Herzbeteiligung, Pneumonie etc.) fatal sein. Immunität hält nur ein paar Monate an. Wegen des berüchtigten Gen-Shifts werden gerade für Senioren jährliche Schutzimpfungen empfohlen. Diagnose per Virusnachweis im Rachenabstrich, AK-Titer steigen nach ca. zwei Wochen an.

Sepsis ist der allgemeine Begriff für das Ausschwemmen von Bakterien (z.B. von einem infizierten Zehennagel) in die Blutbahn. Kann – muss aber nicht – mit Fieber, Hypotonie, Tachykardie, Benommenheit, Ausschlag und so weiter einhergehen. Therapie besteht in Antibiose und lokaler Versorgung des Infektherdes.

Die Bradykardie könnte auch ein Hinweis auf **Typhus** sein, diese durch Salmonella typhi hervorgerufene Geschichte, die ebenfalls mit steigendem Fieber, Kopping (Kopfschmerzen), relativer Bradykardie und Abgeschlagenheit einhergeht. Typisch wäre auch eine graugelb belegte Zunge. Die Salmonellen sind während der ersten bis zweiten Woche im Blut, ab der zweiten Woche im Urin, im Stuhl oder in der Gallenflüssigkeit nachweisbar.

So entfernt fällt mir dann auch noch **Fleckfieber** ein. Wer das hat, ist auch so richtig krank mit Fieber und Kopfschmerzen. Hinzu käme dabei noch ein zentripetaler Ausschlag, der an den Hand- und Fußsohlen beginnt (Vorsicht, nicht mit Hand-Mund-Fuß-Krankheit oder Syphilis verwechseln, die können sich auch mit einem solchen Ausschlag ankündigen) und sich proximalwärts zum Rumpf ausdehnt. Der Erreger ist Rickettsia rickettsii, kommt besonders an der Ostküste Nordamerikas vor, ist aber auch bei uns endemisch.

Andererseits gibt's da noch die Papageienkrankheit, auf gut medizinisch **Psittakose** – schließlich erzählt er mir, dass es ihm richtig

---

Diagnose Patient 7: Katzenkratzkrankheit.

gut ging, als er vor drei Monaten in der Dominikanischen Republik in Urlaub war. Der Nachbar hat da seine Vögel gewartet.

Anamnese & Befund

Der Mann kommt mir ein wenig apathisch, fast schon benommen vor. Diskrete zervikale Lymphadenopathie. Zyanotische Lippen, prominente Jugularvenen im Sitzen. Er klagt ferner über Schlaflosigkeit und sei in letzter Zeit so „wibbelig".

Starke Splenomegalie, leichte Hepatomegalie, Abdomen weich. Auskultation: Herz unauffällig, basal betontes Knistern über beiden Lungenfeldern, Darmgeräusche mittellebhaft.

Jetzt brauch ich noch: Differentialblutbild, Sputumprobe ins Labor zur Kultur, Rö.-Thorax und den Anti-Chlamydia-psittaci-Titer.

Untersuchung & Ergebnisse

Das Blutbild mit 4300 Leukos und relativer Lymphopenie ist ziemlich typisch für akute Infektionskrankheiten. Die Sputumkultur bringt den Erregernachweis für Chlamydia psittaci. Auch serologisch war der Antikörpertiter gegen Chl. psittaci positiv. Auf dem a.p. Rö.-Thorax sieht man wolkige Verdichtungen diffus über beiden Lungen als Zeichen des interstitiellen Befalls.

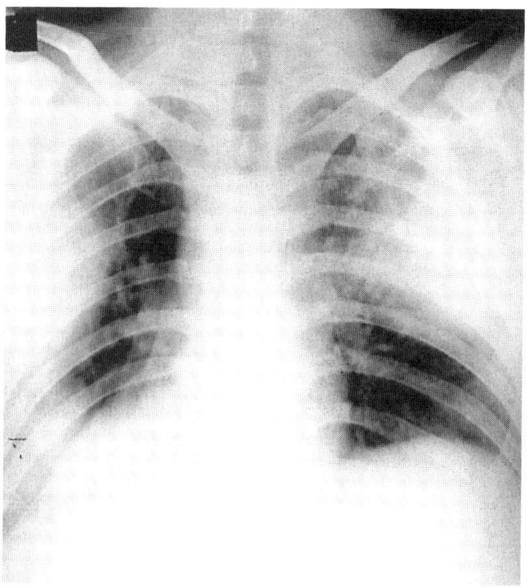

Abb. 12: Typisch sind die milchglasartigen Verschattungen an beiden Lungenflügeln.

Diagnose

Therapie & Komplikationen

Die Keime sind gewöhnlich sensibel auf Chinolone, Tetrazykline, Makrolid-Antibiotika. Doxyzyklin ist billig und hilft gut – lange, mindestens vier Wochen, geben, sonst gibt's nen Rückfall! Achtung bei Kindern. Die Krankheit kann sich nach mehreren Wochen komplett zurückbilden. Trotzdem sollte man sie nicht auf die leichte Schulter nehmen: Bei schweren Verläufen, d. h. bei anhaltendem Fieber über drei bis vier Wochen, überlebt nur jeder Zweite.

Weitere Infos

Die Chlamydien werden von erkrankten Vögeln über Kot und Federstaub auf den Menschen übertragen. Besonders gut funktioniert das während der Mauser! Häufig sieht man auf dem Röntgenbild anfangs nur einseitig ein keilförmiges Infiltrat, der diffuse Befall beider Lungen folgt erst später. Brutal, aber wichtig: absolute Vogel-Abstinenz! So wie's aussieht, muss der Gute sich von all seinen Papageien trennen – endgültig – sonst kriegt er nie Ruhe! Und die Wohnung komplett sanieren muss er auch.

Der Nächste, bitte ...

Patient 9

Anamnese & Befund

Auf dem Untersuchungstisch sitzt die Inkarnation des „ewigen Studenten": 34 Jahre, alte Jeans, zottelige Haare, Bart und Drahtgestell-Brille – aber momentan scheint er völlig aufgelöst. Weinkrämpfe schütteln ihn, während er in breitestem Berlinerisch hervorstößt: „Bitte helfense mir ... diese Angst macht mir noch janz wahnsinnich! Ick weeß selbst, dattet völlijer Schwachsinn iss, aber ick hab Angst, vor de Tür zu treten, ick fürchte mir davor, inner vollen U-Bahn oder inner Vorlesung zu sitzn! Ick verzweifel völlich, wenn ick nur dran denke, über den Friedrichsplatz lofen zu müssen! Een Kumpel hat mir jetze herjefahrn, unn selbst ditte warn Akt ... " Auf die Frage, wie lange ihn diese Ängste schon plagen, erzählt er, jetzt schon etwas ruhiger: „Dit jing vor zirka'n halbem bis dreiviertel Jahr los unn wurd nur noch schlimmer. Bin schon seit Monaten nicht mehr aus meener Bude jetreten ... vor Schiss!" Er atmet kräftig durch die Nase ein und schluckt die Ernte runter – klingt ziemlich nahrhaft.

RR 120/80, P 80, Temp. 37,1 °C.

An irgendwelche auffälligen Vorkommnisse oder einschneidende traumatische Erlebnisse kann er sich nicht erinnern, auch mit Phobien hatte er bisher in keiner Form zu tun. Appetit und Antrieb sind normal, die körperliche Untersuchung absolut unauffällig. Auch die Neurologie gibt nichts her.

Mmmmmh, mal überlegen.

DD-Vorüberlegungen

Depressionen können zur sozialen Isolation und Angst führen. Typisch sind dabei jedoch Schlaf- und Appetitstörungen und eine deutlich reduzierte Antriebsenergie, Interessenlosigkeit, Schuldgefühle etc.

Neurosen können in allen möglichen Varianten auftreten: als Angst-, Zwangs- oder depressive Neurose zum Beispiel. Bei Neurosen ist der Realitätsbezug nicht oder nur geringfügig gestört (im Gegensatz zur ausgewachsenen Psychose: „... ich bin Napoleon und ich habe die Farbe Rot erfunden!"). Übrigens: Wenn jemand den Film, „Besser geht's nicht" gesehen hat – da zeigt einem Jack Nicholson einen Zwangsneurotiker aus dem Bilderbuch.

Dann wäre da noch das weite Feld der Phobien. In Frage käme bei dieser Berliner Pflanze beispielsweise eine **Sozialphobie,** also die unangemessene Furcht vor menschlichen Kontakten, die bis zur völligen Vermeidung von zwischenmenschlichen Interaktionen führen kann. Na, bei genauerer Betrachtung ist's das wohl eher nicht, immerhin hat er offenbar noch mindestens einen ziemlich guten Kumpel. Möglich wäre aber auch eine **Agoraphobie,** zu deutsch die Furcht vor und Vermeidung von öffentlichen Straßen und Plätzen; basiert auf einer Panikstörung. Die Diagnose ergibt sich aus der Klinik – und die kommt ja bei dem Patienten hier ziemlich gut hin.

Ja, und natürlich **Drogenabusus** (wer's kennt, der kennt's ...). Drogengenuss kann die abgefahrensten Verhaltensänderungen hervorzaubern. Gerade nach einer akuten Überdosis entgleist das

Gemüt sehr leicht. Chronischer Konsum kann über die Monate hinweg ein emotionales Wrack hervorbringen.
Aber es muss gar nicht unbedingt eine Psychodiagnose sein: Eine rein somatische Ursache, die man leicht vergisst, ist die **Hyper-** und auch die **Hypothyreose.** Schilddrüsenfehlfunktionen können einem nämlich auch Verhaltensänderungen, Angst-, Panikattacken und was weiß ich alles einhandeln. Wenn man dran denkt, ist die Diagnose einfach: Schilddrüsenhormonbestimmung, Schilddrüsenfunktionstest.
Also, dann hätte ich jetzt gerne routinemäßig ein kleines Blutbild und besagte Schilddrüsenwerte: T_3, T_4, TSH. Außerdem eine Urinanalyse vom Toxikologen und, um die ganzen Psycho-DDs abzugrenzen, sicherheitshalber auch ein Konsil beim Psychiater.

Untersuchung & Ergebnisse

Labor ist alles voll normal: Blutbild, Schilddrüsenwerte und Urinanalyse haben nichts ergeben. Aber das Psychokonsil bestätigt meinen heißesten Diagnose-Tipp:

Diagnose

____

Therapie & Komplikationen

Kognitive Verhaltenstherapie mit Atemtraining, Entspannungsübungen, Verbesserung der Körperwahrnehmung, systematische Desensibilisierung. In der akuten Phase können Benzodiazepine und/oder Betablocker hilfreich sein. Auch Psychopharmaka wie MAO-Hemmer, trizyklische Antidepressiva oder ein selektiver Serotonin-Reuptake-Hemmer (SSRH) können helfen.

Weitere Infos

Die Agoraphobie ist gar nicht so selten, die Prävalenz liegt immerhin so um die 1 %, aber es gibt diese Geschichte ja in verschiedenen Schweregraden. Die Ätiologie ist unbekannt. Problematisch ist, dass die Betroffenen, die am dringendsten Hilfe bräuchten, die größten Schwierigkeiten haben, einen Schritt aus ihren eigenen vier Wänden zu wagen.

Und wer kommt jetzt?

Diagnose Patient 8: Psittakose (durch Papageien verursachte Ornithose).

Patientin 10

Anamnese & Befund

Im nächsten Zimmer finde ich eine 22-jährige BWL-Studentin mit stechenden Oberbauchschmerzen im rechten oberen Quadranten und Schüttelfrost. Sie sitzt vornüber gebeugt mit angezogenen Beinen auf ihrem Stuhl. Die Schmerzen hätten vor einigen Stunden angefangen, sagt sie, und seien sehr schnell nicht mehr auszuhalten gewesen.
RR 125/80, P 96, Temp. 39,8 °C.
Vor einigen Wochen hatte sie sich – bei häufig wechselnden Sexualpartnern und nur unregelmäßigem Kondomgebrauch – einen Tripper mit Adnexitis eingefangen. Sie war deshalb zwar beim Arzt, der ihr Antibiotika verschrieben hat. Die habe sie aber nicht bis zum Schluss eingenommen, weil's ihr auch so wieder gut ging.
Heiß-schweißige Haut. Sklerenikterus. Der Bauch ist bretthart, bei maximaler Abwehrspannung, die Leber aber bei der Kratzauskultation nicht deutlich vergrößert. Weder Lymphadenopathie noch Aszites. Milz nicht palpabel. Darmgeräusche leicht vermindert.
Jetzt brauche ich: Zervikalabstrich zur Kultur, Laborkontrolle mit rotem und weißem Blutbild, CRP, Gerinnung, Leber- und Pankreasenzymen, Cholestaseparametern, Retentionswerte, Schwangerschaftstest. Urinstatus. Abdomensonographie. Abdomenleeraufnahme, ggf. Abdomen-CT. Unangenehm für beide Seiten: die digital-rektale Untersuchung.

DD-Überlegungen

Möglich wäre eine **Cholezystitis,** die meist durch Gallensteine verursacht wird. Besonders häufig kommt sie bei Patientinnen mit den berühmten fünf F (fat, female, forty, fertile, fair) vor. Diagnose per Abdomen-Ultraschall und -Röntgen. Aber auch eine **Extrauterinschwangerschaft** ist bei dieser Patientin nicht eben unwahrscheinlich, wenn sie so sparsam mit Kondomen umgeht ... Dabei wächst die befruchtete Eizelle nicht im Uterus heran, sondern im Eileiter oder am Ovar, manchmal sogar in der Bauchhöhle! Alle gehen mit einseitigen (je nachdem, von welcher Seite das Ei stammt) Schmerzen einher. Typisch für eine Eileiterschwangerschaft ist der plötzlich einsetzende, stechende Abdominal-(Unterbauch-)schmerz. Verantwortlich dafür ist meist die rupturierte Tube mit nachfolgender Peritonitis. Die Laparoskopie oder Laparotomie wird sowohl diagnostisch als auch therapeutisch eingesetzt.

Eine **Appendizitis** kann beispielsweise durch Fäkolithen (Kotballen) hervorgerufen werden. Dabei kann es bis zur Wandischämie und Ruptur kommen, ebenfalls mit Peritonitis. Typischerweise beginnt das Ganze mit einem diffusen periumbilikalen Schmerz, der dann in den rechten unteren Quadranten wandert (McBurney-Punkt), außerdem klassisch: Rebound-Schmerz, rektal-orale Temperaturdifferenz, Übelkeit und Erbrechen.

Die **Perihepatitis acuta gonorrhoica** ist eine seltene Spätkomplikation einer peritoneal disseminierten Gonorrhö, die ähnliche Symptome wie eine Cholezystitis hervorrufen kann. Die Diagnose wird serologisch gestellt. Ebenfalls ähnliche Symptome macht eine Infektion mit **Chlamydia trachomatis.**

Dann sollte man auch noch an eine **Ovarialtorsion** denken. Ursache sind häufig Ovarialtumoren. Man kann sich vorstellen, dass eine solche „Verwringung" die arterio-venöse Versorgung abklemmt. Folgen sind entsprechend Schwellung, Nekrose etc.

Untersuchung & Ergebnisse

Im Blutbild sieht man eine Leukozytose mit Linksverschiebung; der Schwangerschaftstest ist negativ. Am Finger kein Blut. Per Sono Abdomen kann man Cholezystitis und Cholezystolithiasis ausschließen, Becken-Sono zeigt auch weder ektope Schwangerschaft noch Ovarialtorsion. Fündig werde ich stattdessen bei der Kultur vom Vaginalabstrich: Da wachsen Neisseria gonorrhoeae in Massen! Bei der Laparoskopie sieht man ausgeprägte Adhäsionsstränge zwischen Peritoneum und Leberkapsel.

Diagnose

Therapie & Komplikationen

Antibiose mit Ceftriaxon und Gyrasehemmern. Kontrolle nach Abschluss der Therapie.

Weitere Infos

Durch den „freien" Zugang über die Tuben in die Bauchhöhle greifen die Keime des aufsteigenden gynäkologischen Infekts auch

Diagnose Patient 9: Agoraphobie.

auf die Leber. Diese reagiert mit einer fibrinös-entzündlichen Veränderung, die klinisch das Bild einer Cholezystitis vortäuschen kann. Diese Diagnose wird serologisch gefestigt, weil man sie klinisch nicht von einer Chlamydien-Infektion oder einer Cholezystits unterscheiden kann. Also: CAVE!

Es spricht doch wirklich viel für Safer Sex, oder? Man sollte meinen, das hätte sich mittlerweile selbst bis zu den BWLerinnen rumgesprochen! Na, sei's drum – auf dem Gang treffe ich August, der mir erklärt, er sei vor Hunger schon ganz schwach in den Knien. Jetzt, wo er's sagt ... Also auf zum gastroenterologischen Konsil (zur Kantine)!
Frisch gestärkt laufen wir eine halbe Stunde später wieder in der Ambulanz ein. Pfleger Moss hat gerade Feierabend gemacht und kommt uns in reizender geblümter Krawatte strahlend entgegen. „Na, hat's gemundet? In Zimmer 3 wartet schon genau der richtige Nachtisch auf euch, höhö!" Ich dreh mich um zu August, der was murmelt von „noch ganz schnell telefonieren". Kameradenschwein! Voller böser Vorahnung öffne ich die Tür.

Patient 11

Ein 43-jähriger Pförtner klagt über faul riechenden, purulenten Abgang mit Kotbeimengung aus einer juckenden, nässenden perianalen Öffnung. Na bravo.
RR 120/80, P 72, Temp. 37,6 °C.

DD-Vorüberlegungen

Zwei Möglichkeiten fallen mir ein: erstens ein **Pilonidalsinus** – wenn die ohnehin lästigen Haare am Allerwertesten in die Unterhaut „einwachsen" (was sie bevorzugt tun, wenn man die meiste Zeit sitzend verbringt), kann sich das Ganze auch schon mal entzünden. Meist ist so ein Pilonidalsinus in der Mittellinie der Kreuz-Steißbeinregion lokalisiert („Raphefistel"). Durch die Entzündung kann ein Gangsystem (Fistel) bis hin zum Darm entstehen. Die muss man dann chirurgisch entfernen. Zweitens wäre da noch die **Analfistel** im Angebot. Hierbei handelt es sich um einen Eitergang zwischen Analkanal und Afterumgebung, ein pathologisches zweites „Löchle", wenn man so will. Ursache ist meist ein akuter entzündlicher Prozess in der Analregion oder eine chronische Darmerkrankung, beispielsweise Morbus Crohn. Wenn möglich, sollte man die Fistel chirurgisch spalten, damit der Eiter abfließen kann.

Anamnese & Befund

Zwischen Anus und dem Os coccygis sind zwei eitrig-nässende Öffnungen mit entzündetem Wall zu sehen. Ich atme kurz tief durch, dann drücke ich wie bei 'nem Pickel die Seiten tief ein und zusammen ... zum Vorschein kommt Eiter mit Kotbröckchen. Die Stellen selbst fühlen sich jedoch nicht prall-elastisch an, ein Abszess scheint also nicht vorzuliegen.
Routinemäßig ist hier ein Labor mit Blutbild angezeigt, außerdem ein Blick durch die Hintertür (Rektosigmoidoskopie), um Malignitäten auszuschließen. Mit einer so genannten Fistulographie kann man das Ausmaß und die Komplexität des Maulwurfbaus darstellen. Häufig sind die von den Krypten ausgehenden Abszesse noch nicht ganz durch die perianale Haut gebrochen oder haben untereinander Querverzweigungen gebildet. „Faszinierend" würde ich das nennen, wenn ich spitze Ohren hätte!

Untersuchung & Ergebnisse

Außer den Leukos, die mit 14 100/μl ein bisschen aus der Reihe tanzen, ist das Labor unauffällig. Die Kontrastdarstellung des Rektums zeigt zahlreiche blind endende, kontrastgefüllte Septen. Zwei Septen sind durchlaufend und fisteln perianal aus.

Diagnose

____

Therapie & Komplikationen

Chirurgische Spaltung der Fisteln und Entfernung des durch die Entzündung fibrös veränderten Gewebes. Je nachdem, wie weit auch die Beckenbodenmuskulatur in Mitleidenschaft gezogen wurde, kann es zur Stuhlinkontinenz kommen.

Diagnose Patientin 10: Perihepatitis acuta gonorrhoica, auch Fitz-Hugh-Curtis-Syndrom genannt.

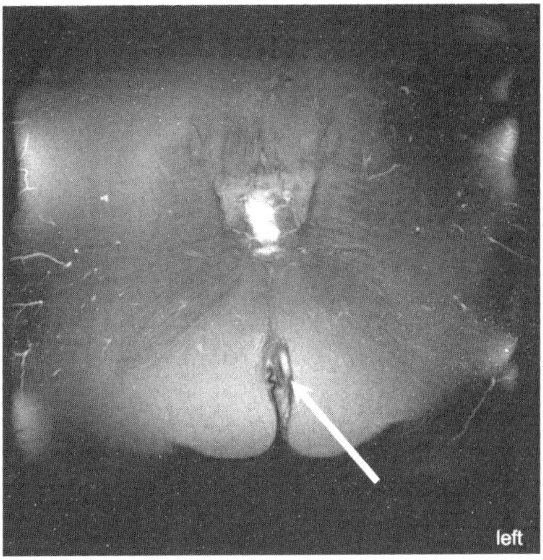

Abb. 13: Analfistel links auf coronarem fettgesättigtem T_2-gewichteten MRT.

Weitere Infos

Bei den Analfisteln unterscheidet man verschiedene Typen: Zunächst mal gibt es komplette und inkomplette. Unter den inkompletten differenziert man wiederum in innere und äußere. Mit perianal, subkutan, ischiokrural und so weiter beschreibt man lediglich den Verlauf der Fistel – im Grunde also alles ganz einfach. Lässt sich in jedem guten Kurzlehrbuch der Chirurgie schnell nachschlagen. Dort wird dann übrigens auch die so genannte Goodsall-Regel erwähnt. Dazu stellt man sich den Patienten in Steinschnittlage vor. Anschließend denkt man sich eine horizontale Linie, die mitten durch den Allerwertesten geht und die Rosette in obere und untere Hälfte teilt. Fisteln, die perianal im oberen Bereich münden, nehmen eigentlich immer einen geraden Verlauf. Jene, die darunter austreten, verlaufen dagegen im Allgemeinen bogenförmig (parallel zum anorektalen Verlauf).
Männer sind übrigens häufiger betroffen als Frauen.

Aus gegebenem Anlass mache ich nun erst mal einen kleinen Schritt vor die Außentür, das Näschen lüften ...
... und werde dort Zeuge, wie zwei junge Frauen zur Notaufnahme wanken. Die eine stützt die andere, die extrem blass ist und offensichtlich Schwierigkeiten hat, auch nur einen Fuß vor den anderen zu setzen.

Patientin 12

Im Untersuchungsraum treffe ich die beiden – Jurastudentinnen übrigens – ein paar Minuten später wieder. Da die eine weder über Zeit noch Ort orientiert und insgesamt kaum ansprechbar ist, wende ich mich an ihre Freundin. Sie berichtet, ihre 21-jährige Mitbewohnerin leide an Übelkeit, Erbrechen und hohem Fieber. Außerdem habe sie starken Durchfall und alle Muskeln täten ihr weh. „Das ging alles vor etwa 5 Stunden plötzlich los und wurde schlimmer und schlimmer!", berichtet sie. „Gestern hatte sie auch schon einen Ausschlag am ganzen Körper – da war sie aber noch nicht krank", fügt sie hinzu. Auf Nachfrage erinnert sie sich, dass die letzte Periode noch nicht lange vorbei sein könne, noch vor ein paar Tagen hatte die Freundin schließlich noch die obligatorische Wärmflasche vor ihrem Bauch spazieren getragen.
RR 95/60, P 115, Temp. 39,9 °C.

DD-Vorüberlegungen

Ausschlag, Fieber – **Masern** könnten so was zum Beispiel machen. Typischerweise fände man zu Beginn Husten, Schnupfen und Konjunktivitis. Erreger ist so ein Paramyxovirus. Diagnostisch wegweisend sind die berühmten grau-lividen Koplik-Flecken an der Mundschleimhaut und später das Masernexanthem. Gefürchtete Komplikationen sind die Masern-Enzephalitis, in ganz seltenen Fällen auch eine Riesenzellpneumonie und langfristig die subakute sklerosierende Panenzephalitis (SSPE), eine Slow-virus-Krankheit.
Passen würde das Ganze auch zu einer **Sepsis,** sprich einer generalisierten Bakteriämie.
Rein theoretisch käme auch hier das **Fleckfieber** in Frage, über das ich mich schon bei dem Ornithose-Patienten heute vormittag ausgelassen habe.
Wenn wir nun schon bei den Bakterien sind: Die **Leptospirose,** hervorgerufen durch die ziemlich großen spiralförmigen Leptospiren, geht mit ähnlichen Symptomen (Fieber, Myalgien, Arthralgien) einher. An die exakte Diagnose kommt man durch AK-Titerbestimmung.
Wenn hier dagegen Staph. aureus respektive seine Exotoxine am Werke sind, könnte die Juristin in spe auch mit einem toxischen

Diagnose Patient 11: Analfistel.

Schocksyndrom (TSS) kämpfen. Als Erregerquelle ist dabei alles drin, wo sich Staph. aureus drin verstecken könnte: Schürfwunden, OP-Wunden, Osteomyelitis und ganz besonders: vergessene Tampons.

Bei einer **Meningitis,** einer Entzündung der weichen Hirnhäute, können neben Bakterien auch Viren, Medikamenten-Nebenwirkungen oder Toxine zu Gange sein. Die Patienten haben brutale Kopfschmerzen, Kernig- und Brudzinski-Zeichen sind häufig positiv, bei Babys und Kleinkindern oft auch Opisthotonus. Zur Diagnose braucht's eine Liquorpunktion mit Labor und Kultur. Mit der Therapie (Penicillin) sollte man aber auf alle Fälle schon mal blind beginnen. Normalerweise ist die Blut-Hirn-Schranke nicht durchlässig für Penicillin, wohl aber, wenn so eine dicke Entzündung grassiert.

Dann gibt's da natürlich noch die **allergischen Reaktionen:** Man unterscheidet vier Formen von akut bis hin zum verzögerten Typ. Es kann auch hier zu allen beschriebenen Symptomen kommen. Wichtig ist eine gründliche Anamnese – Kunststück, wenn die Patientin nicht ansprechbar ist?!

Anamnese & Befund

Bei der Untersuchung finde ich Peritonealzeichen mit deutlicher Abwehrspannung, die Schleimhäute sind rötlich geschwollen, der Bewusstseinszustand etwas reduziert. Die Funduskopie gibt keinen Hinweis auf Hirndrucksteigerung, Kranialnerven sind alle symmetrisch intakt, Kernig und Brudzinski negativ und auch sonst fällt neurologisch nichts auf. Trotzdem: Lumbalpunktion und ab ins Labor. Ihr scharlachartiger Ausschlag erstreckt sich über den ganzen Körper; die Vaginalschleimhaut macht ebenso wie die Mundschleimhaut und die Konjunktiven einen hyperämisch-hypertrophen Eindruck; beim Vaginalabstrich für die Mikrobio: Uuups – was ist das denn? Da findet sich doch tatsächlich noch ein Tampon. Ansonsten das Übliche: Blutentnahme für Routinelabor, Blutbild, Serotiter für Leptospiren, Rickettsien, Treponemen, Masernvirus.

Untersuchung & Ergebnisse

Hb 10,3 g/dl, Leukos 24 000/µl, Thrombos 95 000/µl, Leberenzyme und Bilirubin erhöht. Die ganzen angeforderten Serotiter sind alle negativ, ebenso die Blutkultur – Sepsis scheidet also aus (Ergebnisse gibt's aber erst nach 3 Tagen). Das Lumbalpunktat ist auch normal, aber bei der Kultur des Vaginalabstrichs werde ich fündig: Staph. aureus!

Diagnose

Therapie & Komplikationen

Jetzt muss es flott gehen (nicht Ergebnisse abwarten!): Beseitigung des Fremdkörpers! Volumensubstitution! Penicillinase-resistentes Penicillin oder Cephalosporin i.v.! Einer von 20 Erkrankten überlebt so ein TSS nicht.

Weitere Infos

Superabsorbierende Tampons und kontrazeptive Schwämme stellen ideale Party-Bedingungen für Staphylokokken dar, erst recht während der Tage! Die Infektion kann bei starken Menses durch die Zervix und die Tuben zurück ins Peritoneum wandern. Diese Fälle sind glücklicherweise seltener geworden, sodass nicht-menstruationsbedingte TSS mittlerweile zwischen 20% und 25% der Fälle ausmachen. Mortalität liegt bei ca. 5%.

Oh Mann, jetzt schnackelts aber! Schwester Irmgard scheucht mich postwendend ins nächste Zimmer, wo es einem 53-jährigen Firmenchef gar nicht gut geht.

Patient 13

Anamnese & Befund

Auf dem Untersuchungstisch finde ich einen vergleichsweise adipösen Mann, der mit schmerzverzerrtem Gesicht, die Beine aufgestellt, daliegt. Er kommt gerade von einem Geschäftsessen (vor etwa anderthalb Stunden) mit einem neuen Kunden und klagt nun über heftigste Bauchschmerzen und Übelkeit. Auf dem Weg ins Krankenhaus habe er sich im Auto übergeben müssen. Dementsprechend sehen auch sein Hemd und seine Krawatte aus!

Vitalzeichen hat Schwester Irmgard schon gemessen: RR 115/70, P 115, Temp. 37,4 °C.
Der Mann kann bei der Untersuchung die Beine nicht ausgestreckt hinlegen, ohne dass die Schmerzen massiv zunehmen. Er ist kaltschweißig. Sein Abdomen ist weich, aber die Palpation ist sehr schmerzhaft, Rebound-Schmerz diffus im Abdomen (nicht nur im linken unteren Quadranten). Narben sind keine zu sehen, also kein Hinweis auf vorausgegangene Baucheingriffe.
Während der Untersuchung muss er husten. Dabei kommt es zum spontanen Abgang dünnen, blutigen Stuhls.
Seit fast 40 Jahren raucht er täglich ein bis zwei Päckchen Zigaretten. Bei seinem Hausarzt ist er wegen Vorhofflimmern mit absoluter Arrhythmie in Behandlung. Schmerzen nach einer Mahlzeit habe er schon häufiger gehabt, allerdings noch nie so schlimm. Außerdem verschwänden sie nach ungefähr einer Stunde wieder von alleine.

DD-Überlegungen

Erst mal ist natürlich eine **Appendizitis** nicht auszuschließen. Allerdings würde man dann mit dem Rebound-Schmerz eher im rechten unteren Quadranten rechnen, aber ein besonders verlässliches Zeichen ist das nicht. Die Anamnese ist auch nicht wirklich typisch für die Appendizitis: Plötzlicher Schmerz und sofortiges Erbrechen sind eher noch typisch für die **Perforation eines Hohlorgans,** z.B. bei Ulcus dudeni oder ventriculi!!! Hier wäre der Bauch aber nicht weich!
Am wahrscheinlichsten finde ich eine **Angina abdominalis** – so nennt man eine Stenose oder einen kompletten Verschluss der Mesenterialgefäße, sprich des Truncus coeliacus, der superioren und/oder inferioren Arteria mesenterica. Entsprechend wird das jeweilige Versorgungsgebiet nicht ausreichend durchblutet. Zeichen der Ischämie sind chronische oder plötzlich nach dem Essen auftretende Bauchschmerzen, anfangs weiche, später harte Bauchdecke und Leukozytose bis über 20 000/μl, Durchfälle, Laktaterhöhung mit schnellem Anstieg. Wenn das alles zusammenkommt, muss man echt auf Zack sein, um einen Mesenterialinfarkt zu verhindern! Die Diagnose wird durch Angiographie gesichert. Bei dem Firmenchef hier wäre übrigens blutiger Stuhl ein ziemlich schlechtes Zeichen: Der würde nämlich auf Gewebeuntergang des Darmepithels durch die Ischämie hindeuten, damit wären wir DD-mäßig eigentlich schon beim Mesenterialinfarkt angekommen ...

Und dann kann natürlich auch eine **Lebensmittelvergiftung** im Spiel sein. Wenn zum Beispiel der Koch mit einer nicht heilen wollenden Schnittwunde an der Hand was Leckeres zaubert, können da schon ein paar Keime auf den Salat gehüpft sein, die das Ganze dann mit ihren Toxinen würzen.

Untersuchungen & Ergebnisse

Leukos auf 23 000/µl erhöht, Laktat bei 5,6 mmol/l. Im EKG sieht man die anamnestisch ja schon bekannte absolute Arrhythmie. In der mesenterialen Angiographie zeigt sich ein Verschluss der A. mesenterica superior.

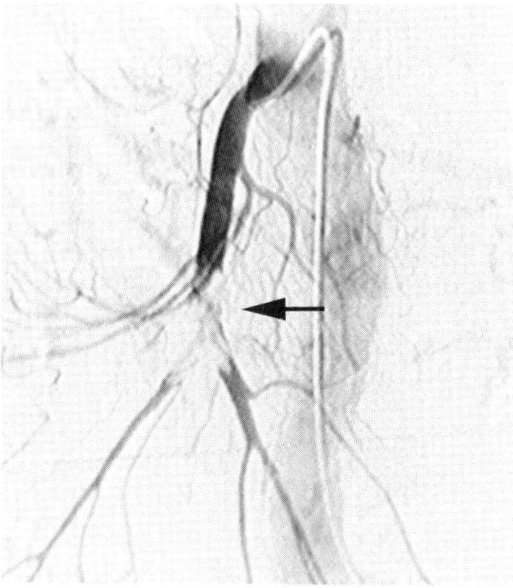

Abb. 14: Angiogramm der Arteria mesenterica superior. Es findet sich eine umschriebene Kontrastmittelaussparung (→) im Aufzweigungsgebiet des Mesenterikahauptstamms. Kollateralen sind nicht sichtbar.

Diagnose

____

Therapie & Komplikationen

Hier darf man nicht fackeln: sofort ab in den OP!!! Es droht sonst 'ne Darmperforation mit Peritonitis, Intoxikation, Sepsis, Schock und schlimmstenfalls Tod! Deshalb ist die sofortige Resektion des ischämischen Darms erforderlich.

Diagnose Patientin 12: Toxic Shock Syndrome, zu deutsch toxisches Schocksyndrom oder kurz TSS.

Weitere Infos

In neun von zehn Fällen sind die Gefäße atherosklerotisch verändert. Häufig führen arterielle Embolien (z.B. bei Vorhofflimmern), seltener Venenthrombosen, Endokarditis oder Arteriitis zum Gefäßverschluss. Hinzu kommt hier dann noch das opulente Mittagessen: Postprandial ist vermehrte Durchblutung des Darmes erforderlich, da reichen dann eventuell bestehende Umgehungskreisläufe, die sonst den Verschluss der A. mesenterica superior kompensieren könnten, nicht mehr aus.

Das ist doch mal ein Vorzug der Kantine hier: So wie das immer aussieht und schmeckt, beschränkt man sich freiwillig auf übersichtliche Portionen – die machen auch der Durchblutung weniger Kummer ...
Na, irgendwie scheint mir das heute ein ziemlicher „Magen-Darm-Tag" zu sein! Schwester Ursula schickt mich nämlich gleich weiter, zu einem Mann, den seine Tochter wegen heftigen Durchfällen und einem generalisierten Ausschlag in die Ambulanz gebracht hat.

Patient 14

DD-Vorüberlegungen

Diarrhö – da fällt einem doch als Erstes mal 'ne **Enterokolitis** ein. Alle möglichen Erreger kämen da in Frage, von Bakterien über Viren bis hin zu Parasiten. Manchmal machen sich die Erreger auch nicht direkt die Hände schmutzig, sondern überlassen das üble Spiel ihren Enterotoxinen. Das Ergebnis kennt jeder: Durchfall (manchmal mit Blutbeimengung), Erbrechen, Fieber, Schüttelfrost, Abgeschlagenheit etc. In der Regel sind diese Darmerkrankungen selbstlimitierend und müssen nur symptomatisch behandelt werden. Nur selten braucht's Antibiose.
Möglich wäre auch eine **Autoimmunerkrankung** – also eine von den Störungen, bei denen die Abwehrkräfte des Körpers gegen körpereigene Strukturen ins Feld ziehen: Myasthenia gravis, Basedow-Thyreoiditis, Morbus Addison, perniziöse Anämie, rheumatoide Arthritis oder Colitis ulcerosa und Morbus Crohn sind nur ein paar Beispiele. Nachweisen kann man sie anhand der jeweiligen Antikörper oder an entsprechenden genetischen Veränderun-

gen. Hautausschlag und Ikterus parallel dazu zeigt sich aber bei keiner dieser Erkrankungen.

Anamnese & Befund

Vor mir liegt ein kachektischer 53-jähriger Mann mit Ikterus und generalisiertem Hautausschlag. Die Zunge ist trocken, wahrscheinlich wegen des Durchfalls. Über den Extremitäten sind livide, infiltrierende Papeln zu sehen (ähnlich wie beim Lichen ruber planus). Das Abdomen ist weich, aber deutlich schmerzhaft, vor allem im rechten Unterbauch, mit leichter Hepatomegalie und Leberdruckschmerz.

Da der Patient völlig matt und kaum ansprechbar ist, halte ich mich mit meinen Fragen an die Tochter. Sie erzählt, dass ihr Vater vor ziemlich genau neuneinhalb Wochen wegen einer akut myeloischen Leukämie eine allogene Stammzelltransplantation erhalten habe. Das habe er erfolgreich überstanden, die Leukozytenzahlen hätten sich mittlerweile wieder sehr gut erholt (Zeichen für eine gute Annahme des Transplantates im Empfängerkörper). Deshalb durfte er jetzt zum ersten Mal fürs Wochenende die Spezialklinik verlassen, um seine Töchter zu besuchen. Seit einigen Stunden geht es ihm wieder sehr schlecht. Dann fügt die Tochter noch hinzu, dass ihr Vater vor der Transplantation eine Chemo- und Strahlentherapie (immunsupprimiert!) mit gepfefferter Antibiose erhalten hatte und aktuell noch Immunsuppressiva einnimmt.

RR 140/85, P 88, Temp. 37,6 °C.

DD-Überlegungen – Fortsetzung

Das schmeißt ja meine ganzen bisherigen Überlegungen gründlich über den Haufen. Angesichts dieser Krankengeschichte setze ich spontan alles auf ein Pferd: die **Graft-versus-Host-Disease** (GvHD, Spender-gegen-Empfänger-Erkrankung). Im Gegensatz zu den Autoimmun-Kisten ist es hier nicht die eigene Abwehr, die durchdreht, sondern quasi die Fremdenlegion: So was kommt vor, wenn Gewebe transplantiert wurde, das immunkompetente Zellen herstellt. Die sind dann in ihrem neuen Körper völlig verwirrt, erkennen überall „Fremdproteine“, denken, das sei der Feind, und feuern nach allen Seiten los. Besonders bei Menschen nach Transplantation, die nicht mehr so stark immunsupprimiert werden,

---

Diagnose Patient 13: Angina abdominalis als Vorstadium des Mesenterialinfarkts.

kommt es zu generalisierten Symptomen mit oft fulminantem Verlauf.

Bevor ich alles vorbereite, um den Patienten an die Spezialklinik zu überweisen, muss ich meine Verdachtsdiagnose so weit wie möglich sichern, um möglicherweise den Patienten noch vor dem Transport zu stabilisieren. Deshalb: Blutbild, Nieren-, Leber- und Entzündungswerte ins Labor, Hautbiopsie in die Patho und in die Virologie und dann noch eine Stuhlprobe in die Mikrobio. Alles mit der Aufschrift „EILT!".

Untersuchung & Ergebnisse

Hb 9,3, Leukos 3500/µm, 12 % eosinophile Granulozyten (normal wären 2–4 %, also eine relative Eosinophilie). GOT, γ-GT und konjugiertes Bilirubin sind erhöht. Die Stuhluntersuchung ergibt keinen Hinweis auf eine Infektion. Die Histologie der Hautbiopsie zeigt eine lymphozytäre Infiltration mit apoptotischen Veränderungen. Die Pathologen legen sich aber nicht fest, sondern lassen sich noch mit der Verdachtsdiagnose „toxische oder virale Veränderungen" ein Hintertürchen offen.

Diagnose

____

Therapie & Komplikationen

In unmittelbarer Rücksprache mit der behandelnden Fachklinik des Patienten wird die Therapie eingeleitet. Er bekommt die klassische First-line-Therapie, die bei Transplantationen eingesetzt wird: Zu dem bereits laufenden Ciclosporin als eigentliche Prophylaxe (das war die Immunsuppression, die die Tochter bereits erwähnt hat) bekommt der Patient noch hochdosiert Kortikosteroide. Ciclosporin hemmt reversibel die Aktivierung der T-Zellen. Das wäre auch bei manchen Autoimmunerkrankungen angesagt. Dass wir hier so aufs Tempo drücken, kommt übrigens nicht von ungefähr: Würde der Patient jetzt nicht sofort behandelt, würde er an seiner GvHD sehr rasch sterben.

Weitere Infos

Bei der GvHD handelt es sich um eine Art Revolte des Stammzell-Transplantates gegen den neuen „Wirt". Die immunkompetenten

Zellen (T-Lymphozyten), die das Transplantat produziert, sehen den Empfängerkörper als fremd an und greifen ihn an. In gesunden Körpern würde das Transplantat abgestoßen werden und untergehen. Bewusst immunsupprimierte Patienten wie dieser verfügen jedoch leider nicht über kräftige hauseigene Rausschmeißer, mit oft tödlichen Konsequenzen. Nach einer gewissen Zeit jedoch erlernen die T-Lymphozyten, den Empfänger nicht mehr als feindlich zu erkennen. Daher ist die allogene hämatopoetische Stammzelltransplantation die einzige Organtransplantation, bei der man nach einiger Zeit die Immunsuppression absetzen kann. Etwa 40% der Patienten entwickeln eine solche Reaktion, die allerdings auch gewünscht ist. Die T-Lymphozyten sind nämlich so schlau und erkennen auch die Leukämiezellen als feindlich und vernichten sie. Das ist der eigentliche Effekt der Transplantation. Warum nun genau Haut, Leber und Darm betroffen sind, darüber streiten sich die Gelehrten. Es gibt verschiedene Theorien. Die eine lautet, dass in diesen Organen viele dendritischen Zellen lagern, die da auch noch kräftig mitmischen. Die andere postuliert, dass vor allem Darmkeime entsprechende Entzündungsmediatoren freisetzen und somit die GvHD anheizen. Daher aufpassen, die Kombination aus Haut- und/oder Leber- und/oder Darmsymptomen lässt bei diesen Patienten sofort an eine GvHD denken.

Ein Blick nach draußen – da sitzen immer noch Scharen von Patienten. Aus der Nachbartür schaut gerade auch Robert raus, der schon seit einem halben Jahr hier den Assi gibt. Wir sehen uns an, nicken kurz und verschwinden auf einen schnellen Kaffee in den Aufenthaltsraum. Nennen wir's mal „Fünf-Minuten-Teamsitzung" oder so. Der wackere August und Mahatma halten ja noch die Stellung ...
Aber der energischen Uschimaus entgeht ja mal wieder nichts. Schon kommt sie angeschossen und erzählt uns, wie viel Arbeit uns noch erwartet. Mädel, wir sind doch nicht blind! Du als Kettenraucherin, verbringst doch täglich das Dreifache der Zeit vor der Tür, oder? Da kann sie uns doch den schnellen Kaffee nicht verwehren, schließlich ist draußen zurzeit nichts „Notfallmäßiges" ...
Na, auf denn, weiter geht's.

Diagnose Patient 14: Da die Klinik aber passt, lassen wir uns durch die Pathologen nicht verwirren: Es bleibt bei der Diagnose Graft-versus-Host-Disease (GvHD).

Patient 15

Anamnese & Befund

Ein 42-jähriger Busfahrer klagt über einen akut aufgetretenen Drehschwindelanfall mit rechtsseitiger Schwerhörigkeit, Übelkeit, Pfeifen im rechten Ohr (Tinnitus) und Erbrechen. Zweimal sei das jetzt vorgekommen. Das erste Mal – unmittelbar nach Feierabend vor zwei Wochen – war der ganze Spuk nach etwa einer Stunde vorbei. Die zweite, stärkere Attacke heute dauerte ungefähr zwei Stunden. Es war so schlimm, dass er den Bus stehen lassen musste und vor Ort abgelöst wurde. Die Schwerhörigkeit besteht noch immer, die restlichen Symptome sind vor ungefähr einer halben Stunde abgeklungen.

RR 130/80, P 72, Temp. 36,9 °C.

Die körperliche Untersuchung ist völlig unauffällig, abgesehen von ein paar Rettungsringen um den Bauch und einer gewissen Kaltschweißigkeit.

DD-Vorüberlegungen

Au weia, Schwindelformen gibt's in rauen Mengen!

Bei akut aufgetretenem Drehschwindel mit Übelkeit und Erbrechen ist an einen **Vestibularisausfall** (vermutlich durch eine Durchblutungsstörung im Gleichgewichtsorgan, z.B. bei Kompression der A. labyrinthi durch ein Akustikusneurinom) oder eine **Neuronitis vestibularis** (z.B. infektiös bei Syphilis connata tarda) zu denken, die durch einen spontanen richtungsbestimmten Horizontalnystagmus charakterisiert sind. Hörminderung und Tinnitus fehlen allerdings.

Häufig ist der sog. **Lagerungsschwindel,** eine Schwindelform, die durch bestimmte Kopfbewegungen ausgelöst wird. Ursache dafür ist entweder eine direkte mechanische Reizung des Gleichgewichtsorgans durch in den Bogengängen bei Kopfbewegungen flottierende anorganische Partikel, die so genannten Otolithen. Charakteristisch ist die kurze Dauer (ca. 30 sec). Die Diagnose wird durch die typische Anamnese und Nachweis eines in der Regel rotatorischen Horizontalnystagmus bei Provokation gestellt. Abzugrenzen hiervon ist der **Lageschwindel,** der bei Schädigung im Hirnstamm oder im Kleinhirn zentral bedingt sein kann.

Durchblutungsstörungen, Schlaganfall, Tumoren, Traumata oder Entzündungen können, wenn sie den Hirnstamm schädigen, zum

Hirnstammsyndrom führen. Dabei kommt es, abhängig vom betroffenen Hirnstammareal, zu mehr oder weniger gravierenden Nervenausfällen und Lähmungen (Doppelbilder, Visusverschlechterung, Fazialisparese etc.).

Ziemlich gut passen würde ein **Morbus Menière:** Da wird es den Patienten vor lauter Schwindel auch übel, außerdem hat er einen satten Tinnitus und hört schwer. Diese drei Hauptpfeiler sind ziemlich typisch für dieses Leiden. Schuld daran ist die Flüssigkeitsfüllung des Labyrinthes mit mehr als eigentlich hineinpasst. Die Diagnose ergibt sich aus der Symptomatik. Therapie: Die Ototoxizität des Gentamycin kann genutzt werden, um das Gleichgewichtsorgan (Vestibulärapparat) durch Umspülen mit Gentamycin auszuschalten.

Das **Lermoyez-Syndrom** ist eine Erkrankung ähnlich dem Morbus Menière, für die ein Hydrops des Labyrinths im Innenohr verantwortlich ist. Die Erkrankten leiden an einem Druckgefühl im Ohr, Schwindelanfällen, Erbrechen, Übelkeit, Tinnitus und vorübergehender Schwerhörigkeit. Kennzeichnend für das Lermoyez-Syndrom ist, dass das Hörvermögen entweder noch während oder unmittelbar nach dem Schwindelanfall schlagartig besser wird.

Vorsichtshalber brauche ich ein Blutbild, einen VDRL-Test zum Ausschluss einer Syphilis connata tarda und ein MRT des Schädels. Aber als Erstes gehört der Mann zum HNO, damit der mal in epischer Breite Gehör und Gleichgewichtsorgan checkt.

Untersuchung & Ergebnisse

BB normal, VDRL negativ, Hirn-MRT unauffällig. Der orientierende neurologische Status ist unauffällig. Vom HNO kommt folgende Meldung: Ohrgeräusch rechts, tieftonbetonte reine Schallempfindungsstörung im rechten Ohr, kein Nystagmus.

Diagnose

Therapie & Komplikationen

Akut helfen Antiemetika, Bettruhe, osmotische Diuretika (z.B. Mannitol) oder im akuten Anfall 0,5 mg Atropin i.v. Als Dauermedikation zur Anfallsprophylaxe kann man Betahistidin geben. Dauern die Schwindelattacken an, kann man ggf. chirurgisch vorgehen, beispielsweise durch Saccusexposition oder Vestibularisneurektomie, oder man zerstört das Gleichgewichtsorgan mit Gentamycinumspülung. Die Hörminderung ist in der Regel progredient und leider auch per Chirurgie nicht zu verbessern.

Weitere Infos

Ursache der Erkrankung ist, dass mehr Endolymphe produziert als absorbiert wird. Die Folge der daraus resultierenden kontinuierlichen Endolymphzunahme führt zum endolymphatischen Hydrops und irgendwann zum Einreißen der Reissner'schen Membran zwischen Endo- und Perilymphe, sodass das sorgfältig abgestimmte Ionenverhältnis im Innenohr akut durcheinanderkommt und in der klinischen Symptomtrias akuter Drehschwindel, tieftonbetonte Hörminderung und Ohrenrauschen gipfelt. Typischerweise manifestiert sich das im vierten bis fünften Lebensjahrzehnt.

„Na, alles okay?“, strahlt mich Schwester Irmgard an, kaum dass ich das Untersuchungszimmer verlassen habe. „Du bist doch gerade gut im Training, da hätte ich gleich noch einen Personenbeförderer für dich. Liegt in Zimmer 3 und hat ziemliche Bauchschmerzen. Außerdem blutiges Erbrechen.“

„Irmgard, du bist zu gut zu mir!“

„Wusste ich doch, dass du dich über ein bisschen Aufmerksamkeit freust!“

Was soll man da noch sagen? Ohne ein weiteres Wort zu verlieren, schnappe ich mir die Akte, die Irmgard mir hinhält, und mache mich mal wieder auf den Weg.

Patient 16

Anamnese & Befund

Diesmal liegt ein 52-jähriger Taxifahrer vor mir, der sichtbar starke Oberbauchschmerzen hat. Seit kurzem würden sie auch in den Rücken ausstrahlen, sagt er. Ein bisschen besser sei's nur nach einer Mahlzeit. Solche Beschwerden habe er schon seit Jahren, aber heute sei ihm ganz besonders übel, er fühle sich krank und habe schon einige Male blutig erbrochen.

RR 90/50, P 112, Temp. 39,3 °C.
Er raucht zwei bis drei Packungen Zigaretten pro Tag, und das schon seit ca. 35 Jahren. Gegen Kopfschmerzen nimmt er ziemlich regelmäßig ASS und trinkt bis zu acht Tassen Kaffee pro Tag. Ergänzt wird diese gesunde Ernährung durch rund zwei Liter Bier nach der Schicht zum „Runterkommen" und eine fettreiche, ballaststoffarme Diät.

DD-Vorüberlegungen

Erster Verdacht, der sich mir bei der Geschichte aufdrängt, ist das **Ulcus ventriculi** – das gute alte Magengeschwür. Dabei ist die natürliche Schutzbarriere des Magens zumindest stellenweise so lädiert, dass die Magensäure es geschafft hat, die Wand anzuknabbern. Jede Menge Ursachen sind möglich: Alkohol, Rauchen, Medikamente (ASS, Zytostatika, Kortikoide), auch die Infektion mit Helicobacter pylori gerät zunehmend unter massiven Verdacht ... Männliches Geschlecht, Blutgruppe 0 und ballaststoffarme Ernährung erhöhen übrigens die Chancen auf so ein Ulkus ganz beträchtlich. Mögliche Komplikationen sind Penetration in Nachbarorgane, Perforation, Blutung, Stenose und maligne Entartung. Postprandiale Oberbauchschmerzen können ein Hinweis sein. Diagnose: Gastroskopie, Biopsie. Therapie: Ulkusprophylaxe (H^+-Pumpen-Hemmer), ggf. Eradikationstherapie, Ausschaltung der Risikofaktoren, wo möglich.
Dann wäre da noch die **Cholezystitis,** die Entzündung der Gallenblase, die häufig bei Cholelithiasis durch Steinwanderung und Einklemmung im Ductus cysticus hervorgerufen wird. Die daraus folgende Überdehnung der Gallenblase führt zunächst zu einer abakteriellen Entzündung, die sich aber dann durch Keimaszension aus dem Duodenum infizieren kann. Macht sich bemerkbar durch mächtige Koliken im rechten Oberbauch mit Ausstrahlung in die rechte Schulter, außerdem Übelkeit und Erbrechen.
Zur **Refluxösophagitis** kommt es durch Insuffizienz des unteren Ösophagussphinkters, wenn saurer Mageninhalt in die Speiseröhre zurückschwappt (gastroösophagealer Reflux). Macht sich als unangenehmes retrosternales Brennen bemerkbar (Sodbrennen). Tritt häufiger im Liegen auf (da unterstützt die Gravitation die Sphinkterinsuffizienz) und ist oft Folge einer axialen Hiatushernie. Unterscheiden kann man übrigens „Tagrülpser", „Nachtbren-

Diagnose Patient 15: Morbus Menière.

ner“ und „Combined refluxers“. Das Ganze gehört – erst recht, wenn es häufiger auftritt – unbedingt endoskopisch abgeklärt, weil es nämlich durchaus maligne entarten kann.
Eine weitere, ziemlich ungemütliche DD ist die **Pankreatitis** – von der weiß man bis heute nicht mit 100%iger Sicherheit, wie man sie sich eigentlich genau einfängt. Üppige Gelage mit übermäßigem Alkoholkonsum sind aber wohl ziemlich heiße Kandidaten auf der Verursacherliste, flankiert von Gallenwegserkrankungen, Ulcus ventriculi, Hyperlipoproteinämien und der mittel- bis langfristigen Einnahme von Glukokortikoiden und sicher noch dem ein oder anderen, das mir gerade nicht einfällt. Es gibt 'ne chronische und 'ne akute Form. Anamnestisch hört man häufig von gürtelförmig ausstrahlenden Schmerzen, Übelkeit und Erbrechen. Es handelt sich um ein sehr ernst zu nehmendes Krankheitsbild, das im schlechtesten Fall bis zum Schock führen kann. Daher gilt: Nahrungs- und Flüssigkeitskarenz (nihil per os), Braunüle legen und Schmerzmittel geben und kübelweise Flüssigkeit substituieren.
Beim Verschluss der Arteria lienalis durch einen Embolus kriegt die Milz zu wenig Blut (und O_2) ab und rächt sich mit einem **Milzinfarkt.** Der macht sich bemerkbar durch linksseitigen Flankenschmerz und evtl. perisplenitisches Reiben bei der Auskultation. Da sollte man gleich zur Tat schreiten und den Patienten mittels operativer Thrombektomie oder – in selteneren Fällen – durch Fibrinolyse retten. Diagnose: CT, Ultraschall.
Ist statt dessen die Arteria coronaria dextra verschlossen, trifft der **Infarkt die Herzhinterwand** mit Untergang von wertvollem Muskelgewebe. In diesem Fall sind die rechte und die linke Kammer betroffen, da der RCA eben diese Bereiche mit Blut versorgt. Neben den Herzinfarkt-typisch veränderten Laborwerten (CK-MB, Gesamt–CK, GOT, LDH) findet das geübte Auge in den Ableitungen II, III, aVF, V_{3r} – V_{6r} und V_1 direkte Infarktzeichen.
Folgende Untersuchungen sollen hier Klarheit verschaffen: Blutbild samt Bestimmung der Blutgruppe, H.-pylori-Antikörper-Bestimmung im Serum. Die früher gängige Kontrastmitteldarstellung der Magenschleimhaut ist heute obsolet. Die Gastroskopie mit Schleimhautbiospie ist Diagnostik der Wahl. Rö.-Thorax. C3-Atemtest.

Untersuchung & Ergebnisse

Leukos 17 800/µl mit 88 % Granulozyten, Blutgruppe 0. C3-Atemtest positiv. Die Gastroskopie zeigt eine perforierte Magenschleimhaut und die Schleimhautbiopsie offenbart H. pylori. Röntgen-Thorax und -Abdomen zeigt eine freie peritoneale Luftsichel.

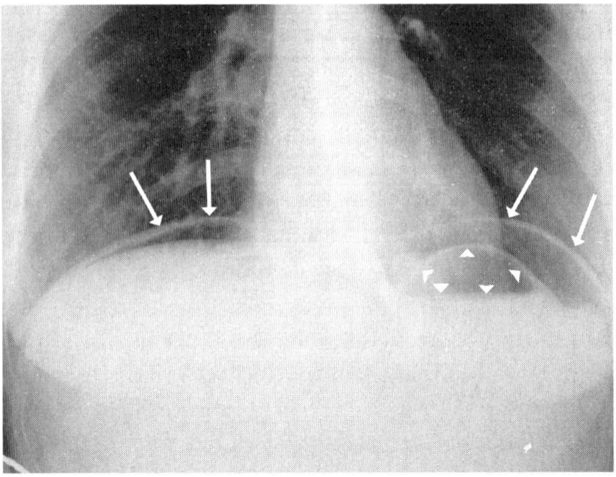

Abb. 15: Nachweis von Luftsicheln unter den Zwerchfellen (→). Die Magenblase kommt völlig normal unter dem linken Zwerchfell zur Darstellung (▷).

Diagnose

Therapie & Komplikationen

Mit der perforierten Magenwand ist nicht zu spaßen, damit muss dieser Taxifahrer gleich in den OP! Gewöhnlich entfernt man in so einem Fall den perforierten Abschnitt (partielle Gastrektomie) und unterbricht den parasympathischen Input zum Magen (Vagotomie), wodurch man die Säurebildung in die Schranken weist.

Ein nicht perforiertes Ulkus kann man mit einem Protonenpumpenhemmer (z. B. Omeprazol) und evtl. mit Prostaglandin-Analoga behandeln, um den Aufbau schützender Magenschleimhaut zu unterstützen. Hat man H. pylori nachgewiesen, ist eine Eradikationstherapie fällig, und zwar mit Metronidazol, Omeprazol plus

Clarithromycin über eine Woche – die sollte es hier tun. Metronidazol gibt man dann noch einige Wochen länger, bis per Kontrollgastroskopie alle Ulzera restlos verschwunden sind.
In ca. drei Viertel aller Fälle sistiert die Blutung spontan, tut sie das nicht, muss man was tun: von Eiswasserspülungen bis hin zur Umstechung (zunächst gastroskopisch). Eine engmaschige Hb-Kontrolle kann einem da Aufschluss über die Menge des Blutverlustes geben.

Weitere Infos

Magen- und Duodenalulzera unterscheiden sich, außer durch ihre Lokalisation und dadurch, dass Geschwüre im Zwölffingerdarm rund siebenmal häufiger vorkommen als im Magen, durch eine ganze Reihe anderer Punkte, die in der folgenden Tabelle aufgezählt sind.

Ulcus ventriculi	**Ulcus duodeni**
schwache Mukosa	Hyperazidität
ältere Patienten	jüngere Patienten
Nahrungsaufnahme lindert Symptome	Nahrungsaufnahme verstärkt Symptome
1	> 7
häufiger mit Blutgruppe 0	

Über den ganzen Trubel ist es schon ganz schön spät geworden, Schwester Ursula zieht sich im Schwesternzimmer schon mal die Lippen nach – na hoppla, haben wir etwa schon den Feierabend in der Nase? Erst kommt doch noch die Übergabe! Hab ich da irgendwas verpasst? Sie würgt alle meine indiskreten Fragen mit einem Kopfnicken in Richtung Tür ab. „Da ist noch Kundschaft für dich, so'n Oppa, kann die Finger irgendwie nicht so bewegen, wie er will ... Der Arme wartet nun schon ewig!" – Bloß nicht hetzen! Ostentativ werfe ich einen Blick in den Kühlschrank – leider ziemlich desillusionierend. Und Uschimaus ist gerade definitiv nicht gesprächig, offenbar störe ich sie bei ihren Schönheitsvorbereitungen ... Okay, okay, ich merke, wenn ich nicht erwünscht bin!
Mit der Akte unterm Arm mache ich mich auf den Weg zu dem geduldigen 68-jährigen Rentner ...

Patient 17

… der mich mit einer anständigen Bierfahne begrüßt. Seinen rechten Ringfinger könne er nicht mehr richtig strecken, mit dem linken Kleinfinger klappt's auch nicht so ganz. Links hätte er das zwar auch, aber nicht so doll, damit könnte er leben. Sein Onkel habe übrigens genau das gleiche Problem.
RR 130/90, P 76, Temp. 37,2 °C.

DD-Vorüberlegungen

Spontan fallen mir hier nur zwei Krankheiten ein. Erstens die **Dupuytren-Kontraktur** – hierbei schrumpft die Palmaraponeurose – mitunter knotig – zusammen und führt zu einer Beugekontraktur meistens des Ring- und Kleinfingers. In über zwei Dritteln der Fälle sind beide Seiten betroffen. Die Schose ist häufig assoziiert mit einem alkoholbedingten Leberschaden. Die zweite Idee ist die **rheumatoide Arthritis,** also eine chronisch progrediente, entzündliche Autoimmunerkrankung mit bevorzugtem Befall der synovialen Gelenke. Es gibt jede Menge typische Veränderungen, besonders bekannt sind Schwanenhalsdeformation und ulnare Deviation der Finger. Häufig HLA-DR4 positiv.

Anamnese & Befund

Er leidet an insulinpflichtigem Diabetes mellitus. Dem Mann steht das Gelbe schon in den Augen (Sklerenikterus). Die Leber ist mit hartem Leberrand vergrößert (diskrete Hepatomegalie). Rechts sind der Ringfinger bei 90° und der Kleinfinger bei 45° Flexion kontrakt. Links bleibt der Ringfinger beim Streckversuch bei 45° „auf der Strecke". Die Kleinfinger-Beweglichkeit ist nicht eingeschränkt. Der Fachmann notiert das übrigens so: D-IV rechts Stadium II nach Tubiana, D-V rechts Stadium I n.T., D-IV links Stadium I n.T., D-V links Stadium 0 n.T.

Untersuchung & Ergebnisse

Weitere Untersuchungen fallen nicht an, da die Diagnose durch den klinischen Befund gestellt wird …

Diagnose Patient 16: Perforiertes Ulcus ventriculi.

Diagnose

Therapie & Komplikationen

Hier hilft nur der kalte Stahl: Aponeurektomie. Damit der Handchirurg des Hauses auch mal wieder was zu tun kriegt. Und was die Lebergeschichte angeht ... ein willkommener Grund, den Patienten post-OP auf die Innere zu verlegen.

Weitere Infos

Bei der Stadieneinteilung nach Tubiana wird das Gesamtausmaß der Fingerkontraktur aller Fingergelenke eines Fingers berücksichtigt. Das Stadium wird pro 45° Einschränkung definiert (Stadium I = 0–45° Streckdefizit, Stadium II = 45–90° etc., bis Stadium IV). Laut Statistik ist das der Musterpatient schlechthin: männlich (Männer kriegen fünfmal häufiger eine Dupuytren-Kontraktur als Frauen), über 40 Jahre alt, regelmäßiger Alkoholkonsum, Diabetes und familiäre Häufung. In der Gesamtbevölkerung findet man sie bei 2%.

So, Wartezimmer leer, durchschnaufen. Jetzt brauch ich aber echt was zu essen. Im Schwesternzimmer ist gerade Übergabe. Irmgard steht mit dem Rücken zur Tür und die kleine Praktikantin – hab den Namen vergessen – sitzt ein bisschen abgeschlafft auf dem Schreibtisch. Ursula sieht mittlerweile reichlich gestylt aus und gestikuliert angeregt in Richtung Tisch. Mit wem redet sie denn da? Im Vorbeigehen werfe ich einen unauffälligen Blick über die Schulter zurück ins Zimmer: Da sitzt Steffen, der neue Pfleger. Hat offenbar Nachtdienst. Na, liebe Uschi, das erklärt ja einiges! Aber Pech: Er ist zwar ziemlich charmant und sieht auch noch gut aus, aber er ist ganz entschieden schwul. Weiß ich zufällig aus sicherer Quelle ...
Ich werde jetzt mal Richtung Station traben, die haben da bestimmt noch ein Abendessen für mich übrig. Man muss ja bei Kräften bleiben, wer weiß, was die Nacht noch bringt, gell?

▸▸ *Was habe ich heute gelernt?*

- Morbus Wilson ▸ wird bei jungen Leuten symptomatisch, sollte man lieber nicht übersehen
- Cholezystolithiasis ▸ female, fat, forty, fair und fertile …
- Angeborene Zwerchfellhernie ▸ weil das schon intrauterin bestand, behält die Lunge oft auch trotz OP einen Schaden
- Blutung in der Frühschwangerschaft ▸ ist nicht selten, aber jede zweite endet mit einem Abort
- Endokarditis beim Fixer ▸ trifft meistens das rechte Herz
- Vitamin-B_{12}-Mangel ▸ nicht mit Folsäuremangel verwechseln; Folsäure ändert nichts an den neurologischen Ausfällen
- Katzenkratzkrankheit ▸ bei Lymphknotenvergrößerung nicht immer nur an das Schlimmste denken
- Ornithose ▸ schwere Verläufe sind tödlicher, als ich dachte
- Agoraphobie ▸ gut, wenn man Freunde hat!
- Fitz-Hugh-Curtis-Syndrom ▸ Tripper immer konsequent bis zum Schluss austherapieren
- Analfistel ▸ kriegen besonders Leute, die viel sitzen → bei Organisten sollte es eigentlich als Berufskrankheit anerkannt werden!
- Toxisches Schocksyndrom ▸ in vollgesaugten Tampons fühlt sich Staph. aureus pudelwohl
- Claudicatio intermittens abdominalis ▸ plötzliche Schmerzen, anfangs weiche Bauchdecke und Leukozytose über 20 000/µl, dann bloß nicht lange fackeln!
- Graft-versus-Host-Reaktion ▸ gefürchtete Komplikation nach Knochenmarktransplantation
- Morbus Menière ▸ akuter Drehschwindel, tieftonbetonte Hörminderung und Ohrenrauschen
- Perforiertes Ulcus ventriculi ▸ fast immer hat H. pylori seine Finger im Spiel
- Dupuytren-Kontraktur ▸ ältere Männer mit einem Alkoholproblem bevorzugt

---

Diagnose Patient 17: … nämlich: Dupuytren-Kontraktur.

NACHT

Na, wer sagt's denn. Auf Station gibt's einen anständigen Kaffee und reichlich was zu essen haben sie da auch. Während ich noch auf beiden Backen an einem Schinkenbrot kaue, geht der Piepser. Unten seien Eltern mit ihrem knapp viermonatigen Sohn, der huste und schlecht Luft bekomme.

Patient 1

DD-Vorüberlegungen

Ein Baby mit Husten und Dyspnoe ... auf dem Weg zur Ambulanz lasse ich mir schon mal durch den Kopf gehen, was da wohl anliegen könnte:

Der häufigste Grund für Fieber und Husten ist eine einfache **Bronchitis,** aber die macht natürlich keine Atemnot.

Mit vier Monaten wäre er zwar ein bisschen früh dran, aber prinzipiell stecken kleine Kinder – bevorzugt im Krabbelalter – ja alles Mögliche in den Mund; da muss man immer an eine **Fremdkörperaspiration** denken. Je nachdem, was so ein Zwerg sich da in den Rachen geschoben hat, kann er schlimmstenfalls sogar ersticken. Bei Erwachsenen ist so was eher im Vollrausch, bei Bewusstlosigkeit, im epileptischen Anfall oder unter Narkose möglich. Das Röntgenbild kann einen Hinweis geben (einseitige Überblähung, „Ventilmechanismus"), definitiv ausschließen kann man's nur per Bronchoskopie.

Der **echte Krupp** verursacht inspiratorischen Stridor durch Einengung im Bereich der Epiglottis. Tritt typischerweise bei Diphtherie auf. Weil die meisten dagegen geimpft sind, sieht man ihn heute nur noch selten. Die Kinder sind schwer krank, heiser und

haben weißlich graue Pseudomembranen im Rachen, vor allem auf den Tonsillen. Dazu kommen Kreislaufprobleme (Myokarditis), Atemnot, bellender Husten, kloßige Sprache, süßlicher Mundgeruch etc. Zur Diagnose braucht's neben der Klinik eine Kultur aus dem Rachenabstrich, außerdem sieht man im Blutbild eine Leukozytose mit Linksverschiebung bei verminderten Lymphos. Und man muss sich irgendwo angesteckt haben (Ausland?).
Davon unterscheiden muss man den **Pseudokrupp.** „Pseudo" deshalb, weil man wie beim echten Krupp auch inspiratorischen Stridor, Heiserkeit, bellenden Husten hat. Eigentlich spricht man heute aber eher vom **Krupp-Syndrom.** Die Einengung der Atemwege liegt im Bereich der Subglottis und die Erreger sind meist Parainfluenzaviren. Manchmal kann das Ganze auch allergisch oder bakteriell durch Staph. aureus ausgelöst werden.
Keinen inspiratorischen, sondern exspiratorischen Stridor hat man beim **Asthma bronchiale**. Anfallsweise und reversibel auftretende Bronchospasmen mit Mukosaschwellung und zähflüssigem Bronchialsekret sind hier für die Atemnot verantwortlich. Auslöser kann alles Mögliche sein: Allergene, körperliche Anstrengung, Infektionen, Medikamente, was weiß ich. Aber dafür ist der Kleine hier definitiv noch ein bisschen jung. Typisches Asthma gibt es erst bei etwas älteren Kindern, bei Säuglingen und Kleinkindern spricht man von **„obstruktiver Bronchitis".** Leitsymptom ist hartnäckiger, unproduktiver Husten mit spastischer Verengung der Bronchien.
Eine heikle Angelegenheit ist die **Epiglottitis** – die betroffenen Kinder zeigen Atemnot, inspiratorischen Stridor, kloßige Sprache, sind schwer beeinträchtigt, heiser, haben vermehrten Speichelfluss, Schluckschmerzen, Fieber und präsentieren sich in der typischen „Schnüffelhaltung" (Kopf rekliniert, Unterkiefer vorgeschoben). Der häufigste Erreger ist Haemophilus influenzae Typ B. Diagnose kann man stellen anhand der entzündlichen Schwellung der Epiglottis bei Laryngoskopie. Aber Vorsicht: Laryngoskopieren sollte man dabei wirklich nur, wenn ein erfahrener Intubateur daneben steht, und auch dann nur ganz vorsichtig! Beim Röntgen von lateral zeigt das „Daumen hoch"-Zeichen das Epiglottisödem. Da muss man auf Zack sein und rasch intubieren (leicht gesagt bei instabilem Kind mit zugeschwollener Glottis ...), die Kinder sind nämlich echt gefährdet, dass, wenn die Epiglottis weiter ödematös anschwillt, keine Luft mehr durchgeht.

Und dann könnte natürlich auch ein **Keuchhusten** dahinter stecken. Bordetella pertussis zeichnet für diese langwierige Erkrankung, die besonders die unteren Atemwege beutelt, verantwortlich. Die Entwicklung durchläuft normalerweise drei Stadien:

- 1. Stadium catarrhale: leichtes Fieber, nächtlicher Husten, extrem hohe Ansteckungsgefahr, dauert ein bis zwei Wochen
- 2. Stadium convulsivum: Da geht's ab! Der Körper versucht, zähen Schleim tief aus den Bronchiolen herauszupusten. Die Hustenanfälle können so krampfartig und extrem sein, dass es sogar zu Einblutungen unter die Kornea (Hyposphagma), ja sogar lebensgefährlichen Aussetzern der Atmung kommen kann (Apnoe-Gefahr v.a. bei jungen Säuglingen). Regelmäßig werden die Betroffenen zyanotisch dabei. Dauert bis zu sechs Wochen.
- 3. Stadium decrementi: Allmählich bessert sich das Ganze wieder. Aber auch dieses Stadium braucht seine Zeit, ebenfalls bis zu sechs Wochen.

Diagnose: Klinik, Rö.-Thorax mit basaler Eintrübung und Hilusverbreiterung, Erregernachweis im Rachenabstrich, Serologie, Leukozytose mit Lymphozytose. Auch hier muss man sich erst mal anstecken, hustet jemand in der Umgebung? Außerdem wird gegen Pertussis standardmäßig geimpft; junge Säuglinge haben allerdings noch keinen Impfschutz; die erste Impfung erfolgt mit ca. drei Monaten.

'ne **Pneumonie** käme sicherlich auch infrage, meist mit hohem Fieber, Husten und Tachydyspnoe verbunden, macht aber eigentlich keinen Stridor.

Anamnese & Befund

Die Mutter hält ihren fast viermonatigen Sohnemann auf dem Arm. Seit ungefähr drei Stunden bekommt er zunehmend schlechter Luft, hat trockenen Husten, Fieber und zyanotische Lippen und ist eindeutig schlapp. „Bestimmt war's ein Fehler, dass ich mit ihm zur Krabbelgruppe gegangen bin. Da geht grad so ein übler Husten um …", fügt die Mama hinzu.

RR 80/60, P 140, Tachypnoe (42/min), Temp. 38,3 °C.

Die Schutzimpfungen sind vollständig und aktuell. Das Kind ist zwar sichtlich in Atemnot, jedoch nicht zyanotisch. Die Konjunktiven sind reizlos, kein inspiratorischer Stridor (damit kann ich Pseudokrupp, Krupp, Laryngospasmus und Epiglottitis schon mal abhaken!). Dafür hat das Baby einen exspiratorischen Stridor, der auskultatorisch als Giemen, Pfeifen und Rasselgeräusche über beiden Lungen zu hören ist. Perkutorisch klingt die Lunge hypersonor.

Bevor ich das Kind in die Röntgenabteilung zur Thoraxaufnahme bringen lasse, nehme ich noch Blut ab fürs Labor, außerdem Abstriche von Sputum und Nasopharynx für die Mikrobio. Die Blutentnahme hat sich das Kerlchen ja noch gefallen lassen, da wird man bei so einem Winzling im Allgemeinen ganz gut an der Kopfhaut fündig. Ein Pieks an der Ferse für die Blutgase. Junge, Junge, dafür, dass er so schlecht Luft kriegt, kann er aber noch ganz schön brüllen. Nur gut, dass das der Kinderschutzbund nicht sieht: Die Mutter hält das Kind auf dem Schoß fest, der Vater das eine Bein, während ich fuhrwerke …

Untersuchung & Ergebnisse

Das Thorax-Röntgen zeigt beidseits über allen Lungenfeldern diffuse fleckige Infiltrate mit atelektatischen Bereichen. Das Zwerchfell ist abgeflacht, das ist ein Zeichen für die überblähten Lungen durch die behinderte Exspiration. Die 17 000 Leukos/µl mit 65 % Lymphozyten (normal bis 51 %) sprechen für eine virale Beteiligung. Blutgasanalyse: Sauerstoffsättigung liegt bei nur 86 %. Mikrobio: Bordetella lässt sich nicht nachweisen, aber in der Triefnasen-Flüssigkeit (Gebildete sprechen vom Nasopharyngealsekret) lässt sich RSV (respiratory syncytial virus) sowohl per Kultur als auch im ELISA nachweisen.

Diagnose

____

Therapie & Komplikationen

Bei dieser bescheidenen Sauerstoffsättigung sind Intensivüberwachung und Sauerstoffzufuhr notwendig. Eventuell muss man sogar intubieren. Ribavirin wirkt gegen RSV, gibt man aber nur in echt bedrohlichen Situationen, die Anwendung ist nämlich nicht nur umständlich, sondern auch teuer. Außerdem braucht das Kind Bronchospasmo- und Mukolytika sowie Sympathomimetika zum Inhalieren, evtl. auch Steroide. Weil die meisten Betroffenen auch keinen richtigen Appetit haben, muss man schauen, dass sie trotzdem genug Kalorien aufnehmen. Im Zweifelsfall heißt das Magensonde oder systemisch per i.v. Zugang. Nach einer Woche ist der

Spuk im Allgemeinen vorbei, dennoch ist so eine Bronchiolitis insgesamt eine lebensbedrohliche Situation.

Weitere Infos

RSV (respiratory synitial virus) wird durch Tröpfcheninfektion übertragen und befällt die pulmonalen Epithelien, die dann nekrotisieren. Außerdem entwickelt sich ein entzündliches Ödem mit Obstruktion der terminalen Atemwege. Die Folge ist Minderventilation in den befallenen Arealen mit Atelektase, röntgenologischen Verschattungen besonders der basalen Lungenfelder. Auf der anderen Seite kommt es aber auch zur Überblähung der Lunge, weil das Ausatmen behindert ist. Daher der hypersonore Klopfschall.
Im Frühjahr und Winter feiern die RS-Viren gerade bei Kids zwischen dem sechsten und zwölften Monat fröhliche Urständ. Seltener machen sie nach dem zweiten Lebensjahr Probleme. Besonders gefährdet sind Patienten mit angeborenem Herzfehler, Immungeschwächte und Frühgeborene. Für Risikokinder gibt es eine Immunprophylaxe (passive Impfung).

Das nächste Mal geht der Piepser so kurz vor elf, als Steffen mir eine 64-jährige Dame ankündigt, die von dem Mieter ihrer Einliegerwohnung, einem VWL-Studenten, in die Aufnahme gebracht wird.

Patientin 2

Er muss sie ein bisschen führen, weil sie nämlich alles nur ganz verschwommen und farbig-nebulös wahrnimmt. Außerdem ist ihr übel. Losgegangen ist alles ganz plötzlich vor ca. einer halben Stunde mit starken Augenschmerzen links, während sie im abgedunkelten Zimmer Karl Moiks Musikantenstadel anschaute. Seither habe sie Kopfschmerzen links über dem betroffenen Auge.
RR 140/85, P 84, Temp. 36,7 °C.

DD-Vorüberlegungen

Wahrscheinlich ein akutes **Musikantenstadel-Syndrom** – eine Unterform des Post-Trauma-Syndroms. In Einzelfällen mit fatalem Verlauf: Dezerebrationsstarre, Inkontinenz und Tod bei weiterhin lebendigem Körper. Diagnose: arrhythmisches Klatschen und Schunkeln, auch wenn keine Musik mehr läuft. Zur Therapie sind einige Hard-Core-Drogen zwar weltweit in Erprobung, aber leider noch nicht zugelassen.

Ernsthaft könnte ein **Fremdkörper im Auge** ihre Pein begründen. Kennt jeder aus eigener Erfahrung: mit Stechen, Brennen, Augentränen, Schmerzen im betroffenen Auge. Die Konjunktiva ist gereizt und gerötet.

Beim **zerebrovaskulären Infarkt** oder einer Einblutung kommt es zur Unterbrechung der Blutversorgung in einem mehr oder weniger großen Teilbereich des Gehirns. Ursache können Gefäßverschluss, Verengung oder Abriss eines Gefäßes sein. Die Ausfallerscheinungen (z.B. Lähmungen, Blindheit, Taubheit) entsprechen dem Gebiet, dessen Blutversorgung sistiert. Der Verdacht auf einen Infarkt kann mittels neurologischer Untersuchung, CT oder Doppleruntersuchung des betroffenen Gefäßes untermauert werden.

Verschiedene Erkrankungen wie Multiple Sklerose (MS), systemische Infektionskrankheiten oder auch schlichte Impfungen können eine **Sehnerventzündung** nach sich ziehen, die sich entweder hinter dem Augapfel oder innerhalb der Netzhaut abspielen kann. Bei der MS verliert der Nerv seine „Isolierung" aus Myelin, was beim Patienten zum raschen Verlust der Sehfähigkeit und zu Schmerzen beim Bewegen des betroffenen Auges führt. Der Augenarzt kann beim Spiegeln des Augenhintergrundes typische Veränderungen an der Sehnerven-Papille (Schwellungen) erkennen. (Eine Ausnahme ist die Retrobulbärneuritis: „Der Patient sieht nichts, der Arzt sieht auch nichts!") Unter Glukokortikoiden heilt das Ganze meistens vollständig ab.

Entzündet sein könnten auch Regenbogenhaut und Ziliarkörper: Dann spricht man von einer **Iridozyklitis.** Ursachen können systemische Erkrankungen, Immundefekte, andere Entzündungen am Auge sowie bakterielle und virale Infekte sein. Die Patienten sind extrem lichtscheu, Kammerwasser und Glaskörper erscheinen bei der Untersuchung trüb.

Ziemlich weit verbreitet, gerade bei den älteren Semestern, ist das landläufig als grüner Star bekannte Glaukom. Das gibt's als **Weitwinkelglaukom** mit normal weitem Kammerwinkel. Der Augeninnendruck ist zwar meist über die Norm (d.h. über 21 mmHg) erhöht, aber nur mäßig. Man findet eine vergrößerte Exkavation

---

Diagnose Patient 1: Bronchiolitis durch Infektion mit RS-Viren.

des Sehnervenkopfes, was unbehandelt zur allmählichen Erblindung des Patienten führt.
Logischerweise gibt es auch ein **Engwinkelglaukom,** wird auch **Winkelblockglaukom** genannt. Dabei kann es im akuten Stadium zum Verschluss des Kammerwinkels kommen und damit der Augeninnendruck auf Werte bis über 60 mmHg ansteigen, weil das Kammerwasser nicht mehr abfließen kann. Dann empfindet der Patient plötzlich massivste Schmerzen und eine akute Sehverschlechterung. Der Arzt findet bei der Untersuchung ein stark gerötetes Auge, eine flache Vorderkammer und einen selbst mit dem Finger zu tastenden „steinharten" Augapfel. Die Erkrankten klagen über immer gravierendere Ausfälle des Gesichtsfeldes, was eine rasche Behandlung mit drucksenkenden Medikamenten oder aber die Durchführung einer drucksenkenden Operation (den Einsatz von Lasern) nötig macht, da ein einmal eingetretener Gesichtsfeldausfall nicht mehr reversibel ist.
Auch eine plausible Möglichkeit stellt die einseitige Migräne dar, welche mit Aura zu einseitiger Sehstörung führen kann (= **Migraine ophthalmique**).

Anamnese & Befund

Die Patientin trägt keine Kontaktlinsen und kann sich auch nicht erinnern, was ins Auge bekommen zu haben. Sie ist voll orientiert, hat keine sensomotorischen Ausfälle oder Schwindel. Ebenso kann sie über keine systemischen entzündlichen Erkrankungen berichten.
Das linke Auge ist stark gerötet. Die Pupille starr in leichter Mydriasis fixiert. Hier ist ein Augenarzt gefragt, der sich das Auge mal mit der Spaltlampe anschaut, Visus und Innendruck misst etc.

Untersuchung & Ergebnisse

Der Bericht vom Ophthalmologen kommt prompt: Die Spaltlampenuntersuchung zeigt keinen Fremdkörper und klares Kammerwasser. Die vordere Augenkammer erscheint flach. Verminderte Sehschärfe des linken Auges von 0,25 und rechts von 1,0. Während der Untersuchung muss die Patientin vor Übelkeit mehrmals würgen. Der Augeninnendruck links ist mit 75 mmHg kräftig erhöht.

Diagnose

Therapie & Komplikationen

Im Akutfall wendet man man in der Klinik Miotika (Pilocarpin), systemische und ggf. lokale Carboanhydrasehemmer sowie topische drucksenkende Augentropfen an. Mannitol ist ein stärker wirksames, ausschwemmendes Medikament. Weiterhin sollte in absehbarer Zeit eine Iridotomie mit dem Nd-YAG-Laser oder eine chriurgische Iridektomie (in der Regel an beiden [!] Augen) durchgeführt werden.

Weitere Infos

Bei dilatierter Pupille versperrt die Iris den Abfluss des Kammerwassers in den Kammerwinkel. Deshalb prädestinieren besonders Zustände mit Mydriasis (iatrogen, Dunkelheit, Stress) zum Glaukom-Anfall. Normalerweise beobachtet man bei älteren Menschen eine Vergrößerung der Linse, was ebenfalls den Kammerwasserabfluss in den Kammerwinkel behindert und damit selten zu einem Glaukomanfall führen kann. Weitere Risikofaktoren sind: abgelaufene Entzündungen im Auge und Hyperopie (Weitsichtigkeit).

Die Fixation des Auges der alten Dame in Mydriasis erklärt sich als Reaktion auf den akuten Reizzustand im Auge. Ihre Sehkraftminderung rührt wahrscheinlich zum einen von der in ihrem Alter oft eingetrübten Hornhaut her, andererseits verschlechtert der hohe Augeninnendruck die Durchblutung der Netzhaut und des Sehnervs. Ursache für so einen Glaukom-Anfall kann beispielsweise die medikamentöse Weitstellung der Pupillen sein.

Während ich noch mit Steffen über unsere jeweiligen Erfahrungen mit ältlichen Vermieterinnen und ihren eigenartigen Musikgelüsten schwatze, tauchen unsere drei selbst ernannten „Ambulanzmiezen" kurz vor Mitternacht plötzlich auf dem Ambulanzflur auf. Ihr Dienst ist schon seit Stunden vorbei. Sie kommen gerade von der Feier der frisch examinierten Schwestern und Pfleger. Dabei haben die drei alle schon mal besser ausgeschaut, sind etwas blass um die Nase und scheinen auch nicht allzu sicher auf den Beinen. Wohl ein bisschen feuchter gefeiert, hä? Plötzlich stürzt sich eine der drei auf den im Gang stehenden Mülleimer und erbricht im Schwall ... leider ein bisschen daneben.

Diagnose Patientin 2: Akutes Winkelblockglaukom (sog. Glaukom-Anfall).

Patientinnen 3a, b, c

Alle drei klagen über plötzlich aufgetretene Übelkeit, außerdem Erbrechen, Durchfall und tierische Bauchkrämpfe. Auf der Party gab es mitgebrachte Leckereien von Nudelsalat bis Fleischrouladen und Sahnetorte. Die Vitalparameter im Dreierpack:
RR 120/80, P 88, Temp. 36,6 °C
RR 105/75, P 92, Temp. 37,5 °C
RR 115/75, P 72, Temp. 36,8 °C

DD-Vorüberlegungen

Also, alle drei waren auf derselben Party, haben wohl von denselben Speisen geschlemmt und haben nun gemeinsam die gleichen Symptome – wenn das keine **Lebensmittelvergiftung** ist. Die Frage ist nur, welcher Erreger da jetzt gerade seine Fete feiert. Da werden nun keine Kosten und Mühen gescheut: Ich rufe Mahatma an, die noch auf der Party weilt, und bitte sie, von allem Essbaren eine Probe mitzunehmen. Das alles geht dann zur Kultur in die Mikrobio.

Anamnese & Befund

Vor ca. vier Stunden haben sich die drei Grazien auf der Party getroffen und gemeinsam gleich das Büfett gestürmt – wohl als Grundlage für die restliche Nacht. Vor einer halben Stunde ging's dann plötzlich los! Jetzt erscheinen sie alle etwas exsikkiert. Palpation und Auskultation des Abdomens zeigen diffusen Schmerz bei überlebhaften Darmgeräuschen. Ansonsten ist der körperliche Befund unauffällig. Routinemäßig ordne ich noch ein Blutbild an.

Untersuchung & Ergebnisse

Bei allen dreien ist der Hb ganz leicht erhöht, das dürfte an der Exsikkose liegen. Ansonsten ist das Blutbild „total normal“.
Weniger normal outet sich (3 Tage später) die Kultur des Nudelobstsalates: Da beherrschen Staph.-aureus-Kolonien das Bild, wie eine Reihenhaussiedlung aus der Vogelperspektive. Der aufmerksamen Mahatma war doch noch aufgefallen, dass die Nudelsalat-Köchin ein Pflaster an ihrem Zeigefinger trug … welcher Hand? Das weiß sie nicht. Wir bestellen sie spaßeshalber mal ein. Sie hat eine Schnittwunde am linken Zeigefinger, die schon seit über 10 Tagen nicht so richtig zuheilen möchte. Etwas gerötet und eitrig ist

sie auch. Resultat: Der gleiche Staph.-aureus-Stamm macht sich auch in dieser kleinen Wunde breit.

Diagnose

Therapie & Komplikationen

Antibiose ist nicht nötig. Wichtig ist, den Flüssigkeits- und Elektrolythaushalt auszugleichen, am besten mit Cola oder gezuckertem Tee. Die Störung ist selbstlimitierend und verläuft blande.

Weitere Infos

Staph. aureus in Lebensmitteln können auch von eiternden Wunden an den Händen in die Nahrung gelangen. In Fleisch, Mayonnaise und Milchprodukten fühlen sich die Erreger sehr wohl und feiern und vermehren sich gerne. Der Knackpunkt an der Sache sind aber nicht so sehr die Bakterien selbst, sondern eher ihr Sondermüll, genannt Enterotoxin! Toxine A-F, meistens A, dabei handelt es sich um ein Superantigen! Toxinproduktion bei Lagerungstemperaturen von über 15 °C! Dieses hitzestabile Toxin wird natürlich auch mitverzehrt und sorgt für die allseits bekannten Symptome. Das erklärt erstens, warum die Inkubationszeit so kurz ist: Nach einer bis zehn Stunden geht's los. Zweitens ist es der Grund, warum eine Antibiose nix bringt, die greift ja nur die Bakterien an, nicht das Toxin. Die Staphs selber sind bei gekochtem Essen aber bereits von der Hitze abgetötet worden, bei rohem werden sie von der Magensäure hingemetzelt. Deshalb braucht man sich um die nicht zu kümmern.

Die drei Freundinnen der Nacht hab ich noch kaum ihrer Nierenschale und ihrem Schicksal überlassen, da zerrt ein erregter Mittvierziger mit Seitenscheitel, Oberlippenschnäuzer, Bundfaltenhose, Schnöselschuhen und schickem Hemd seinen halbwüchsigen Sohn in die Notaufnahme, der sich das alles grinsend gefallen lässt. Aufgebracht fordert er den Filius drohend auf: „Du sagst jetzt, was du geschluckt hast, und zwar auf der Stelle, oder du kannst was erleben!"
Der 16-Jährige grinst unbeeindruckt weiter, die Augen gerötet und leicht zusammengekniffen, und zuckt nur gelangweilt mit den Schultern.

Patient 4

Bevor der aufgebrachte Vater hier zu angedrohten Taten schreiten kann, schnappe ich mir die beiden und manövriere sie ins nächste Untersuchungszimmer. Blutdruckmessen ist immer gut, da hat der Alte ein bisschen Zeit zum Durchschnaufen und Wieder-Runterkommen: RR 110/70, P 102, Temp. 36,9 °C.

Anamnese & Befund

Der Junge war bei seinem Kumpel und ist erst spät am Abend heimgekehrt. Weil er aber noch tierischen Hunger hatte, ist er in die Küche gestiefelt, wo er seinem Vater in die Arme gelaufen ist. Allerdings gestaltete sich die Verständigung zwischen den beiden offenbar schwierig. Nun hat der Vater ihn zu uns ins Krankenhaus geschleppt.

Als Erstes sticht einem hier der Geruch in die Nase: Also, Zigarettenrauch ist das mal nicht, was da aus den Klamotten des Jünglings steigt … Seine Konjunktiven sind gerötet, der Mund trocken, die Pupillen beidseits geweitet. Ansonsten ist der körperliche Befund unauffällig.

Er ist ansprechbar und voll orientiert, hat aber offenbar ein etwas verzerrtes Zeitempfinden: Seit fünf Minuten ist er jetzt hier, versichert mir aber glaubhaft, jetzt schon „seit über sechs Stunden hier rumzuhängen".

DD-Überlegungen

Das Bewusstsein des Burschen ist ungetrübt, er ist nicht schläfrig, hat keine neurologischen Ausfälle, ist nicht agitiert und hat auch sonst keine Symptome wie Erbrechen, unkontrollierten Durchfall oder so. Das könnte sonst auf eine **Intoxikation,** beispielsweise mit Pilzen wie den Magic Mushrooms hindeuten. Die Zeitgitterstörung, die er hat, ist ziemlich typisch für **Cannabis,** aber auch eine **akute Psychose** kann so beginnen. Besonders tricky: Manchmal löst gerade Cannabiskonsum so eine Psychose aus.

Also erst mal lass ich den Typen für die Toxikologie in einen Becher pieseln.

Untersuchung & Ergebnisse

Die Urinanalyse bleibt nach Haschgenuss noch bis zu zwei Wochen lang positiv für Tetrahydrocannabinol. In diesem speziellen Fall ist die Urinprobe sogar ziemlich positiv!

Diagnose

Therapie & Komplikationen

Es sollte nach dem Grund für den Cannabisgenuss gesucht werden. Psychotherapie eventuell sogar mit Familientherapie sind hier gefragt. Die Haupttherapie besteht im Geprāch mit dem Jungen und vor allem in der Beruhigung des Vaters. Nach etwa sechs Stunden hat sich die Zeitgitterstörung zurückgebildet, die Fahrtüchtigkeit wäre noch mindestens 24 Stunden eingeschränkt. Ein Problem ist sicher, dass es in seltenen Fällen zu Flashbacks kommen kann, d.h., auch nach Wochen kann sich plötzlich die Wahrnehmung verändern.

Weitere Infos

Fast 40 % aller 18- bis 24-Jährigen rauchen schon mal Hasch. Es ist die weltweit am weitesten verbreitete illegale Droge. Sie dockt an sog. Anandamidrezeptoren im Zerebellum, Hippocampus, Kortex und in den Basalganglien an, die dann den so typischen Bewusstseinszustand vermitteln. Wirklich lebensgefährlich kann eine Überdosis nicht werden, da die Formatio reticularis mit den vitalen Funktionszentren so gut wie keine Rezeptoren besitzt.

„O tempore, o mores", irgendwie fühl ich mich gerade alt wie Methusalix! Als Opfer einer akuten Schlafattacke kann ich im Moment nicht im Geringsten nachvollziehen, was mich damals angetörnt hat, Medizin zu studieren ... um jetzt Nachtdienste zu schieben, wenn man genauso gut ungestört im Bett liegen könnte. Egal, im Moment ist alles ruhig, ich hau mich aufs Ohr.
Das war ja wohl der blanke Optimismus – kaum in T-Shirt und Unterhose, geht schon der Piepser. Schon wieder kommen Eltern mit einem hustenden, dyspnoischen Kleinkind. Den Viren fällt wohl auch nichts Neues ein? Also wieder rein in die Hose und ab die Post ...

Diagnose Patientinnen 3a, b, c: Staph.-aureus-vermittelte Lebensmittelvergiftung.

Patientin 5

DD-Vorüberlegungen

Auf dem Weg zur Ambulanz lass ich die Differenzialdiagnosen noch mal Revue passieren, die mir schon bei dem Kleinen mit der Bronchiolitis vor drei, vier Stunden durch den Kopf gegangen sind. Die kann ich jetzt nicht noch mal alle aufzählen, dazu bin ich echt zu groggy. Wer's vergessen hat, kann ja ein paar Seiten zurückblättern und selbst nachschauen ...

Anamnese & Befund

In der Ambulanz erwarten mich schon die übernächtigten und reichlich nervösen Eltern mit ihrer 17-monatigen Tochter. Die Kleine klammert sich unruhig und ängstlich an den Vater, der sie auf dem Arm trägt. Sie hat einen trockenen Husten, der ziemlich heiser klingt, und man hört schon von einem Meter Entfernung einen fiesen inspiratorischen Stridor. „Das ging ganz plötzlich heute nacht los!", klagt die Mutter, „wenn sie husten muss, klingt es mehr wie Bellen. Dabei war sie gestern den ganzen Tag noch ganz fidel. Vor ungefähr zwei Stunden wurde sie hustend wach und sie kann und kann nicht mit Husten aufhören. Ich glaube, sie kriegt gar nicht mehr richtig Luft, es ist furchtbar!"

Blutdruck ist mit 90/60 normal, aber der Puls von 135 ist selbst für so ein kleines Kind ein bisschen schnell. Temperatur: 38,3 °C.

Vor gut einer Woche hatte sich das Mädchen einen Infekt der oberen Atemwege mit Husten und laufender Nase eingefangen. Fieber hatte sie keins.

Das Kind ist unruhig und verängstigt und lässt sich nur mit Mühe untersuchen. Aber immerhin: Die Lungen sind frei. Nur im Halsbereich taste ich ein paar Lymphknoten.

Untersuchung & Ergebnisse

Weitere Untersuchungen sind bei der Klinik eigentlich jetzt nicht nötig, erst recht, wo die Kleine hier eh gleich die Krise kriegt ...

Diagnose

Therapie & Komplikationen

Erst mal sollte man das Kind im Hustenanfall so gut es geht beruhigen, die Kleinen werden da manchmal echt ein bisschen panisch. Trockene Luft ist ganz schlecht, deshalb ist es gut, mit dem Kind einfach raus an die frische Luft zu gehen. (Oft bessert sich der Zustand der Kinder deshalb auch schon auf dem Weg in die Klinik ...) Ansonsten kann man Kortison geben (z. B. als Zäpfchen), Epinephrin-Aerosol, Sauerstoff. In schweren Fällen sollte man das Kind zur Beobachtung dabehalten, damit man bei Komplikationen rasch Notfallmaßnahmen – Tracheotomie, Intubation – ergreifen kann. Meist genügt es aber, die Eltern entsprechend aufzuklären. Geschickterweise gibt's dazu ziemlich gute Merkblätter – so durch den Wind, wie die gerade sind, kommt nämlich höchstens die Hälfte von dem bei ihnen an, was ich ihnen gerade erzähle. Zusammen mit dem Merkblatt drück ich ihnen vorsichtshalber auch ein Prednisolon-Zäpfchen als Notfalltherapie fürs nächste Mal in die Hand.

Weitere Infos

Bevorzugt betrifft so ein Krupp-Syndrom Kinder zwischen einem halben und drei Jahren. Ursache dürfte das Absteigen einer Infektion der oberen Atemwege auf den subglottischen Raum sein. Die subglottische Schleimhaut schwillt an und macht die oben beschriebenen Symptome, weil es die engste Stelle der kindlichen Atemwege ist. Erreger sind banale Erkältungsviren, extra nachweisen braucht man die im Allgemeinen nicht. Beliebteste Jahreszeiten sind Herbst und Frühjahr, weil dann Erkältungskrankheiten am häufigsten sind.

Gleich halb fünf, lohnt es sich, sich da nochmal hinzulegen? Egal, mir fallen grad eh die Augen zu!

Diagnose Patient 4: Akute Cannabis-Intoxikation, auf gut Deutsch: Der Knabe ist stoned, breit, dicht ...
Diagnose Patientin 5: Krupp-Syndrom.

▸▸ *Was habe ich heute gelernt?*

- Bronchiolitis ▸ Sauerstoffsättigung kann bedrohlich sinken, Lebensgefahr!
- Winkelblockglaukom ▸ wenn schon Karl Moik, dann lieber im Hellen …
- Lebensmittelvergiftung ▸ nicht die Bakterien, das Toxin ist das Problem
- Cannabis-Intoxikation ▸ nur die Ruhe, lebenswichtige Zentren im Gehirn kriegen nicht viel davon ab
- Pseudokrupp ▸ raus an die frische Luft hilft schon viel

MITTWOCH

Das Telefon reißt mich aus meinen Träumen. Ist es zu fassen: Ich habe tatsächlich fast drei Stunden ungestört geschlafen! Steffen ist am Apparat – er hat gerade die Übergabe hinter sich und sorgt sich, ich könnte zu spät zum Dienst kommen. Wäre ich wohl auch ... einen schnellen Sprung unter die Dusche gönn ich mir aber noch, so viel Zeit muss einfach sein.

Patient 1

Noch mit nassen Haaren und ohne etwas im Magen drückt mir die offenbar ebenfalls noch etwas unausgeschlafene Schwester Irmgard die erste Akte in die Hand: Der dreijährige Sohn eines japanischen Gastwissenschaftlers hat seit nunmehr zehn Tagen Fieber. Der Hausarzt habe dem Kleinen vor sieben Tagen Antibiotika verpasst, das hätte den Zustand aber nicht im Geringsten verbessert.
RR 80/45, P 138, Temp. 38,7 °C.

Anamnese & Befund

Der Kleine hat einen diffusen Ausschlag über Bauch, Brust und Rücken. Hände und Füße sind ödematös geschwollen mit Palmar- und Plantarerythem. Konjunktiven sind stark gerötet, ebenso die Lippen, Erdbeerzunge, zervikale Lymphadenopathie. Die sonstige körperliche Untersuchung ist bis auf ein systolisches Herzgeräusch o.B.
Also zuerst mal ein Rachenabstrich zur Kultur in die Mikrobio, Blutabnahme für's Labor.

DD-Überlegungen

Masern macht neben Fieber, Husten und Schnupfen auch eine Konjunktivitis und ein Exanthem. Diagnostisch wegweisend wären hier die Koplik-Flecken auf der Wangenschleimhaut. Da das Ganze viral bedingt ist (Masernvirus) bringen Antibiotika dabei nichts.

Ansonsten gäb's da noch **Scharlach**, der ebenfalls ein Exanthem und eine Erdbeerzunge macht, und zu **Röteln** würde das Exanthem und die nuchale Lymphadenitis passen. Um die Diagnose zu sichern, gibt's für Scharlach einen Schnelltest. Ansonsten helfen Antikörper-Titer.

Rötung und Schuppung an Händen und Füßen könnte einen an die **Hand-Mund-Fuß-Krankheit** (hervorgerufen durch Herpes- oder Coxsackievirus) denken lassen. Da hätte man aber auch ziemlich schmerzhafte Bläschen auf der Mundschleimhaut.

Möglich wäre auch eine **Epstein-Barr-Infektion,** auch bekannt als infektiöse Mononukleose oder als Pfeiffer'sches Drüsenfieber. Das Virus stammt aus der Herpesfamilie. Die Durchseuchungsrate ist sehr hoch, wobei die Infektion oft als banaler grippaler Infekt verläuft und deshalb viele Erwachsene Antikörper gegen das Virus besitzen.

Bei der **Toxoplasmose** hat man sich mit Toxoplasma gondii infiziert, die häufig durch Katzen, aber auch durch Verzehr von rohem Fleisch (z.B. Salami) übertragen werden. Die meisten Infektionen führen allerdings nicht zu einer Erkrankung, sondern bleiben symptomfrei. Ansonsten präsentiert sich die Toxoplasmose mit Fieber, Kopf- und Gliederschmerz, Lymphadenopathien (besonders zervikal) sowie Befall von ZNS, Milz, Leber, Auge etc. mit entsprechender Pathologie. Eine Sonderstellung hat die Toxoplasmose-Infektion während der Schwangerschaft, die bei Erstinfektion während des zweiten oder dritten Trimenons fatale Folgen haben kann (Früh-/Totgeburt, Enzephalitis, zerebrale Verkalkungen, Chorioretinitis).

Dann gibt's da noch das **Toxic Shock Syndrom, TSS** – ausgelöst durch Toxine von Staph. aureus. Neben hohem Fieber gehört auch ein schuppendes Erythem der Extremitäten mit zum Symptomenkomplex. Man erinnere sich da nur an die Jurastudentin von gestern ...

Eine weitere Möglichkeit wäre ein **Kawasaki-Syndrom:** Das ist eine Vaskulitis der Arteriolen und Kapillaren mit Aktivierung der B- und T-Zellen (CD4-Zellen). Die Klinik ist gekennzeichnet durch Fieber, Lymphadenopathie und ein schuppendes Palmarerythem. Die Schuppung tritt allerdings nur an den Fingerspitzen auf und kommt meist erst etwas später. Ansonsten macht das Kawasaki-Syndrom Lacklippen und ein Exanthem. Die Ätiologie ist unbekannt. Zu den Diagnosekriterien gehört: Fieber länger als fünf Tage plus vier der fünf Nebenkriterien: Konjunktivitis, Exanthem, Lymphknoten, Lacklippen, Palmarerythem. (Mal mitzählen: Damit wird das Kawasaki-Syndrom wohl unser heißester Kandidat?) Die Herzkranzgefäße werden auch in Mitleidenschaft gezogen, da bilden sich nämlich häufig Aneurysmen, seltener auch Stenosen und noch seltener kommt's zum Infarkt. – Na, vielleicht machen wir zur Vorsicht lieber noch ein Herz-Echo?

Untersuchung & Ergebnisse

Leukos 21 000, Thrombozytose, Komplementverbrauch, hohes CRP, BKS 83/170, Rachenabstrich unauffällig. Im Herz-Echo sieht man ein Koronararterien-Aneurysma!

Diagnose

Therapie & Komplikationen

Die Erkrankung ist gar nicht so ohne: Die Letalität beträgt unbehandelt immerhin 3 %!

Deshalb muss man unbedingt mit Immunglobulinen intravenös behandeln, außerdem bei kardialer Beteiligung eine gerinnungshemmende Medikation (kein ASS wegen Reye-Syndrom), nur so kann man den Komplikationen entgegenwirken – und die Mortalität so auf 0,5 % senken.

Weitere Infos

Häufiger bei Patienten aus Fernost; Jungen kriegen's öfter als Mädchen. Pathophysiologisch liegt eine Vaskulitis dem Geschehen zugrunde.

Ich will gerade das Untersuchungszimmer verlassen und laufe prompt zwei sympathischen Herren in grüner Uniform und weißer Schirmmütze in die Arme. Die beiden Freunde und Helfer geleiten eine 58-jährige Frau in die Ambulanz, die sie in der vergangenen Nacht im Vollrausch auf dem Marktplatz aufgegabelt haben. Nach einer wahrscheinlich hoch romantischen Nacht in der polizeilichen Ausnüchterungszelle ist sie immer noch nicht ganz klar bei sich: Ihrem schon fast wieder normalisierten Blut-Alkoholspiegel zum Trotz erzählt sie ohne Punkt und Komma wilde Geschichten, an denen ganz offenbar kein wahres Haar ist.

Patientin 2

RR 130/80, P 76, Temp. 36,8 °C.

DD-Vorüberlegungen

Eine **zerebrale Durchblutungsstörung** – aufgrund atherosklerotisch veränderter Gefäße, aber auch durch Thromboembolien (z. B. bei Vorhofflattern/-flimmern) oder Gefäßmuskelspasmen – käme in Frage. Die Gefäßveränderung kann dabei durchaus extrakraniell liegen, beispielsweise in der A. carotis oder A. vertebralis. Auch dann wird die Blutzufuhr ins Gehirn gedrosselt. Symptome reichen von vorübergehendem Schwindel und Übelkeit über halbseitige Erblindung und Gefühlsstörungen bis hin zur Lähmung, können aber auch ganz fehlen. Wichtig für die Diagnose sind ausführliche Anamnese und Befunderhebung, EKG und Doppleruntersuchungen der Halsgefäße, evtl. auch ein EEG.

Denken muss man hier auch an eine **Intoxikation:** Alkohol, Drogen und Medikamente können bei Überdosierung ähnliche Symptome verursachen. Deshalb sollte man unbedingt nach regelmäßig eingenommenen Drogen bzw. Medikamenten fragen, sich aber nicht unbedingt auf die Antwort verlassen: lieber zusätzlich ein Serum-Screening nach den beliebtesten Substanzen veranlassen!

Angesichts der Tatsache, dass die Gute jetzt schon ein Weilchen nichts Hochprozentiges mehr gekriegt hat, sollte man den Gedanken an ein **Delirium tremens** nicht zu weit wegschieben. Tritt nach chronischem Alk-Missbrauch auf, wenn der Nachschub stockt, und kann sich durch Verwirrung, Halluzinationen (die berühmten weißen Mäuse), Gedächtnisstörungen, Schweißausbrüche und epileptische Anfälle äußern, schlimmstenfalls sogar

Diagnose Patient 1: Kawasaki-Syndrom, Synonym: mukokutanes Lymphknotensyndrom (MCLS).

zur Herz-Kreislauf-Dekompensation führen und tödlich enden. Also unbedingt ernst nehmen!
Nächste Möglichkeit: das **Wernicke-Korsakoff-Syndrom** – 'ne feiste Kombo aus Wernicke-Enzephalopathie und Korsakoff-Syndrom. Sie stellt sich vor allem bei Alkoholkranken im Entzug nach chronischem Alkoholkonsum ein. Verwirrung und Gedächtnisstörung mit Konfabulationen treten bei Ausnüchterung in verschiedenen Schweregraden auf. Schuld daran ist der meist durch Fehlernährung bei chronischem Alk-Abusus bedingte Mangel an Thiamin (Vitamin B_1). Außerdem entstehen Läsionen im ZNS, die im fortgeschrittenen Stadium auch makroskopisch sichtbar werden (verkleinerte Mamillarkörperchen oder diffuse Atrophie). Die Störung kann reversibel sein, ist sie aber nicht immer.
Gerade bei Betrunkenen muss man aber auch immer an ein **Schädel-Hirn-Trauma** denken. Das Heimtückische daran: Das Hirn kann Schaden nehmen, ohne dass man von außen was sieht. Beispielsweise kann die Frau gestürzt sein, ohne sich äußerlich zu verletzen, klammheimlich aber ein subdurales Hämatom entwickeln. Da das in der Regel nur langsam an Umfang und Größe zunimmt, entwickelt sich die Symptomatik erst Stunden bis Tage nach dem eigentlichen Unfall, an den sich bei einem anständigen Rausch eh keiner mehr erinnert. Dann ist man schnell versucht – erst recht bei einer anständigen Schnapsfahne – die Symptome als bloße Betrunkenheit abzutun – fataler Fehler! Diagnose: dran denken und dann ein kraniales CT.

Anamnese & Befund

Die Frau geht, als wäre sie noch hochgradig alkoholisiert (Ataxie). Ihre Augen flackern, und sie hat Schwierigkeiten, geradeaus zu blicken (Nystagmus). Während der gesamten Untersuchung redet sie wirr und konfabulierend drauflos, ist völlig desorientiert und kann sich an nichts erinnern, wonach ich sie frage (globale Amnesie).
Bei der neurologischen Untersuchung fällt eine Abduktionslähmung des rechten Auges auf (N. VI). Im Bereich der Füße und Waden gibt sie brennendes Kribbeln an (strumpfförmige Parästhesien).
Jetzt brauch ich noch: natürlich ein Blutbild mit E'lyten, 'ne Urinanalyse für die Toxikologie, Leberparameter und den Vitamin-B_1-Spiegel im Blut. Zum Ausschluss eines Schädel-Hirn-Traumas noch ein CCT.

Untersuchung & Ergebnisse

Das Blutbild zeigt eine megaloblastische Anämie, also offenbar der bei Alkoholikern häufige Folsäuremangel, ein Vitamin der B-Gruppe. (Vitamin-B_{12}-Mangel macht zwar auch eine megaloblastische Anämie, ist aber deutlich seltener und wird häufig durch Folsäuremangel „maskiert".)

ALT und AST sind im Verhältnis 1 : 2 erhöht. Die γ-GT bringt's auf satte 124 U/l (Norm: 4–18 U/l). Der Toxikologe hat nix im Urin gefunden. Die Elektrolyte sind auch normal. Das CCT zeigt volumengeminderte Mamillarkörper; der Thiaminspiegel ist erniedrigt.

Diagnose

Therapie & Komplikationen

Parenteral gibt man Vitamin B_1. Die Wernicke-Enzephalopathie (Verwirrung, okuläre Störungen, Ataxie etc.) bessert sich darunter gewöhnlich innerhalb einiger Wochen. Langwieriger ist die Behandlung der Korsakoff-Komponente, sprich der Konfabulationen und Gedächtnisstörungen. Wenn die vorhanden sind, therapiert man bis zu einem Jahr lang. Trotzdem ist diese Störung ziemlich therapieresistent. Lässt man die Therapie schleifen oder fängt zu spät damit an, riskiert man, dass sich ein vollständiges Korsakoff-Syndrom entwickelt. Das bedeutet permanente Psychose und zunehmende Demenz.

Weitere Infos

Ein bisschen Klarheit ins Begriffschaos:

- Wernicke-Korsakoff-Syndrom bezeichnet die Klinik, die diese Patientin zeigt.
- Unter Wernicke-Enzephalopathie versteht man die zentralnervösen, reversiblen morphologischen Veränderungen, die durch Thiaminmangel verursacht werden. Dazu gehören Kraftlosigkeit, Erschöpfung, Sprechstörungen.
- Zum Korsakoff-Syndrom kommt es erst, wenn Teile des Zwischenhirns zerstört sind. Dann ist das Neulernen schwer beeinträchtigt.

Es treten also nicht alle Symptome gleichzeitig auf, sondern die

Wernicke-Enzephalopathie geht der Korsakoff-Komponente voraus.

Schwester Ursula hat mir im Aufenthaltsraum mitfühlend schon mal einen Kaffee eingeschenkt, den sie mir zusammen mit der nächsten Akte in die Hand drückt. „Ich glaube, der Patient hier ist genau der Richtige für dich, so wie du heute morgen aussiehst!" Ich werfe einen schnellen Blick auf das Krankenblatt: Ein 26-jähriger, adipöser (das Wort ist unterstrichen) Informatikstudent klagt über eine unglaubliche Müdigkeit tagsüber.
Die Frau ist der Fleisch gewordene Charme, oder?

Patient 3

RR 170/90, P 88, Temp. 37,2 °C.

DD-Vorüberlegungen

Ist ein Patient tagsüber regelmäßig müde und abgeschlagen, stark leistungseingeschränkt und neigt sogar dazu, häufig am Tag einzuschlafen, so spricht man von **Hypersomnie.** Diese kann entweder diagnostizierbare Ursachen wie Vergiftungen, Pickwick-Syndrom, Schlafapnoe oder Narkolepsie haben, aber auch völlig ohne erkennbare Vorerkrankungen auftreten.

- **Schlafapnoe-Syndrom:** Patienten mit Schlafapnoe-Syndrom hören im Schlaf immer wieder für kurze Zeiträume auf zu atmen, was zu erniedrigten Sauerstoff- und erhöhten Kohlendioxidwerten im arteriellen Blut und schließlich zu zahlreichen kurzen Weckreaktionen, sog. Mikro-Arousals, führt. Für die Atemaussetzer kann es zentrale Ursachen geben, aber oft ist es einfach ein mechanisches Problem: Der Pharynxschlauch kollabiert, der Zungengrund wird nach dorsal verlagert und blockiert so die oberen Atemwege. Wenn der CO_2-Gehalt ansteigt, nimmt automatisch die Schlaftiefe ab, der Muskeltonus und der Wachheitsgrad steigen. Begünstigende Faktoren sind Übergewicht, Schlafen in Rückenlage und Alkoholgenuss, besonders, wenn noch funktionelle Störungen hinzukommen (Septumdeviation mit behinderter Nasenatmung, tief hängender, schlaffer Gaumen, Zungengrund-, Tonsillenhyperplasie oder mandibuläre Retrognathie mit gestörter Okklusion). Das Herz-Kreislauf-

System wird durch die ständigen Schlafunterbrechungen extrem belastet, was sich in Bluthochdruck, Herzrhythmusstörungen und erhöhtem Infarktrisiko äußert. Schlafapnoeiker (watt'n Wort!) klagen über nächtliche Aufwachphasen, nicht erholsamen Schlaf trotz ausreichender Schlafdauer und Einschlafneigung tagsüber. Im weiteren Verlauf kommt es zu Konzentrations-, Potenz- und Persönlichkeitsstörungen sowie morgendlichen Kopfschmerzen. Reine Rhonchopathen („Schnarcher") haben keine derartigen Beschwerden (wahrscheinlich aber ihre Bettgenossen ...). Eine Unterscheidung gelingt mittels MESAM-Untersuchung zu Hause, welche per Polysomnographie im Schlaflabor und Lungenfunktionsprüfung validiert wird.

- **Pickwick-Syndrom:** Diese Form der Schlafapnoe wird auch „kardiopulmonales Syndrom der Adipösen" genannt. Die Patienten sind durchweg extrem übergewichtig, so sehr, dass ihr thorakaler Fettmantel die Atmung behindert. Dies führt zu einer respiratorischen Azidose, sprich im arteriellen Blut findet man zu wenig Sauerstoff, aber viel zu viel Kohlendioxid. Diese hohen Kohlendioxidwerte verursachen das Hauptsymptom der Krankheit, die unglaubliche Tagesschläfrigkeit, die bis hin zu regelrechten Schlafanfällen reichen kann. Dagegen hilft nur: abnehmen!
- **Schlafanfälle:** Von Schlafanfällen spricht man, wenn der Patient von einer Sekunde auf die andere einschlaft, ohne dabei sonderlich müde zu sein. Schlafanfälle sind zum Beispiel charakteristisch für die Narkolepsie sowie für das Kleine-Levin-Syndrom.
- **Undine-Syndrom:** Bei dieser Erkrankung fällt im Schlaf die autonome Atemregulation aus. Die Ursache ist noch nicht geklärt, man vermutet aber, dass die Chemorezeptoren im Atemzentrum des ZNS ausfallen. Die Erkrankten zeigen Hypoxämie, periodische Atmung, Zyanose sowie ausgeprägte Somnolenz.

Um diese verschiedenen Hypersomnie-Formen definitiv abzugrenzen, braucht's eine zwei- bis dreitägige Untersuchung in einem interdisziplinären Schlaflabor (Neurologie, HNO, Innere).
Na, dann schau ich mir diesen adipösen, müden Informatikstudenten doch mal an!

Diagnose Patienint 2: Wernicke-Korsakoff-Syndrom.

Anamnese & Befund

Okay, adipös ist nicht übertrieben: Mit 134 kg bei einer Körpergröße von 168 cm ist es ein echter Akt, die Waage abzulesen. Aber das ist nicht das Hauptproblem dieses Patienten: Egal, ob im Stehen oder im Gehen, ihm fallen die Augen zu – kann er gar nichts gegen machen. In der Früh habe er Kopfschmerzen und in den Kursen und Vorlesungen könne er sich selbst in seinen wachen Phasen nicht konzentrieren, klagt er. Nie fühle er sich frisch und ausgeschlafen. In seiner WG beschweren sich die Mitbewohner über sein lautes Schnarchen.

Bei der Herzauskultation hört man einen lauten Pulmonalton, wie er bei erhöhtem pulmonalen Widerstand auftritt. Der Unterkiefer erscheint zu kurz (mandibuläre Retrognathie) und der Pharynx ist in allen Abschnitten insgesamt sehr eng. Außerdem habe ich noch nie eine so große Zunge gesehen wie bei diesem Patienten!

Sieht aus wie ein idealer Kandidat fürs Schlaflabor! Ich füll schon mal den Zettel für die Polysomnographie aus. Vorher aber noch schnell ein EKG.

Untersuchung & Ergebnisse

Das EKG zeigt eine rechtsventrikuläre Hypertrophie im Sinne eines Cor pulmonale.

Im Schlaflabor werden dann später insgesamt neun Apnoephasen gemessen, die jeweils ca. zwei Minuten andauern. Mit diesem Resultat ist jetzt der HNO-Arzt gefordert: Er soll sich anschauen, ob und was man da vielleicht operativ korrigieren kann.

Diagnose

Therapie & Komplikationen

Die wichtigste Allgemeinmaßnahme ist ganz klar: Gewichtsreduktion. Grundfalsch sind häufig angewendete „Hausmittel" wie Alkohol als Schlummertrunk, Hypnotika oder Sedativa. Der Schuss geht nämlich nach hinten los: Statt den Schlaf zu verbessern, setzen sie den Muskeltonus herab, wodurch sich Häufigkeit und Länge der Apnoephasen noch weiter verstärken.

Bei leichten Formen kann man Theophyllin einsetzen. Am effektivsten ist aber die Anpassung einer CPAP-Maske (continuous

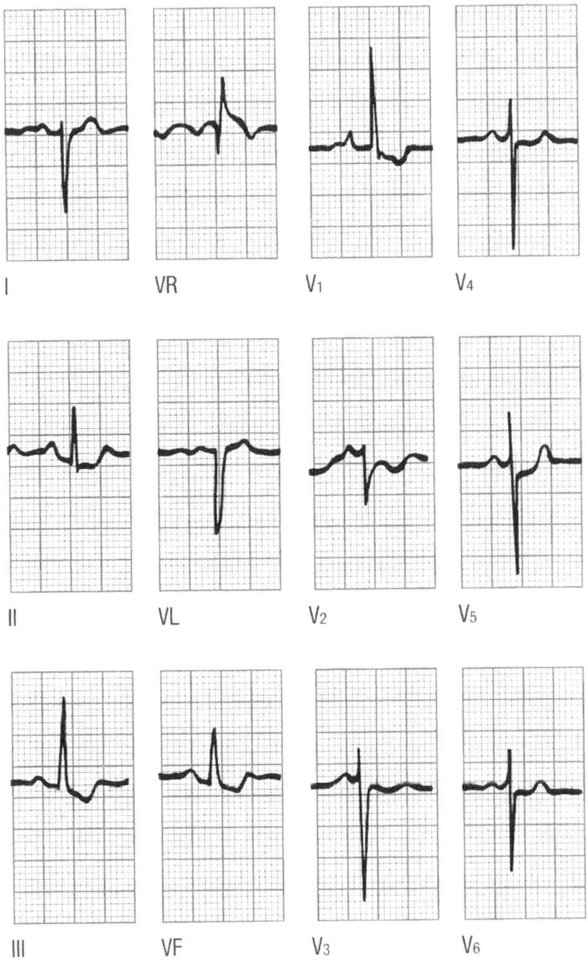

Abb. 16: Rechtsventrikuläre Hypertrophie. Außerdem Sinusrhythmus, spitze P-Welle in V_1, Abweichung der Herzachse nach rechts (tiefe S-Zacke in I), hohe R-Zacke in V_1.

positive airway pressure). Der auch nach der Exspiration aufrechterhaltene Überdruck von 5–15 mmHg verhindert ein Kollabieren des Pharynxschlauches. An operativen Maßnahmen kämen eine Uvulo-Palato-Pharyngoplastik (UPPP), Septumplastik, Tonsillektomie oder sogar eine Repose-OP in Betracht. Bei dieser wird der

---

Diagnose Patient 3: Schlafapnoe-Syndrom (hier ohne Spezifizierung der Unterform).

Zungenkörper über einen mittels Titanschraube am Unterkiefer fixierten Faden nach ventral fixiert. Die Indikationsstellung für ein operatives Vorgehen sollte allerdings sehr streng und durch einen HNO-Arzt erfolgen.

Weitere Infos

Der tagsüber erhöhte Blutdruck führt zur Linksherzhypertrophie. Durch die Atembehinderung herrscht in der Lunge ein erhöhter Druck, was die pulmonale Hypertension verursacht und letztendlich zum Cor pulmonale führen kann. Wie sich die Geschichte fortsetzt, kann man sich denken … KHK, Arrhythmien, Myokardinfarkt, Asphyxie …

Und wer kommt jetzt? Mein nächster Patient ist das glatte Gegenteil: lang und hager. Aber ein Problem mit dem Atmen hat er auch …

Patient 4

Ein 17 Jahre alter Schüler wurde von starken, stechenden, linksthorakalen Schmerzen vor einigen Stunden aus dem Schlaf geweckt. Zunächst hatte er sich nichts dabei gedacht, weil er öfters mal atemabhängige stechende Thoraxschmerzen verspürt. Dieses Mal sind die Schmerzen aber nicht atem- oder positionsabhängig. Außerdem wird das Atmen auch immer anstrengender.
RR 120/95, P 98, Temp. 37,1 °C.

DD-Vorüberlegungen

Retrosternale Schmerzen, die sich im Liegen verstärken und beim Aufsetzen verschwinden können, würden zu einer **Perikarditis** passen, einer Entzündung des Herzbeutels durch Infektion (bakteriell, viral), Stoffwechselstörung oder auch durch Medikamente. Dazu passen würden Tachypnoe, evtl. flacher Puls mit erhöhtem Venendruck, ST-Hebungen im EKG. Auskultatorisch das Lokomotivengeräusch. Gefürchtete Komplikationen sind Perikarderguss mit möglicher Perikardtamponade und bei chronischer Perikarditis Verwachsungen mit restriktiver Einschränkung der Herzaktionen.
Auch eine **Angina pectoris** würde retrosternale, beklemmende Schmerzen mit oder ohne linksseitige Ausstrahlung (in den Kiefer

und/oder in den Arm) machen. Grund ist die relative Ischämie des Myokards (erhöhter O_2-Bedarf und/oder verminderte Perfusion). Kann von Sekunden bis Minuten dauern. Vorstufe zum Myokardinfarkt!

Selten, aber meist benigne ist das **atriale Myxom,** ein kardialer Tumor mit Lokalisation im rechten Vorhof. Im Liegen werden hier die Symptome weniger. Bei der Auskultation hört man einen Tumor-Plopp (nur manchmal ab bestimmter Tumorgröße hörbares „Plopp" während der Diastole. Nicht obligat!)

Eine gerade bei jüngeren Männern häufige Geschichte ist der spontane **Pneumothorax** – ein Platten in der Lunge. Dabei gelangt Luft dorthin, wo sie nicht hingehört, nämlich in den interpleuralen Raum (= Pleuraspalt). Der hier normalerweise herrschende mittlere Unterdruck von –6 cmH_2O sorgt dafür, dass die Lunge entfaltet bleibt. Eine Perforation der Thoraxwand oder der Pleura visceralis hebt das Vakuum auf, die Druckverhältnisse gleichen sich aus und die Lunge kollabiert. Es gibt beim Pneu verschiedene Formen mit unterschiedlichen Verlaufsformen. Sie reichen von einfachen, sich selbst zurückbildenden (z. B. einfacher spontaner Pneumothorax) bis hin zu lebensbedrohlichen Formen mit massiver Mediastinalverschiebung zur Gegenseite (Spannungs-/Ventilpneumothorax). Allen gemein ist das fehlende Atemgeräusch auf der betroffenen Seite mit fehlendem Lungenschatten und teils sichtbarer Viszeralislinie.

Anamnese & Befund

Der Junge ist über 180 cm groß, bringt aber nur 68 kg auf die Waage. Nach eigenen Angaben raucht er seit ca. zwei Jahren täglich eine Schachtel Zigaretten. Die Lippen sind zwar nicht zyanotisch, aber man merkt ihm eine deutliche Dyspnoe an. Kein positiver Jugularvenendruck, keine Lymphadenopathie, Kehlkopf median. Thoraxperkussion und -auskultation: Herzgeräusche regelrecht, hypersonorer Klopfschall, verminderter Stimmfremitus und fehlendes Atemgeräusch linksthorakal.

Das Pulsoximeter zeigt eine 88%ige O_2-Sättigung, man könnte auch sagen: Könnte mehr sein …

Ich ordne einen Rö.-Thorax und ein EKG an.

Untersuchung & Ergebnisse

Das EKG ist unauffällig, aber im a.p. Röntgenbild des Thorax fehlt die periphere Gefäßzeichnung der linken Lunge. Eine zarte Verdichtungslinie entspricht der kollabierten Lungengrenze (Pleura visceralis).

Diagnose

____

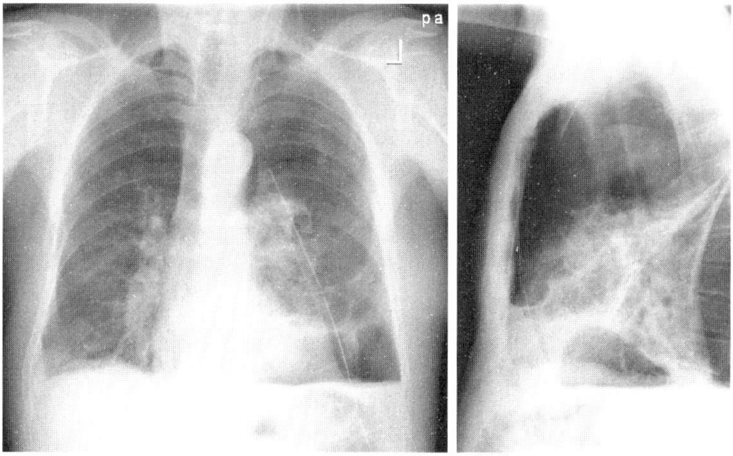

Abb. 17: Spannungspneu links nach Versorgung mit Pleuradrainage (und ZVK von links).

Therapie & Komplikationen

Sofortige Dekompression durch großkalibrige Nadel steht zwar überall – ist aber Unfug. Der Patient bekommt sofort eine Thoraxdrainage mit Sog. Im Grunde reicht dem Patienten ein Lungenflügel zur Oxygenierung (immerhin schafft er damit ja eine fast 90%ige O_2-Sättigung). Er ist nur dann gefährdet, wenn sich ein Spannungspneumothorax bildet, also das Mediastinum durch den einseitig erhöhten Druck auf die andere Seite verlagert wird und so die V. cava beim Durchtritt durch das Zwerchfell geknickt wird. Die Patienten werden dann sehr schnell kreislaufinstabil und kommen ins kardiale Pumpversagen. Der Spannungspneu ist ein lebensbedrohlicher Notfall, und deshalb sollte man auch mit der Drainage nicht zögern. Kleine, idiopathische Spontanpneus bilden sich in den meisten Fällen auch spontan wieder zurück. Die Patienten müssen aber dennoch stationär aufgenommen und mit

Rö.-Thorax-Serien und Kontrolle der Vitalzeichen engmaschig beobachtet werden.
Vor allem bei jungen Rauchern mit apikal gelegenen Emphysembläschen kommt es häufig zu Rezidiven, so dass Therapie der Wahl heute die operative Entfernung der emphysemtragenden apikalen Lungenabschnitte ist. Rauchen und Aktivitäten wie Tauchen, Segelfliegen oder Hochgebirgsexpeditionen sollten die Leute fürs Erste lieber meiden.

Weitere Infos

Beim Pneumothorax gelangt Luft in das Vakuum zwischen parietaler und viszeraler Pleura (Pleuraspalt). Dies kann entweder durch die Lunge (vermutlich durch „Platzen" apikal gelegener Emphysembläschen, vor allem bei jungen Patienten mit hoher Rezidivhäufigkeit) oder von außen durch die Thoraxwand im Rahmen von penetrierenden Verletzungen geschehen. Manchmal bildet sich an der undichten Stelle eine Art Ventas, die zwar während der Inspiration Luft in den Pleuraspalt hinein, bei der Exspiration aber nicht mehr herauslässt. Dadurch wird das Mediastinum immer mehr zur kontralateralen Seite verschoben. Dies kann fatale Folgen haben, da durch die Mediastinalverschiebung auch die Atmung in der übrig gebliebenen einen Lunge massiv beeinträchtigt wird. Wichtiger ist aber das Abknicken der Gefäße, die durch das Zwerchfell ins Abdomen ziehen (V. cava!, Aorta). Durch die schnelle Reduktion der Vorlast des Herzens bei gleichzeiter erhöhter Nachlast (Aorta) ist die Pumpfunktion des Herzens bis zum Pumpversagen eingeschränkt. Das zieht dann natürlich auch die Blutversorgung des ganzen Körpers, insbesondere des Gehirns, in Mitleidenschaft.

Als ich das Untersuchungszimmer verlasse, ist die Ambulanz plötzlich bevölkert von mindestens einem Dutzend Frauen, die mit Kopftüchern bedeckt eine Mutter begleiten, die ihren schreienden, fast dreiwöchigen Sohn vorzeigt. Dieser wird sichtlich agitierter, als er dem Licht ausgesetzt wird.

Diagnose Patient 4: Spontaner Pneumothorax.

Patient 5

Anamnese & Befund

Das Neugeborene zeigt einen deutlichen Opisthonus bei scheinbar generalisierter Tetanie. Eine der Frauen übersetzt für die Mutter, die kein Deutsch spricht. Das Baby sei vor 19 Tagen bei einer Hausgeburt termingerecht zur Welt gekommen. Eine Hebamme habe die Geburt betreut, die komplikationslos verlaufen sei. Ärztliche Vorsorgeuntersuchungen habe die Mutter weder in der Schwangerschaft noch nach der Entbindung in Anspruch genommen, ebenso wurden keinerlei Impfungen oder Immunisierungen bei Mutter und Kind durchgeführt. Das Kind schreit schon seit seiner Geburt viel. In den ersten zwei Tagen nach der Geburt gab es noch keine Stillprobleme. Die entwickelten sich aber zunehmend ab dem dritten Tag, weshalb das Baby auch nicht zunimmt.

Bei der Untersuchung fällt ein entzündlich erscheinender Umbilikalstumpf auf, der noch nicht ganz abgefallen ist. Das Kind ist sehr erregt, zyanotisch und in generalisiertem Muskelspasmus. Es reagiert mit Symptomverstärkung, wenn es bei der Untersuchung berührt wird.

Ein Abstrich vom Nabelstumpf geht an das Labor zur Kultur.

DD-Überlegungen

Dieses Bild lässt nicht viele Alternativen zu: Hausgeburt, keine medizinische Versorgung, ein Kind mit entzündetem Nabelstumpf und Dauermuskelkrampf ... das trägt die Schrift des **Clostridium tetani!** Eine **Meningitis** ist auch nicht unwahrscheinlich, zumal der Opisthotonus auch dabei auftritt. Deswegen lieber auch noch eine Liquoruntersuchung.

Untersuchungen & Ergebnisse

Blutbild: Leukos erhöht; Lumbalpunktion: normal; Mikrobio: Clostridium tetani im Abstrich.

Diagnose

Therapie & Komplikationen

Als Allererstes muss sofort die Atmung sichergestellt werden, das bedeutet Intubation und Ventilation. Mit Benzodiazepinen kann man den Muskelkrampf lockern. Und da das Kind ja fast seit der Geburt nicht richtig trinken konnte, muss man auch den E'lythaushalt balancieren und Flüssigkeit und ein paar Kalorien zuführen (Glukose-Lösung i.v.).
Metronidazol oder Penizillin sind notwendig, um die weitere Toxinbildung zu stoppen. Und Tetanus-Immunglobulin braucht das Würmchen auch. Da die i.m. Applikation von 3000–6000 IE humanem Immunglobulin aber wegen des großen Volumens problematisch sein dürfte, sollte man versuchen, ein intravenöses Tetanus-Immunglobulin aufzutreiben.

Weitere Infos

Anaerob, grampositiv, unverkapselt, Sporen und Neurotoxin bildend (sog. Tetanospasmin) und beweglich – das ist der Steckbrief von Clostridium tetani. Das Tetanospasmin wirkt auf spinaler Ebene, indem es die inhibitorischen Synapsen im Rückenmark hemmt. Und wer was Inhibierendes hemmt – Minus mal Minus gibt Plus – triggert also ganz ordentlich. Deshalb die generalisierten Krämpfe und der Opisthotonus, Wundstarrkrampf im Volksmund. C. tetani kolonisiert auch den menschlichen Darm (bei bis zu 40% Prozent der Bevölkerung, auf dem Lande mehr, in urbanen Regionen weniger). Deshalb kann C. tetani bei gastrointestinalen Eingriffen bei Ungeimpften ein Problem darstellen. Häufig ist auch der Darm von Hunden (25–30%) oder von Pferden (10–20%) besiedelt. In unseren Breiten stirbt kaum noch ein Kind an neonatalem Tetanus, nach WHO-Angaben waren 2001 aber global noch 201 000 Todesfälle durch Tetanus bei Kindern unter fünf Jahren zu beklagen, obwohl es seit mehr als 60 Jahren eine wirksame und verträgliche aktive Impfung gegen Tetanusinfektionen gibt.

Im Vorbeigehen genehmige ich mir im Aufenthaltsraum eine Käsesemmel, eine Tasse Kaffee und einen Joghurt. Fürstlich! Wie ich sehe, ist mein Kumpel Robert heute morgen auch ganz schön im Stress – von dem sieht man immer nur die wehenden Kittelschöße, wenn er von einem Untersuchungszimmer ins nächste trabt. Da taucht Mahatma

Diagnose Patient 5: Tetanus neonatorum.

mit ziemlichen Ringen unter den Augen neben mir auf. Sie hält mir ein Krankenblatt hin, auf dem sie schon ein paar Notizen gemacht hat. Ob ich mir ihre Patientin mal anschaue?

Patientin 6

Mahatma erzählt, die 46-jährige Frau klage über Müdigkeit und Übelkeit. Seit 17 Jahren sei bei ihr eine rheumatoide Arthritis bekannt, wegen der sie als Basistherapie u.a. regelmäßig Kortison und Methotrexat einnimmt.
RR 120/80, P 76, Temp. 36,6 °C.

DD-Vorüberlegungen

Während ich noch auf beiden Backen kaue, lassen wir uns ein paar mögliche Differenzialdiagnosen einfallen: Vom Alter her würde die **Menopause** passen, die berühmten Wechseljahre, die mit Hitzewallungen und emotionaler Labilität einhergehen können. Das könnte die Müdigkeit erklären, aber die Übelkeit?
Folsäuremangel wäre auch eine Möglichkeit, zu der Übelkeit und Abgeschlagenheit gut passen würden. Ursachen sind Mangel- oder Fehlernährung, Alkoholismus und Hyperthyreose. Auch in der Schwangerschaft wegen des erhöhten Bedarfs nicht selten. Verminderte Resorption von Folsäure findet man bei Sprue, nach Whipple-OP, nach Jejunektomie. Und dann wäre da noch der iatrogene Folsäuremangel durch Medikamente, beispielsweise durch Folsäureantagonisten wie Methotrexat, Bactrim oder Phenytoin. Gekennzeichnet ist der Folsäuremangel durch eine makrozytäre, hyperchrome, megaloblastische Anämie, Homocysteinämie und -urie sowie leukozytäre Linksverschiebung.
Die gleichen Symptome macht auch der **Vitamin-B_{12}-Mangel.** Dabei kann es aber neben der makrozytären Anämie zusätzlich zu neuropsychischen Auffälligkeiten kommen. Entsteht durch ungenügende Zufuhr mit der Nahrung (Vegetarier), mangelnde Produktion von Intrinsic Factor im Antrum oder durch gestörte Resorption des Intrinsic-Factor-Cobalamin-Komplexes im terminalen Ileum. Diagnose durch Serumspiegel-Bestimmung und positiven Schilling-Test.

Das Brötchen ist verschlungen, der Kaffee auch alle, also, schreiten wir zum Äußersten und schauen uns die Patientin mal in echt an.

Anamnese & Befund

Die Patientin erscheint reichlich blass, aber kein Ikterus. Anamnestisch keine abdominal-chirurgischen Eingriffe, auch keine bekannten Darmkrankheiten, Stuhlgang normal. Die Bauchdecke ist weich, keine Organomegalie tastbar. Sensibilitätsstörungen liegen nicht vor, Muskeleigenreflexe und restliche Neurologie sind seitengleich normal. Alkoholabusus und Schwangerschaft verneint die Patientin.

Diskrete Zeichen der rheumatoiden Arthritis erkennt man durchaus: eine leichte Schwellung und Rötung der Sprung-, Hand- und Fingergelenke. Aber keine Ulnardeviation der Finger, keine Schwanenkopfdeformität. Die Ileosakralgelenke sind beidseits druckschmerzhaft.

Erstmal nehme ich der Dame gründlich Blut ab: für Blutbild, Leberwerte, Schilddrüsenhormone, Bestimmung des Serum-Cobalamins und des Serum-Folsäurespiegels.

Untersuchung & Ergebnisse

Und siehe da: Das Blutbild zeigt eine hyperchrome megaloblastische Anämie. Leber- und Schilddrüsenwerte sind normal, auch das Serum-Cobalamin liegt im Normbereich. Aber die Serum-Folsäure ist mit 9,1 nmol/l (untere Norm: 11,3 nmol/l) reichlich niedrig.

Diagnose

Therapie & Komplikationen

Da ist Folsäuresubstitution angesagt, so lange, bis die gemessenen Folsäurespiegel wieder normwertig sind (5 mg/d oral, z. B. 1 Tbl. Folsan®). Beruht der Folsäuremangel auf Fehl- oder Mangelernährung oder Alkoholismus, sollte man möglichst versuchen, an der Ursache was zu tun. Bei dieser Patientin hier dürfte die langfristige Methotrexat-Therapie der Grund für den Folsäuremangel sein. Deshalb sollte man diesen Fall unbedingt mit dem behandelnden Rheumatologen besprechen. Der muss nach Möglichkeit auf ein anderes Immunsuppressivum umstellen, das insgesamt vielleicht auch weniger knochenmarktoxisch ist.

Weitere Infos

Die Folsäure ist essenziell für die DNA/RNA-Synthese. Ein Mangel zieht deshalb eine verminderte Zellproduktion nach sich, was sich besonders bei den rasch proliferierenden Blutzellen bemerkbar macht. Da die Hämproduktion vom Folsäuremangel unberührt bleibt, verteilt sich die gleiche Menge Blutfarbstoff auf weniger Zellen. Deshalb: hyperchrom und megaloblastisch.
Im Gegensatz zur Vitamin-B_{12}-Mangelanämie kommt's aber nicht zu neuropsychischen Störungen. Aber Vorsicht: Die Koexistenz der beiden Mangelanämien (z.B. bei C_2H_5OH im Übermaß) ist keine Seltenheit!

Ein Blick auf die Uhr: halb elf! So ist das immer nach einem Nachtdienst: Man muss nur noch bis mittags arbeiten, und trotzdem kommt einem dieser popelige halbe Tag länger vor als sonst der ganze ... gähn! Mahatma verkneift sich ein Lachen, während ich im Gang fast über meine eigenen Füße stolpere. Schwester Ursula kommt gerade und erzählt, da hätte eben ein Vater seinen elfjährigen Sohn gebracht, weil der so schrecklich Bauchschmerzen habe. Mahatma heftet sich an meine Fersen und so betreten wir das Untersuchungszimmer.

Patient 7

Gestern sei der Kleine am Morgen mit Bauchweh im Oberbauch, so zwischen Bauchnabel und Rippenbögen, aufgewacht, berichtet der besorgte Vater. Außerdem sei ihm übel gewesen, und erhöhte Temperatur (37,8 °C) hatte er auch. Der Hausarzt habe ihm daraufhin einen Magentee und Paracetamol-Zäpfchen verschrieben. Nun hätten sich die Schmerzen aber nicht nur verschlimmert, sondern wären in den rechten Unterbauch gewandert. Übelkeit und Erbrechen haben auch zugenommen. Der Hausarzt, den die Eltern daraufhin anriefen, hat sie nun umgehend hierher in die Notaufnahme geschickt. Auf Anraten des Hausarztes haben sie ihrem Jungen heute morgen kein Zäpfchen mehr gegeben.
RR 100/70, P 90, Temp. 39,8 °C.

DD-Vorüberlegungen

„Der Blinddarm?", fragt Mahatma leise. Spontan war das auch mein erster Gedanke. Eigentlich wären krampf- oder kolikartige Bauchschmerzen, Diarrhö und Fieber ziemlich typisch für eine **akute Gastroenteritis.** Aber gerade bei Kindern kann auch eine **Appendizitis** so anfangen, in dem Alter ist die Symptomatik oft weder ganz typisch noch eindeutig. Klassisch ist, dass der Schmerz im Epigastrium beginnt und dann in Richtung McBurney-Punkt im rechten unteren Quadranten wandert. Außerdem gehören Loslass-Schmerz und manchmal Peritonealzeichen dazu, und natürlich Fieber, Übelkeit, Erbrechen, Leukozytose mit Linksverschiebung.

Gerade bei Kindern ist die Symptomatik häufig nicht ganz typisch. Für eine **Invagination** ist der Knabe mit seinen elf Jahren schon fast ein bisschen alt: Die kommt eher bei Säuglingen und Kleinkindern bis so etwa zwei Jahren vor. Dabei stülpt sich ein Darmabschnitt in sich selbst (so, wie die Finger eines Latexhandschuhs, wenn man die Hand herauszieht). Führt zu Übelkeit, Erbrechen, kolikartigen Bauchschmerzen. Oft kann man die Invagination als „Walze" im Unterbauch palpieren. Die diagnostisch durchgeführte Kontrastmittelaufnahme vom distalen Darmende her ist häufig gleichzeitig die Therapie, weil sie mechanisch ausglättend wirkt (wie man in den Handschuh pustet, um ihn wieder zu entfalten).

Beim **Volvulus** kommt es zur Verwringung oder Verdrehung eines Organs. Kann eine Abklemmung der versorgenden Gefäße oder aber auch des eigenen Lumens mit Strangulation und Nekrose zur Folge haben. Kommt meist als Dünndarmvolvulus bei Säuglingen vor, wäre also nicht unbedingt typisch.

Selten, aber möglich, ist die **basale Pneumonie**. Wie der Name schon verrät, eine Pneumonie, die sich im basalen Anteil der Lungen abspielt und durchaus eine Appendizitis vortäuschen kann. Diagnose: Rö.-Thorax.

Anamnese & Befund

Der schwitzende Bub hat einen gequälten Gesichtsausdruck. Auf dem Untersuchungstisch zieht er die Beine an den Bauch und zeigt deutliche Abwehrspannung. Das Abdomen ist bei der Palpation des rechten unteren Quadranten bretthart. Als hätte er geahnt, dass sich hier 'ne fleißige PJlerin ihre ersten Sporen verdient, prä-

Diagnose Patientin 6: Folsäure-Mangelanämie.

sentiert der arme Kerl klassische klinische Zeichen gleich dutzendweise:

- Blumberg-Zeichen: Loslass-Schmerz nach Eindrücken im linken unteren Quadranten, der nach rechts projiziert wird.
- Rovsing-Zeichen: Retrogrades Ausstreichen des Kolons wirkt schmerzverstärkend.
- Psoas-Zeichen: Auch wenn er das ausgestreckte rechte Bein gegen Widerstand in der Hüfte beugen soll, tut's ihm im Bauch weh.
- Im Rahmen der Digital-Rektaluntersuchung ist die Palpation des Retrovesikalraumes (Douglas-Raum) ebenfalls sehr schmerzhaft.

Wir schießen noch ein Rö.-Bild vom Thorax. Vorher halte ich aber noch schnell den Schallkopf auf den Bauch des Patienten und erkenne einen prall gefüllten Appendix.
Viel deutlicher geht's kaum: eine klassische akute Appendizitis. Schnell noch ein bis zwei Röhrchen Blut fürs Labor und dann husch, husch in den OP.

Untersuchung & Ergebnisse

Leukos 21 000, Linksverschiebung, BKS 68/116 mm, CRP > 20 (Norm: < 0,5). Rö.-Thorax ist unauffällig (keine Pneumonie).

Diagnose

____

Therapie & Komplikationen

Die Appendektomie sollte möglichst innerhalb der ersten 48 Stunden erfolgen, um eine Perforation mit konsekutiver Peritonitis und/oder Sepsis zu vermeiden.

Weitere Infos

Es handelt sich hier um eine Entzündung des blinden Wurmfortsatzes durch Lumenverschluss, entweder aufgrund eines Koprolithen (Kotstein), durch Hyperplasie des Lymphgewebes im Appendixlumen oder ganz einfach durch Abknickung. Seltener kommt eine Belagerung durch Parasiten (Würmer) oder Fremdkörper (Münzen, Fruchtkerne) vor. Die akute Form ist im Kindes- und

Jugendalter am häufigsten. Es gibt aber auch eine chronische: Sie äußert sich durch rezidivierende Schmerzen an typischer Stelle im rechten Unterbauch. Die Diagnosestellung ist dann schwierig.

Mahatma strahlt: auf Anhieb die richtige Diagnose! Nicht schlecht. Plötzlich bleibt sie stehen: „Hey, die kenn ich doch, die ist doch nur zwei Semester unter mir!", ruft sie und zeigt auf eine Inline-Skaterin, die noch mit den Rollen unter den Füßen im Wartezimmer sitzt und sich mit ziemlich verzerrtem Gesicht die Hand hält.

Patientin 8

Die 24-jährige Medizinstudentin ist beim Inline-Skaten ohne Handgelenkschutz auf den ausgestreckten linken Arm gestürzt und noch eine gute Dreiviertelstunde weitergefahren. Jetzt kommt sie in die Notaufnahme gerollt, weil ihr eingefallen ist, dass sie wohl eine Tetanusauffrischung gebrauchen könnte. Schmerzen hat sie auch, aber die seien auszuhalten.
RR 120/80, P 88, Temp. 37,1 °C.

DD-Vorüberlegungen

Mit der Impfung und einem Pflaster allein ist es hier wohl nicht getan, das schreit doch nach einer kritischen Untersuchung mit Frakturausschluss. Immerhin birgt der Sturzmechanismus eine Menge möglicher Frakturen.
Die Tatsache, dass sie noch einige Zeit weiterfahren konnte, ohne vor Schmerzen sofort ein Krankenhaus aufzusuchen, spricht eigentlich gegen eine **Fraktur des distalen Radius.** Die sind nämlich allesamt sehr, sehr schmerzhaft. Man unterscheidet folgende Formen:

- **Smith- oder Collesfraktur:** Flexions- oder Extensionsfraktur des distalen Radius, d.h., das distale Frakturfragment ist nach volar oder nach dorsal disloziert. Mechanismus ist in der Regel ein Sturz auf den dorsal extendierten Handballen (Colles) bzw. auf den palmar flektierten Handrücken (Smith). Diagnose per Röntgenbild: Handgelenk in zwei Ebenen. Die Therapie läuft auf die Reposition der Fragmente mit anschließender Ruhigstellung raus.

Diagnose Patient 7: Akute Appendizitis.

- **Barton-Fraktur:** Diese Fraktur ist im Grunde nichts anderes als eine Smith- oder Collesfraktur mit Gelenkbeteiligung, d.h. der Frakturspalt öffnet in den Gelenkspalt. Verletzungsmechanismus, Diagnose und Therapie sind prinzipiell ebenfalls gleich.

Die oben beschriebene Klinik lässt eher den Verdacht auf eine **Kahnbeinfraktur** (Skaphoidfraktur) zu, welche auch fälschlicherweise als Navikulare-Fraktur bezeichnet wird. Mit lokalem Schmerz in der „Snuff box" (= Tabatière) sowie Stauchungsschmerz des Daumens ist sie eigentlich recht eindeutig dingfest zu machen. Auch der Unfallhergang mit Sturz auf die ausgestreckte Hand würde gut passen. Für die Diagnose bemüht man mal wieder den Radiologen: Handgelenk in zwei Ebenen und das so genannte Kahnbeinquartett. Das sind vier Aufnahmen vom Kahnbein, aus speziellen Winkeln geschossen. Trotzdem ist der Frakturspalt nicht immer zu sehen. Im Zweifelsfall kann ein CT als sensibelste Diagnostik des Kahnbeins (Längsschichtaufnahmen) eine mögliche Fraktur aufdecken. Man kann auch zunächst konservativ behandeln und, wenn die Beschwerden fortbestehen, nach zwei Wochen ein Knochenszintigramm anfertigen. Da würde man nämlich dann die Regenerationszonen erkennen können.

Anamnese & Befund

Schmerz in der Tabatière mit Stauchungsschmerz D1 (= Daumen) links. Ordentliche Hautabschürfung am Thenar der linken Hand. Periphere Durchblutung, Sensibilität und Motorik der oberen Extremität ist seitengleich intakt, keine Fehlstellung, keine Ekchymosen.

Jetzt sind die Röntgenaufnahmen wichtig: Handgelenk in zwei Ebenen + Kahnbeinquartett links. Das ist hier übrigens kein Luxus, sondern rechtlich notwendig.

Untersuchung & Ergebnisse

So gestochen scharf wie auf dem Bild sieht man's echt nicht immer! Der Frakturspalt verläuft im Bereich des Tuberculums (distales Kahnbeindrittel) und die Fragmente sind nicht disloziert.

Diagnose

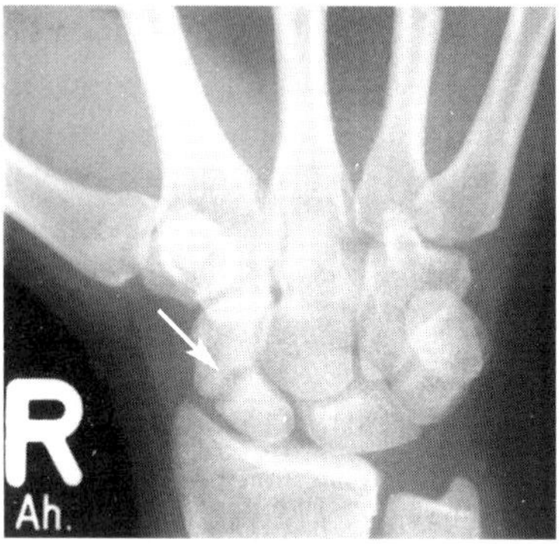

Abb. 18: Fraktur des Os naviculare.

Therapie & Komplikationen

Immobilisation im Unterarm-Daumen-Gips für sechs bis acht Wochen. Bei Fraktur im mittleren bis proximalen Drittel wären es bis zu zwölf Wochen. Die Röntgenkontrolle kann nach vier Wochen angestrebt werden. Das Daumengrundgelenk wird immer mit immobilisiert! Nicht nur bei dislozierter Fraktur, sondern auch bei Entstehung einer Pseudarthrose bzw. bei verzögerter Knochenheilung ist die chirurgische Korrektur indiziert. Als mögliche Komplikation winkt stets die Nekrose des proximalen Fragmentes.

Bei der proximalen Fraktur kann alternativ mit der Patientin die operative Verschraubung der Fragmente diskutiert werden. Dies ist aber noch kein allgemein anerkannter Standard, obwohl so die wochenlange Ruhigstellung mit all den unerwünschten Folgen fast komplett vermieden werden könnte. Dislozierte Fragmente müssten auf jeden Fall operiert werden.

Ach, da war doch noch was: Indikation für Tetanusauffrischung beachten! Wäre peinlich, wenn ich das vergäße, wo sie doch eigentlich deshalb hier reingerollt kam …

Weitere Infos

Die Besonderheit dieses Handwurzelknochens ist, dass er seine arterielle Versorgung von distal nach proximal erhält. Daher ist das proximale Frakturfragment besonders gefährdet, von der Blutversorgung abgeschnitten und folglich nekrotisch zu werden.

Diagnose Patientin 8: Skaphoidfraktur, zu Deutsch: Das Mädel hat sich's Kahnbein gebrochen.

Ich lasse Mahatma bei ihrer Bekannten zurück, die beiden haben sich offenbar noch viel zu erzählen ... und mache mich auf den Weg zum nächsten Patienten.

Patient 9

Ein 17 Jahre alter Sohn eines Landwirtes wird von seiner Lehrerin in die Notaufnahme gebracht, nachdem er vor einer halben Stunde erstmals einen wahrscheinlich epileptischen Anfall hatte. Sie hatte schon vor einigen Monaten den Eltern des Jungen geraten, ihn einem Arzt vorzustellen, weil er mit seinen schulischen Leistung rapide abgefallen sei. Seine Klassenkameraden beklagen sich immer häufiger über sein verändertes Verhalten. Vor drei Wochen erst hatte er ein Disziplinarverfahren vor dem Direktor, nachdem der Patient eine Schülerin der Parallelklasse geschlagen hatte. „Das sah ihm überhaupt nicht ähnlich. Er war immer so ein ruhiger, fröhlicher Junge", ergänzt die Lehrerin. Die Eltern sind verständigt und die Mutter ist mit dem ältesten Sohn (36) schon unterwegs. RR 120/80, P 76, Temp 37,0 °C.

DD-Vorüberlegungen

Epilepsie ist ja eigentlich nur ein sehr grober Überbegriff für anfallsartige, mehr oder weniger ungeordnete Entladungen der zerebralen Nervenzellen, die generalisiert oder fokal – auf bestimmte Teile des Gehirns begrenzt – auftreten. Die Ätiologie ist multifaktoriell, man unterscheidet endogene, genetische Faktoren von exogenen: Tumor, Infekt, Trauma, Blutung, metabolisch etc. Je nach Disposition können alle möglichen Auslöser dann so einen Anfall triggern, wie Hypoglykämie, Lichtblitze, Fieber, Schlafentzug und und und. Entsprechend vielfältig kann die Klinik aussehen. Diagnose: Anamnese, Beobachtung, EEG, MRT, C-CT. Therapie: Meidung bzw. Entfernen der Ursache, Antiepileptika, Chirurgie. Differentialdiagnostisch muss man also immer versuchen, die verschiedenen Ursachen für die Entstehung eines epileptischen Anfalles auszuschließen.

Die **subakute sklerosierende Panenzephalitis (SSPE)** wäre auch einen Gedanken wert: Dabei handelt es sich um eine Spätkomplikation (bis zu Jahre nach abgelaufener Maserninfektion) der Infektion mit einem defekten Masernvirus, bei dem das

M-Matrix-Protein entweder gar nicht oder defekt exprimiert wird. Dadurch können die Viren vom Wirt nur unvollständig eliminiert werden. Auf lange Sicht (Jahre später) werden graue wie weiße Substanz gleichermaßen befallen und demyelinisieren, das heißt, sie gehen zugrunde. Die Prognose ist infaust, variiert aber im Verlauf. In der Regel versterben die jungen Patienten innerhalb von Monaten bis wenigen Jahren nach Beginn der Symptomatik.
Ein **Hirntumor** macht ja immer eine Raumforderung, die dann – je nach Lokalisation – die unterschiedlichsten Symptome ausbilden kann. Natürlich gehört da auch die Epilepsie zu (s.o.). Der langfristig zunehmende intrakranielle Druck führt in der Regel zur Stauungspapille mit Sehstörungen, Kopfschmerzen, Persönlichkeitsänderungen, ungewolltem Einnässen und so weiter. Diagnose: kraniales CT und MRT.

Anamnese & Befund

Während der Untersuchung fallen Myoklonien und ein positiver Babinski auf. Die Muskeleigenreflexe sind beidseits kaum auslösbar. Die Fundoskopie ist unauffällig und sämtliche Hirnnerven sind seitengleich intakt. Auch sonst sind alle weiteren Befunde unauffällig.
Die Mutter trifft ein. Bis auf eine Maserninfektion, die sich der Junge mit ungefähr fünf Jahren eingefangen hat, ist die Anamnese leer. Über die Schule sei er schon häufiger mal geimpft worden. Ein Impfpass liegt aber nicht vor. Auch die Familienanamnese gibt nicht viel her: Der Großvater mütterlicherseits ist mit 88 Jahren an Prostatakrebs verstorben. Epilepsien gibt es sonst nicht in der Familie. Und dass der Junge einnässt, käme auch nicht vor, so die Mama.
Erst mal Blut abnehmen für Blutbild, Blutzucker und Masern-Antikörpertiter. Und natürlich ein EEG und ein Schädel-MRT! Die Lumbalpunktion (LP) zur Liquordiagnostik sollte auch nicht fehlen.

Untersuchung & Ergebnisse

Blutbild und Blutzucker sind normal. In der LP sind die Gammaglobuline erhöht, besonders die Antikörper gegen Masernvirus. Der Masern-Antikörpertiter im Serum ist ebenfalls hoch. Spezifische Antikörper gegen das „normalerweise“ vorhandene M-Protein der Masernvirusmatrix fehlen jedoch. Im MRT fallen erweiterte Ventrikel, atrophierte Rinde sowie generalisierte und unspezifische Hypodensitäten im Hirnparenchym beider Hemisphären auf. Das EEG beschreibt die typischen Radermecker-Komplexe, das sind hochvoltige Slow-Sharp-Komplexe, die periodisch und synchron zu Myoklonien auftreten.

Diagnose

Therapie & Komplikationen

Leider gibt es für diesen jungen Patienten keine echte Hilfe. Die symptomatische Behandlung beschränkt sich auf Antikonvulsiva und ggf. was Sedierendes. Die präventive Schutzimpfung ist die einzige Möglichkeit, um zu verhindern, dass so etwas entsteht.

Feierabend! Gerade will ich mich fertig machen zum Gehen, da kommt Schwester Ursula um die Kurve gewedelt, ein Krankenblatt in der Hand. Hinter dem Essenswagen in Deckung zu gehen ist ein Reflex. Aber offenbar haben die Reflexe unter der schlaflosen Nacht auch ein bisschen gelitten – sie hat mich gesehen. Mist. „Home, was machst du denn da unten?" Schnell tue ich so, als müsste ich meinen Schuh zubinden, dummerweise sind es Slipper.
„Ich weiß ja, du willst gehen, aber die anderen sind gerade alle bei Patienten, und da ist eine Frau, die sieht mir gar nicht gut aus. Schau sie dir doch noch schnell an, geht das? Außerdem ist sie Amerikanerin und spricht kaum Deutsch. Du weißt doch, da ist der Robert wieder aufgeschmissen ... " Warum bin ich immer so gutmütig?

Patientin 10

Anamnese

Eine 33-jährige schwarz-amerikanische Frau klagt über stechende Wahnsinnsschmerzen im rechten Unterbauch, die in den Rücken und zum rechten Schulterblatt ausstrahlen. Ihr ist ganz schwummrig. Die Schmerzen brachen vor ungefähr einer Stunde urplötzlich los und sind seither begleitet von Übelkeit und Erbrechen. Sie hat zwei Kinder. Seit der letzten Geburt vor drei Jahren hat sie immer wieder rezidivierende Adnexitiden. Abgesehen davon ist sie völlig gesund und leidet eher unter einem zu tüchtigen Appetit als unter Gewichtsverlust.

Vor zwei Tagen habe ihre Periode eingesetzt, berichtet sie, die allerdings diesmal wesentlich schwächer ausgefallen sei als gewöhnlich. Wann die letzte Periode war, weiß sie nicht so genau, sie achte da nicht sehr darauf. Wahrscheinlich vor fünf oder sechs Wochen, meint sie nach einigem Nachdenken. Die Periode bei ihr sei nicht regelmäßig, deshalb seien so lange Abstände bei ihr nicht ungewöhnlich.

RR im Sitzen 110/60, im Stehen 70/40, P 102, Temp. 37,4 °C, Tachypnoe (26/min).

DD-Vorüberlegungen

Während ich noch Blutdruck und Temperatur messe, lass ich mir schon mal durch den Kopf gehen, was ich da gerade gehört habe. 35–42 Tage seit der letzten Periode ist schon ganz schön lang, also denke ich erst mal in Richtung Schwangerschaft. Dann könnte sich das jetzt gut und gern um eine Abortblutung handeln. Beim Abort wird der Fet zusammen mit Teilen der Plazenta unter geburtsähnlichen Zeichen (Wehen, Schmerzen, Blasensprung, Blutung etc.) ausgestoßen. Die Diagnose wird anhand von Schwangerschaftstest im Urin bzw. Blut und Ultraschall gestellt.

Möglich wäre auch eine **Extrauteringravidität (EU)** – wie der Name schon sagt, entwickelt sich die Schwangerschaft hier außerhalb des Uterus. Dabei kann sich die Frucht quasi überall eingenistet haben – in den Tuben, auf den Ovarien, ja sogar im Peritoneum (Bauchhöhlenschwangerschaft). Das geht auf Dauer nicht nur für den sich entwickelnden Embryo schlecht aus, sondern kann auch das Leben der Mutter gefährden, beispielsweise wenn die Tube, die sich der Unglückswurm als Nistplatz auserkoren hat, rupturiert (Tubarruptur). Die EU wird bei positivem Schwangerschaftsnachweis sonographisch diagnostiziert, dabei ist häufig intrauterin keine dem Alter der Schwangerschaft entsprechende Fruchthöhle mit Dottersack und/oder Embryo darzustellen. Die befindet sich statt dessen oft median der Eierstöcke im Verlauf der Tuben, bei einer Schwangerschaftsdauer von mehr als sieben bis acht Wochen und intakter Gravidiät sogar mit Embryo und z.T. mit Herzaktionen …

Diagnose Patient 9: Subakute sklerosierende Panenzephalitis.

Aber natürlich könnte es auch eine ganz banale **Appendizitis** bei bekannten **Zyklusstörungen (Oligomenorrhoe)** sein, dafür spräche ja nicht zuletzt das Gesetz der Serie: Die hatten wir heute Morgen doch schon einmal …

Oder sie könnte ja wieder eine **Adnexitis** haben, bei der Anamnese – mal die Entzündungszeichen abwarten.

Da die Schmerzen so plötzlich aufgetreten sind, könnte es sich auch um eine **Stieldrehung (Volvulus)** des Ovars nach Zystenbildung im Ovar handeln. Kann die Abklemmung der versorgenden Gefäße oder aber auch des eigenen Lumens mit Strangulation und Nekrose zur Folge haben. Auch hier wäre der Ultraschall wegweisend.

Körperlicher Befund

Die Frau ist blass, das kann man trotz ihrer dunklen Haut gut erkennen. Bei der Palpation des rechten Unterbauches zeigt sie eine deutliche Abwehrspannung der Bauchdecke, nach Druck auf den linken unteren Quadranten gibt sie Loslass-Schmerz an, der sich nach rechts projiziert. Das Rovsing-Zeichen ist negativ, das Psoaszeichen nur angedeutet positiv. Die transvaginale Palpation zeigt Portioschiebeschmerz, außerdem ist rechts im tuboovarialen Bereich eine weiche, ebenfalls schmerzhafte Masse tastbar.

Das Abdomen ist etwas aufgetrieben, die Darmgeräusche sind sehr schwach. Die Patientin kann sich an keine Unregelmäßigkeiten oder Blutbeimengungen im Stuhl erinnern.

Jetzt sind angesagt: Schwangerschaftstest im Urin, Blutbild mit E'lyten, Blutgruppen- und Serum-HCG-Bestimmung, abdomineller und transvaginaler Ultraschall und – weil ich doch am ehesten an eine Extrauterinschwangerschaft denke – auch eine Laparoskopie. Früher hätte man hier den Douglasraum punktiert, was aber wesentlich komplikationsträchtiger ist als die Pelviskopie. Außerdem kann man, je nach Befund, Laparoskopie auch zur Therapie nutzen.

Untersuchung & Ergebnisse

Der wichtigste Befund zuerst: Im Urin findet sich HCG – sie ist schwanger. Blutgruppe 0 Rh positiv, Hb 11,1 g/dl, Leukos 14 800, Serum-HCG deutlich erhöht. Der transvaginale Ultraschall zeigt einen leeren Uterus mit hoch aufgebautem Endometrium und in der aufgetriebenen rechten Tube eine Fruchtblase. So einfach ist das, Volltreffer! Außerdem sieht man freie Flüssigkeit im Douglasraum in der Vaginalsonographie dorsal des Uterus.

Diagnose

Therapie & Komplikationen

Also ab in den OP. Dort wird die Diagnose durch therapeutische, operative Laparoskopie gesichert und das Schwangerschaftsprodukt aus der Tube entfernt. Es gelingt trotz diversen Verwachsungen nach Adnexitis, den Eileiter zu erhalten und nach Eröffnung das Schwangerschaftsprodukt in toto zu entfernen. Anschließend wird ausgiebig der Situs gespült und das letzte Blut aus der Bauchhöhle abgesaugt.

In ganz akuten Fällen ist eine Laparotomie indiziert. Je nach Familienplanung kann man versuchen, die Eileiter zu erhalten. Dann besteht jedoch ein Rezidivrisiko für eine erneute EU von 1 : 3. Bei nicht rupturierter Tubargravidität kann ein konservativer Abortversuch mit dem Zytostatikum Methotrexat unternommen werden. Alles unter klinischer Beobachtung natürlich.

Außerdem sollte bei der Patientin im Anschluss an die Operation mehrfach eine Kontrolle der HCG-Werte im Serum erfolgen, um sicherzugehen, dass bei Salpingotomie (im Gegensatz zur Salpingektomie) keine Schwangerschaftsreste im Abdomen verblieben sind.

Weitere Infos

Zu den Faktoren, die im Allgemeinen zu einer Extrauteringravidität prädisponieren, zählen frühere EU (Alarmglocken läuten), vorausgegangene Adnexitis, Z.n. Sterilitätsbehandlung, herkömmliche (nicht hormonhaltige) Intrauterin-Pessare. Einen oder mehrere dieser Risikofaktoren findet man in der Anamnese von 75 % der Frauen mit EU. Also fragen, fragen, fragen …

Also, Jungs und Mädels, jetzt dürfen Robert und Mahatma zeigen, was sie so drauf haben. Meinereiner schaut zu, dass er hier Land gewinnt. Das ist das wunderbare Privileg, wenn man einen Nachtdienst hinter sich hat: Um zwölf kann man am nächsten Tag die Fliege machen! Jetzt ist es zwar schon halb zwei, na – so ist es irgendwie immer.

Aber trotzdem noch besser als nix, oder? Also adios, amigos, bis morgen!
Auf dem Heimweg beschließe ich spontan, nochmal kurz auf ein paar Bahnen ins Wasser zu springen, bevor es dann zum gemütlichen Nickerchen nach Hause geht. Leider ist schon Nachmittag und das Hallenbad nur unwesentlich von kreischenden Kids überfüllt. „Na, Augen zu und durch", denke ich noch, da ramme ich im Wasser schon die erste Lady, die da mit geblümter Bademütze gemütlich ihre Runden zockelt. Ich dreh mich um und nuschele eine Entschuldigung, aber die Frau hört mir gar nicht zu. Entgeistert starrt sie mich an und tönt überrascht: „Homa, bist du das? – Ich fass es nicht!" Kenn ich die? Eine Patientin? Aber die würde mich doch nicht beim Vornamen nennen, oder? Erst als sie das geblümte Monstrum vom Kopf nimmt, fällt es mir wie Schuppen von der Glatze: Rabarbara! Sie saß in der neunten und zehnten Klasse immer einen Tisch vor mir. Es folgt das übliche Geklöne, wer was warum macht oder auch nicht ... als ich ihr von meinem Job am Krankenhaus erzähle, kriegt sie prompt einen etwas leidenden Zug um den Mund – und schwupp zeigt sie mir ihr Ohr.

Patientin 11

Anamnese & Befund

Sie hat so einen widerlichen Juckreiz im Ohr, besonders links. Dabei tut es auch noch sauweh, wenn man drankommt, und manchmal suppt es auch ein wenig aus dem Ohr. „Deshalb hab ich mir auch extra dieses Ungetüm von meiner Tante ausgeliehen", sagt sie und deutet auf das exquisite Blumenteil in ihrer Hand. „Oder glaubst du, so was würde ich normalerweise tragen?" Okay, das sitzt. Pflichtschuldigst höre ich ihren Klagen weiter zu: Beim Kauen tut es auch weh, und sie hört links etwas schlechter als rechts. Das Ganze geht jetzt seit gut zwei Tagen so. Kein Schwindel, kein Erbrechen, kein Tinnitus, und auch an einen Infekt der oberen Atemwege kann sie sich in letzter Zeit nicht erinnern. Fieber habe sie keines.

DD-Überlegungen

An oberster Stelle stehen eine Mittel- und Außenohrentzündung; zu Deutsch: **Otitis media** und **Otitis externa**. Noch aus der Schulzeit erinnere ich mich dunkel, dass sie öfter mal wegen ihrer Psoriasis gehänselt wurde. Daran laboriert sie immer noch von Zeit zu Zeit rum, bestätigt sie. Das erhärtet den Verdacht auf Otitis externa, die kommt nämlich dabei häufiger vor. Außerdem: Nach dem Baden aufgetretene Ohrenschmerzen sind typisch für eine Gehörgangsentzündung. Eine **Mastoiditis** oder **Osteomyelitis** wäre theoretisch auch möglich; aber dann wäre sie wohl wesentlich kränker, mit Fieber und so, und würde sich nicht im Hallenbad rumtreiben.

Untersuchungen & Ergebnisse

Tragusdruckschmerz, der Gehörgang ist – von außen schon gut erkennbar – ödematös geschwollen. Da sie sonst keine Begleiterkrankungen hat, ist ein Labor mit BB eigentlich nicht unbedingt nötig. Aber bevor man was wirklich Aussagekräftiges von sich geben kann, sollte man mindestens mal das Trommelfell angeschaut haben. Leider habe ich keinen Ohrspiegel in der Badehose …

Diagnose

____

Therapie & Komplikationen

Die Therapie besteht in der lokalen Gabe von Kortison und antibiotikahaltigen Ohrentropfen oder Ohrensalbe.

Weitere Infos

Bei einer Otitis externa sind häufig Keime wie Pseudomonas aeroginosa, Staphylococcus aureus, Proteus mirabilis etc. etc., manchmal sogar Pilze am Werk. Schwimmer sind häufiger betroffen. Prädestinierend ist auch das Rumpopeln und Stochern mit mehr oder weniger ins Ohr passenden Gegenständen. Dies führt, durch den Abrieb des Zerumens, ebenfalls zur Entzündung. In seltenen Fällen und häufiger bei Diabetikern kann es durch Befall mit Pseudomonas zu einer malignen Otitis externa kommen. Mit der möglichen Folge einer Fazialisparese, einer Osteomyelitis mit fortgeleitetem Infekt bis hin zu Meningitis, zerebralem Abszess und Sepsis.

Diagnose Patientin 10: Rupturierte Extrauteringravidität in der rechten Tube.

Nachdem ich ihr das alles in groben Zügen erklärt habe, bleibt nur noch die Empfehlung, das Ohr mal einem HNO-Arzt zu präsentieren, der dann eine vernünftige Therapie einleiten kann. So lange sollte sie lieber auch dem Schwimmbad fern bleiben, kunstvoller Turban hin oder her. Ansonsten reichen mir die Krankengeschichten für heute. Ich wünsch ihr noch schnell gute Besserung und tauche ab ...

▸▸ Was habe ich heute gelernt?

- Kawasaki-Syndrom ▸ Vaskulitis der kleinen Gefäße
- Wernicke-Korsakoff-Syndrom (WKS) ▸ **W** für Ver**W**irrung und **K** für **K**onfabulationen!
- Schlafapnoe-Syndrom ▸ chronisch tagsüber müde und abgeschlagen kann ein Hinweis sein
- Pneumothorax ▸ idealer Kandidat für den Spontanpneu: jung, männlich, schlank, Raucher ...
- Tetanus neonatorum ▸ (Hausgeburten) unter nicht sterilen Bedingungen
- Folsäuremangel ▸ kann man leicht mit Vitamin-B_{12}-Mangel verwechseln
- Appendizitis ▸ der Schmerz kann wandern! Von umbilikal nach rechts unten
- Kahnbeinfraktur ▸ Inline-Skaten ohne Handgelenks-Protektoren ist einfach BLÖD!
- Subakute sklerosierende Panzenzephalitis ▸ Masernimpfung ist echt kein Luxus
- Eileiterschwangerschaft ▸ besonders gefährdet sind Frauen nach Adnexitiden
- Otitis externa ▸ typisch nach dem Baden oder Schwimmen

Diagnose Patientin 11: … aber so, wie sie ihre Beschwerden schildert und wie es aussieht, würde ich auf eine Otitis externa setzen.

DONNERSTAG

Meine erste Patientin an diesem Morgen ist eine 22-jährige Medizinstudentin, die schon ganz früh gekommen ist, damit sie es noch möglichst rechtzeitig zu Vorlesungsbeginn in den Hörsaal schafft.

Patientin 1

Anamnese & Befund

Sie ist etwas verunsichert und hat offensichtlich Bedenken, ich könnte sie für eine leicht hysterische Kandidatin für den Morbus clinicus halten. Eigentlich hätte sie gar keine richtigen Beschwerden, meint sie, bloß ihre Stimme würde bei längerem Sprechen so nasal, und echt blöd wäre, dass sie sich in letzter Zeit ständig beim Trinken verschluckt. Sie habe das Gefühl, sie hätte das gar nicht recht im Griff mit dem Schlucken.

Irgendwie klingelt's bei mir bei der Beschreibung nicht gerade. Das merkt sie wohl und demonstriert mir das Sprechproblem, indem sie mir was vorliest aus ihrem Buch: „Fahrenheit 451" von Ray Bradbury. Und tatsächlich ... nach etwa zwei Minuten nimmt ihre Aussprache einen nasalen Ton an. Mmmmh.

RR 115/75, P 72, Temp. 37,2 °C.

Der körperliche Befund ist unauffällig. Auch neurologisch ist nichts zu vermelden: Kranialnerven alle symmetrisch intakt, Muskeleigenreflexe ebenfalls seitengleich gut auslösbar.

DD-Vorüberlegungen

Eine simple Ursache für das Sprechproblem wären **Nasenpolypen** – die können überall entstehen, wo die Wände mit Mukosa ausgekleidet sind: in den Nasengängen und/oder -nebenhöhlen.

Histologisch sind sie nichts weiter als ödematös aufgetriebene Schleimhaut mit massenhaft eosinophilen Leukos. Als Ursache kommen chronische Reizzustände, wie chronische Sinusitis oder Allergien, in Betracht. Je nach Lokalisation können sie die Nase komplett verstopfen, dann klingt's natürlich auch nasal (Rhinolalie). Die Diagnose wird mittels Rhinoskopie, Röntgen und CT der Nebenhöhlen gestellt.

Bei der **Bulbär- oder Pseudobulbärparalyse** handelt es sich um neurologische Krankheiten, die sich durch beidseitig auftretende Lähmungen im Versorgungsgebiet der Hirnnerven auszeichnen. Blutung, Entzündung, Vererbung, aber auch die Duchenne'sche Muskeldystrophie können eine Bulbärparalyse auslösen, während die Pseudobulbärparalyse meist durch Arteriosklerose der A. basilaris mit Schädigung der Verbindung zwischen Hirnervenkernen und Gehirn ausgelöst wird. Beide zeigen sich bei Beteiligung der entsprechenden Hirnnerven durch Lähmungen und außerdem durch Dysarthrie, Stimmlosigkeit und Problemen beim Schlucken und Kauen. Dagegen spricht jedoch, dass alle Hirnnerven der Kollega durchweg intakt sind.

Eine ziemlich ungemütliche DD wäre die **Myasthenia gravis.** Dabei werden die Acetylcholinrezeptoren der motorischen Endplatten an der Muskulatur durch Autoimmunantikörper vorübergehend blockiert. Deshalb sind die Muskeln weniger leistungsfähig und ermüden schneller, was besonders am Rachen auffällt und bis zu gefährlichen Schluck- und Atemlähmungen führen kann. Dingfest machen kann man die Krankheit durch Nachweis der Autoantikörper im Blut oder durch ein Elektromyogramm.

Und dann gibt's da noch die **symptomatische Myasthenie,** das ist eine Form der Muskelschwäche, bei der die Muskulatur unter Belastung sehr schnell ermüdet. Verantwortlich dafür können Kollagenosen wie Lupus erythematodes, Autoimmunerkrankungen, Virusinfektionen oder bestimmte Medikamente sein.

In diesem Fall bin ich sehr auf die Labordiagnostik angewiesen: Serumtiter der Acetylcholinrezeptor-AK würden für eine Myasthenia gravis, HLA B8 und DR3 für eine symptomatische Myasthenie bei Autoimmunerkrankungen sprechen. An weiteren Untersuchungen ordne ich noch an: EMG mit repetitiver Stimulation, Thorax-Rö und Thorax-CT, um eine mögliche Thymushyperplasie im Mediastinalraum auszuschließen. Im Nasopharynx nach Polypen zu fahnden würde sich auch lohnen – also auch noch ein CT der Nebenhöhlen.

Außerdem ordne ich noch einen ganz eleganten Test an: die diagnostische Gabe von Physostigmin i.v., einem ACh-Esterasehemmer. Wenn sich darunter die Symptome zurückbilden, spricht das schwer für eine Myasthenia gravis.

Untersuchung & Ergebnisse

Und siehe da: Unter Physostigmin liest sie wie eine 1, ohne Punkt und Komma, und auch das Trinken ist kein Problem. Im Thorax-CT erkennt man eine Thymushyperplasie. Das EMG zeigt unter wiederholter Stimulation ein abnehmendes Muskelaktionspotenzial. Serum-Antikörper gegen ACh-Rezeptoren sind erhöht. Die übrigen Untersuchungen sind unauffällig.

Diagnose

____

Therapie & Komplikationen

Antagonisieren lassen sich die Antikörper durch ACh-Esterasehemmer. Auch Kortikoide und Immunglobuline gegen die Anti-ACh-AK helfen symptomatisch. Besser ist es natürlich, wenn man die Quelle der üblen Antikörper kausal angehen kann, wie in diesem Fall: Bei der angehenden Kollegin wird mit Erfolg eine Thymektomie durchgeführt – damit ist sie geheilt. Versäumt man jedoch die Behandlung, drohen Aspiration (Schlucklähmung) und/oder Atemlähmung.

Weitere Infos

In 70 % der Fälle liegt begleitend eine Thymushyperplasie, in 10 % ein Thymom vor. Frauen sind dabei mehr als doppelt so häufig betroffen wie Männer, mit 'nem Altersgipfel so in der zweiten bis vierten Dekade.

Na, das ist ja dann noch mal ganz gut ausgegangen! Für den kleinen Jungen, der im nächsten Untersuchungszimmer bei seinem Papa auf dem Schoß sitzt, sieht's wesentlich düsterer aus ...

Patient 2

Anamnese & Befund

Der Vater stellt seinen vierjährigen Jungen (14 kg) hier vor, weil der schon seit über vier Wochen Fieber und einen breiigen bis dünnen Stuhl hat. Der Hausarzt habe ihm zu Beginn der Beschwerden zwar etwas gegen Durchfall und Fieber gegeben, das habe aber nur bedingt geholfen. Mittlerweile hat der Junge auch ziemlich viel Gewicht verloren.

RR 85/50, P 120, Temp. 38,8 °C.

Der Kleine macht einen kranken Eindruck mit ekchymatösen Augenrändern, trockenen Lippen und niedrigem Hautturgor. Insgesamt wirkt er also reichlich exsikkiert. Bei der Palpation des Abdomens taste ich eine deutliche Raumforderung in der Tiefe des linken oberen Quadranten. Darmgeräusche sind überlebhaft. Das Kind gibt übrigens außerdem allgemeine Muskel- und Gliederschmerzen an.

DD-Überlegungen

Der **Wilms-Tumor** ist ein Nierentumor, der vor allem bei kleinen Kindern zwischen dem dritten und fünften Lebensjahr vorkommt. Dieser bösartige Mischtumor wird meist zunächst als große Raumforderung wahrgenommen und verursacht erst später Blut im Urin, Bauchschmerzen, Gewichtsverlust und Magen-Darm-Störungen. Metastasen dieses Adenomyosarkoms findet man vor allem in den regionalen Lymphknoten sowie in Leber und Gehirn. Diagnose: Palpation, Ultraschall, Röntgen, CT, MRT, Angiographie sowie Urographie.

Ein äußerst bösartiger Tumor des sympathischen Nervengewebes ist das **Neuroblastom** – tritt ebenfalls überwiegend bei Kleinkindern auf, bevorzugt in der Nebenniere. Man unterscheidet das Neuroblastom bei Säuglingen, das Tochtergeschwüre in die Leber, die Haut und ins Knochenmark setzt, sowie dasjenige, das primär im Gehirn auftritt und oft angeboren ist. Zerebral tritt es im Liquorraum auf (Befall von Seitenventrikel und Meningen führen zum Hydrocephalus, aber auch spinal, was eher einen Querschnitt verursacht). Je nach Lokalisation kann der Tumor alle möglichen Symptome machen: Horner-Syndrom, Exophthalmus, Knötchen in der Haut, Schmerzen, Blutarmut, Fieber, Durchfall, Gewichts-

Diagnose Patientin 1: Myasthenia gravis pseudoparalytica bei Thymushyperplasie.

verlust – alles ist drin. Die Diagnose wird mittels Ultraschall, CT, MRT und Nachweis der vermehrten Katecholamin-Abbauprodukte im Urin gestellt.
Das Neuroblastom gehört zu den **PNETs** (primitive neuroektodermale Tumoren) und tritt auch häufig mit anderen PNETs, wie **Ewing-Sarkom**, **Retinoblastom** etc., auf. Also müsste an eine erweiterte Diagnostik gedacht werden!
So. Angesichts dieser Differentialdiagnosen brauch ich zusätzlich zum normalen Labor auch die Katecholamin-Abbauprodukte im Urin und ein CT-Abdomen wegen der retroperitonealen Raumforderung, die ich da getastet habe.

Untersuchung & Ergebnisse

Urin-Katecholamine sind erhöht und das CT-Abdomen zeigt links einen großen adrenalen Tumor. Um Metastasen auszuschließen, wird der Junge noch zum Kernspin und zur Knochenszinti geschickt, die Untersuchungen bringen aber keinen Hinweis auf Metastasierung.

Diagnose

____

Therapie & Komplikationen

Wie bei allen Tumoren, richtet sich die Therapie auch hier nach dem Stadium und der Lokalisation des Tumors. In diesem Fall wird chirurgisch die Resektion mit anschließender Chemo angestrebt. Bei solitär auftretenden Neuroblastomen kommt es sogar manchmal zur Spontanregression. Darauf sollte man aber lieber nicht warten; metastasierte Neuroblastome haben eine denkbar schlechte Prognose!

Weitere Infos

Findet man bei der Chromosomenanalyse eine N-myc-Onkogen-Amplifizierung oder p1-Deletion, ist die Prognose schlecht.

So, jetzt muss aber ein Kaffee und irgendwas gegen die Unterzuckerung drin sein, die sich langsam bei mir breit macht ...
Im Aufenthaltssraum treffe ich August, der wohl von ähnlichen Gelüsten getrieben wird. Als er mich sieht, grinst er breit. „Hi, gut, dass du

gerade kommst. Drüben in der 3 sitzt so ein älterer Herr, klagt über Muskelschwäche in den Beinen und so, also wahrscheinlich irgend so was Neurologisches. Hast du 'n Moment Zeit? Den würde ich mir gerne mit dir zusammen angucken ..." Als ob Neuro mein Spezialgebiet wäre – aber wahrscheinlich sehen vier Augen ja mehr als zwei, und August ist schon ein netter Typ, da will ich mal nicht so sein. Aber erst der Kaffee und eine halbe Semmel – Watt mutt, datt mutt!!

Patient 3

Anamnese & Befund

Im Untersuchungszimmer erwartet uns ein 69-jähriger Mann, der einen Gesichtsausdruck hat, als sei er gewohnt, dass die Dinge nach seinem Gusto laufen. Allerdings wirkt er irgendwie zu schmächtig für seinen Nadelstreifenanzug.

Nicht schlecht getippt: Wir machen die Bekanntschaft des ehemaligen Chefs der hiesigen Betonwerke. Er klagt über zunehmende, ungleichmäßige Muskelschwäche insbesondere der unteren Extremitäten. Diese neigen auch verstärkt zu Krämpfen. Früher habe er regelmäßig gejoggt, dazu sei er aber in den letzten Monaten eindeutig zu schwach. Außerdem habe der Umfang seiner Oberschenkel beträchtlich abgenommen. In letzter Zeit falle es ihm immer schwerer, richtig zuzugreifen, eine völlig neue Erfahrung für ihn, der Zeit seines Lebens ein schwer zu bremsendes Energiepaket war. Insgesamt hätten sich seine ganzen Bewegungsabläufe verlangsamt, auch in der oberen Extremität.

RR 150/85, P 76, Temp. 37,0 °C.

Die Sensorik ist völlig normal. Stuhlgang und Wasserlassen bereiten keine Probleme. Auch bei der Hirnnerven-Untersuchung gibt's nix Auffälliges. Wohl aber bei den Extremitäten: Faszikulationen im Bereich beider Unterarme, herabgesetzter Bizepssehnenreflex beidsseits, in der unteren Extremität zeigt sich eine gewisse Spastik mit erhöhten Reflexen und positivem Babinski. Alles in allem passt das wohl zu einer Läsion im zweiten Motoneuron.

Diagnose Patient 2: Neuroblastom mit Sitz in der linken Nebenniere.

DD-Überlegungen

Mein erster Tipp wäre die **myotonische Dystrophie.** Das ist eine autosomal dominant vererbbare Erkrankung der gesamten Muskulatur, die vor allem Erwachsene betrifft, selten aber auch Kinder befallen kann. Dabei wird die Muskulatur beginnend an den Beinen immer schwächer, außerdem werden Muskelgruppen an Gesicht, Armen, Händen und Hals atrophisch. Auch die glatte Muskulatur kann mitbetroffen sein, was natürlich zu Problemen beim Schlucken, bei der Verdauung, am Herzen und im endokrinen System führen kann. Psychische Veränderungen mit starken Depressionen sind eigentlich die Regel, was kein Wunder ist: Eine Kausaltherapie gibt es nicht, die Leute sterben irgendwann meist an Herzversagen. Die Diagnose wird durch Muskelbiopsie gesichert.

August steuert die **amyotrophische Lateralsklerose** bei, da degenerieren das erste und zweite Motoneuron, die Ursache ist meist unklar. Die Patienten sind größtenteils über 40 und klagen über Lähmungen, Muskelatrophien, Spastiken, Krämpfe und in besonders schweren Fällen über Atemlähmungen. Diagnostisch wegweisend sind die bei der Untersuchung gesteigerten Reflexe, die eventuell wieder vorhandenen Pyramidenbahnzeichen und atrophe Muskelgruppen. EMGs zeigen typischerweise Faszikulationen bzw. Muskelfibrillieren. Die Muskelbiopsie ergänzt die Diagnostik, da sieht man die durch Ausfall der versorgenden Nerven bedingte Muskelatrophie.

Ansonsten fällt uns noch die **Encephalomyelitis disseminata** ein, auch bekannt als Multiple Sklerose (MS). Wahrscheinlich eine autoimmune oder virale Erkrankung, bei der – entsprechende genetische Disposition vorausgesetzt – die Markscheiden der Oligodendrozyten degenerieren. Das klinische Bild ist uneinheitlich. Betroffene berichten oft über asymmetrische, vorübergehende Taubheitsgefühle und Kribbelparästhesien, die den motorischen und optischen Symptomen manchmal Monate bis Jahre vorausgehen. Aber auch andere Symptome sind möglich. Häufig ist die periventrikuläre Region befallen. MS verläuft anfallsweise, meist in Schüben mit Teil- oder Vollremission, selten auch in schnell progressiver Form. Im C-CT und MRT erkennt man die diagnostisch wegweisenden Läsionen in der weißen Substanz, zusätzlich sichert die seitenvergleichende Messung der Nervenleitgeschwindigkeit die Diagnose.

Aufgrund dieser Überlegungen sind folgende Untersuchungen angesagt: EMG mit Messung der Nervenleitgeschwindigkeit im Bereich der oberen und unteren Extremität, außerdem ein CT und/oder MRT vom Schädel und der gesamten Wirbelsäule. Am besten auch noch eine Lumbalpunktion mit Liquoruntersuchung und eine Muskelbiopsie.

Untersuchung & Ergebnisse

Bei diesem Patient ist die EMG-Untersuchung normal ausgefallen und auch die Nervenleitgeschwindigkeit ist unauffällig, CT und MRT ebenso. Die Liquoruntersuchung ergibt nur leicht erhöhte Proteine. Mikroskopisch lassen sich in der Muskelbiopsie neue Verästelungen der zweiten Motoneurone feststellen, die sozusagen die abgestorbenen Neuronen ersetzen sollen.

Diagnose

____

Therapie & Komplikationen

Die Therapie ist symptomatisch: Krankengymnastik und Orthesen, beispielsweise Schienen, damit die Zehen nicht schleifen ... die Muskelkraft lässt halt nach. Eine echte Kausaltherapie gibt's leider nicht. In fortgeschrittenen Fällen kann man Parasympatholytika gegen den Speichelfluss geben, da mit nachlassender Muskelaktivität auch das Schlucken immer schwerer fällt und die Patienten buchstäblich zu sabbern anfangen. Da der Untergang der Motoneurone immer weiter fortschreitet, sterben die Patienten meist schon innerhalb weniger Jahre an Atemlähmung oder Aspiration. De facto überleben nur 20 % der Erkrankten die ersten fünf Jahre nach Ausbruch der Krankheit.

Weitere Infos

Ätiologisch wird eine Assoziation mit einer vorausgegangenen viralen Infektion postuliert. Sicher ist das aber noch längst nicht. Vom Untergang betroffen sind die Vorderhornzellen (erstes Motoneuron) und die zweiten Motoneurone des Tractus corticospinalis. Männer sind häufiger betroffen als Frauen.

Na, das war doch ein ziemlich erfolgreicher Fall von Brainstorming und Teamwork ... „Never change the winning team", sage ich da bloß. Schwester Irmgard sieht das anders: „Sagt mal, geht's noch? Das Wartezimmer platzt aus allen Nähten und ihr gebt hier das doppelte Lottchen? Nu macht aber mal ein bisschen hinne ... " Bevor ich was entgegnen kann, seh ich gerade noch den Oberarzt um die Ecke biegen. Ohne weiteren Kommentar schnappen August und ich uns die nächsten Akten und verschwinden in den Untersuchungszimmern – jeder für sich.

Patientin 4

Da sitzt mir Franzi die Zweite gegenüber: eine 31-jährige, athletische Frau, die wettkampfmäßig Schwimmsport betreibt und gerade mitten in den Vorbereitungen für die Qualifikationswettkämpfe für die Landesauswahl steckt. Aber irgendwie ist in den letzten Tagen der Wurm drin: Seit ungefähr einer Woche fühlt sie sich unerklärlich müde und abgeschlagen, gestern vormittag musste sie das Vormittagstraining sogar wegen Erschöpfung abbrechen. Am Nachmittag im Kraftraum war sie auch alles andere als spritzig. Vor allem morgens fühle sie sich auch ziemlich elend, tagsüber ginge es dann besser. Erbrechen wird verneint.
RR 120/80, P 43, Temp. 37,2 °C.

DD-Vorüberlegungen

Erst mal die üblichen Verdächtigen: Frauen mit ihrer periodischen Monatsblutung sind perfekte Kandidaten für eine **chronische Eisenmangelanämie.** Tritt aber normalerweise nicht so plötzlich in Erscheinung wie bei der Schwimmerin hier, sondern entwickelt sich über einen längeren Zeitraum. Als Sportlerin im Training achtet sie bestimmt auf eine ausgewogene Kost, da ist **Vitaminmangel** auch nicht so wahrscheinlich. Möglich wäre natürlich irgend ein **banaler Infekt.**
Verminderte Leistungsfähigkeit und subjektive Abgeschlagenheit können auch auf einer saisonalen oder – je nach Allergenspektrum – perennialen **Allergie** beruhen, weil unter der Anschwellung der Schleimhäute bzw. der vermehrten Verschleimung der Atemwege die Sauerstoffaufnahme leidet.
Was auch noch ganz gut passen würde, wäre eine **Schwangerschaft**. Ist eine Frau schwanger, verändern sich zunächst vor allem

die Uterusschleimhaut und der Hormonhaushalt, was weit reichende körperliche und psychische Folgen hat. Sicher nachweisen lässt sich die Schwangerschaft mit einer Ultraschalluntersuchung. Da kann man ab der sechsten Schwangerschaftswoche (SSW) nach Beginn der letzten Regel Herzaktionen und etwas später auch die Bewegungen des Feten sehen. Unsichere Schwangerschaftszeichen beruhen im Großen und Ganzen auf Veränderungen des mütterlichen Organismus, wie zum Beispiel morgendliche Übelkeit, Ausbleiben der Regelblutung, HCG-Nachweis im Urin, Gewichtszunahme.

Anamnese & Befund

Die letzte Periode ist jetzt knappe neun Wochen her, das sei aber nicht ungewöhnlich, erklärt mir die junge Frau: Je nach Trainingsintensität hatte sie schon öfters mal Aussetzer bei der Regelblutung. Mit ihrem Partner verhütet sie mit dem Coitus interruptus. Bei der körperlichen Untersuchung fallen prall-elastische Brüste mit leichtem Palpationsschmerz auf. Der obere Fundusrand lässt sich oberhalb des Schambeines palpieren. Der gesamte Uterus ist bei der Spekulumeinstellung aufgelockert und rötlich-livide verfärbt (verstärkte Durchblutung) sichtbar, sodass Portio und Corpus uteri sich wie zwei getrennte Strukturen palpieren lassen (Hegar-Zeichen).
Also, bei dem Befund kann man die weitere Diagnostik wohl zunächst auf die HCG-Bestimmung im Urin und die Ultraschalluntersuchung des Uterus beschränken.

Untersuchung & Ergebnisse

Im Urin ist HCG nachweisbar, das ist aber nur ein unsicheres Schwangerschaftszeichen. Nichts mehr zu deuteln gibt es aber beim Ultraschall: Da sieht man den Embryo grade so, wie es sich für die 9. SSW gehört, mit fetalen Herzaktionen und allem drum und dran. Glückwunsch, Mami!

Diagnose

____

Diagnose Patient 3: Amyotrophische Lateralsklerose.

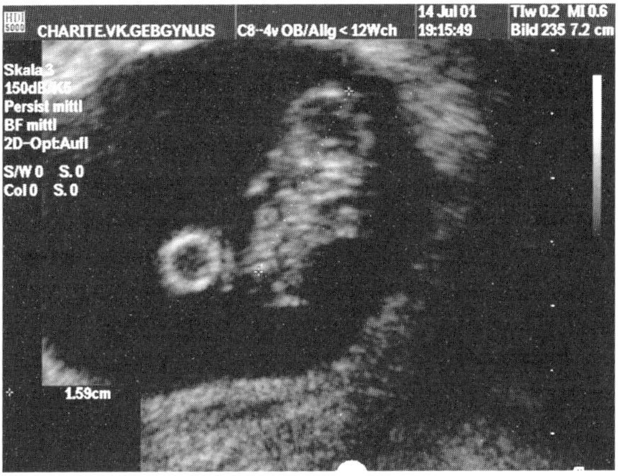

Abb. 19: Embryo in der 9. SSW und Dottersack.

Therapie & Komplikationen

An oberster Stelle steht jetzt die Gesundheit der Mutter und dann die des Kindes. Um die zu gewährleisten, sind jetzt diverse weitere Untersuchungen angesagt: Blutbild, Blutgruppe, Antikörper-Suchtest, der nach irregulären Blutgruppen-Antikörpern fahndet, Anti-Röteln-Titer, VDRL, Abstrich auf Chlamydien, den HIV-Test lehnt sie ab (Test ist nicht in den Mutterschaftsrichtlinien verankert) und zum Ausschluss von Diabetes einen Urin-Stix. Nach der 20. SSW macht man dann noch einen oralen Glukosetoleranztest, aber so lange muss die Mama in spe nicht hier warten – sie darf schon heute wieder nach Hause. Sie guckt noch ein bisschen kariert, mit einer Schwangerschaft hatte sie nicht gerechnet.
Ich sag nur Coitus interruptus! Es spricht sich offenbar einfach nicht rum … Sie bekommt noch einen Haufen Ratschläge mit auf den Weg: regelmäßig zu den Vorsorgeuntersuchungen, ausgewogene Ernährung mit Eisen- und Folsäuresubstitution, kein Alkohol, kein Nikotin oder andere teratogene Drogen. Alles kein Problem, schwerer fällt ihr, zu folgender Empfehlung zu nicken: Sport zwar gerne regelmäßig, aber nur noch moderat. Keine großen körperlichen Anstrengungen mehr: Alles, was sie aus der Puste bringt, lässt auch das Baby um Sauerstoff ringen und ist tabu. Das wird hart. Ach ja, und Flüge möglichst nicht vor der 12. und nach der 28. SSW.

Coitus interruptus – ich fass es nicht! Was lernen die Kids denn heutzutage in der Schule?? Sollte ich vielleicht auch den nächsten Patien-

ten fragen, einen 17-jährigen Gymnasiasten, den's im Gemächt mächtig kribbelt und juckt.

Patient 5

Vor gut einer Woche war er mit ein paar Kumpels auf Bordellbesuch im Bonner Norden, wo er auch gewisse Dienstleistungen in Anspruch genommen hat. Seit einigen Tagen verspürt er nun an seinem Penis so einen Juckreiz, zu dem sich seit gestern auch noch schmerzhafte Bläschen hinzugesellt haben. Mittlerweile haben die sich zu noch schmerzhafteren Ulzerationen entwickelt.
RR 120/80, P 72, Temp. 37,9 °C.

DD-Vorüberlegungen

Na, wenn der sich nicht eine der diversen STDs eingefangen hat: sexual transmitted disease!

Syphilis: harter Schanker, hervorgerufen durch Treponema pallidum. Der sog. Primäraffekt ist ein solitäres, schmerzloses, hoch ansteckendes Ulkus, später auch mit Lymphknotenschwellung, das ohne Therapie nach ca. sechs Wochen abheilt. Ohne Therapie kommt es in ca. 25 % der Fälle zu Stadium II mit Fieber und Ausschlägen, dann zu Stadium III mit Abszess-artigen Gewebszerstörungen der Haut und vieler Organe wie Knochen, Auge, Herz- und Blutgefäße oder Lunge, Leber, Milz etc. Im Stadium I führt man einen direkten Erregernachweis aus dem Ulkus im Dunkelfeldmikroskop und eine Blutentnahme für einen TPHA (Treponema-pallidum-Hämagglutinationstest) durch, der nach ca. vier Wochen positiv wird. Therapie mit Penicillin. Syphilis ist meldepflichtig, bei Therapieverweigerung oder- abbruch auch namentlich!

Ulcus molle: weicher Schanker, ist eigentlich eine (sub-)tropische bakterielle Geschlechtskrankheit, der Erreger heißt Haemophilus ducreyi. In Deutschland tritt das Ulcus molle nur sporadisch auf, ist aber meldepflichtig! Der Name stammt von kleinen, sehr schmerzhaften Ulzera, die nach einer kurzen Inkubationszeit von wenigen Tagen auftreten. In 50 % der Fälle entsteht nach Tagen bis Wochen eine massive regionale Lymphknotenschwellung. Zur

Diagnose Patientin 4: Schwangerschaft.

Diagnostik macht man einen Abstrich vom Ulkusrand, der allerdings nur in einem Drittel der Fälle positiv ist. Therapie mit Ceftriaxon oder Azithromycin.

Herpes genitalis: gehört zu den häufigsten sexuell übertragenen Erkrankungen. Das Herpes-simplex-Virus (HSV) gelangt meist durch Schmierinfektion in den Genitalbereich und befällt dann die Vulva beziehungsweise den Penis. Nach anfänglichem Juckreiz entstehen gerötete Bläschen, die nach einer guten Woche verkrusten und abheilen, ohne bleibende Narben zu hinterlassen. Aber das Virus-Vieh heißt nicht ohne Grund mit Vornamen Herpes: Es ist wie an der Lippe: Hat man sich einmal damit infiziert, wird man es ein Leben lang nicht mehr los. Die Erreger nisten sich dauerhaft in den Ganglien ein und können immer wieder zu akuten Herpes-Schüben führen. Die Krankheit wird über die klinischen Zeichen und über den Erregernachweis diagnostiziert und mit Aciclovir behandelt.

Lymphogranuloma venereum: wird durch Chlamydia trachomatis ausgelöst. Zunächst bildet sich ein schmerzloses Bläschen, das später exulzeriert und nach ca. zwei Wochen wieder verschwindet. Dann dauert es noch ungefähr ein bis vier Wochen, bis man sich dann mit einer sehr dolenten Lymphadenopathie herumschlagen muss. Diagnostik durch direkten Erregernachweis im Giemsagefärben Ausstrichpräparat und durch direkte Immunfluoreszenz aus dem Urethralabstrich. Therapie mit Doxycyclin oder Azithromycin.

Anamnese & Befund

Die Lymphknoten in der Leiste sind geschwollen. Auf dem Penis sieht man mehrere verstreut stehende gerötete Ulzerationen, von denen ich einen Abstrich für die direkte Immunfluoreszenz nehme.

Untersuchung & Ergebnisse

In der direkten Immunfluoreszenz am Ausstrichpräparat vom Bläschengrund Nachweis von HSV-2.

Diagnose

Therapie & Komplikationen

Behandeln läst sich das Ganze mit Aciclovir, bei Aciclovir-Resistenz kann man auf Foscarnet ausweichen. Besser ist natürlich, wenn's gar nicht erst so weit kommt. Liest man schließlich immer wieder, dass man sich lieber nicht auf Sex mit Partnern mit aktivem Genitalherpes einlassen soll. Toller Rat, und so praktikabel. Schließlich tragen die meisten Herpeskranken ja auch immer ein entsprechendes Schild um den Hals – aber im Ernst: Die guten alten Kondome sollte man gerade bei neueren Bekannten echt nicht in der Hosentasche versauern lassen …

Übrigens ist so ein Herpes simplex mehr als nur ein bisschen lästig: Es gibt ernst zu nehmende Komplikationen, beispielsweise die Herpes-Sepsis des Neugeborenen, wenn es sich im Geburtskanal am aktivierten Herpes-2 der Mutter infiziert (Indikation für Kaiserschnitt), HSV-1 kann unbehandelt zur Enzephalitis, zur atypischen Pneumonie sowie zur Ösophagitis führen.

Patient 6

Und pronto geht's weiter: mit einem 16 Monate alten Jungen mit hohem Fieber und Husten, der sich in den letzten drei, vier Monaten offenbar gleich fünf dicke fieberhafte Infekte in Serie eingefangen hat.

RR 90/60, P 138, Temp. 39,8 °C, Tachypnoe 42/min.

DD-Vorüberlegungen

Wenn das Kind so anfällig ist, scheint irgendwas mit der Immunabwehr nicht ganz in Ordnung zu sein.

Es könnte aber auch ein ererbter Antikörpermangel sein: das **Bruton-Syndrom.** Es beruht auf einem X-chromosomal rezessiv vererbten Gendefekt (deshalb erwischt es, wie bei der Hämophilie, fast ausschließlich Jungs) und verursacht eine Agammaglobulinämie, weil die B-Zellen nicht zu Plasmazellen ausreifen und keine Immunglobuline bilden können. Das erklärt erstens die kleinen Lymphorgane des Rachenrings (Mandeln) und zweitens die Tatsache, dass die Betroffenen gegenüber bakteriellen Infektionen so anfällig sind. Prinzipiell kann man bei positiver Familienanamne-

---

Diagnose Patient 5: Herpes genitalis.

se das Ganze schon pränatal mittels Amniozentese diagnostizieren, vorausgesetzt, man hat anhand der familiären Belastung schon einen Verdacht. Wenn nicht, manifestiert sich die Erkrankung meist ab dem sechsten Lebensmonat.

Noch heftiger liegen die Fakten beim **schweren kombinierten Immundefekt (SCID),** der autosomal rezessiv oder X-chromosomal rezessiv vererbt sein kann. Bei den Patienten sind weder die B- noch die T-Lymphozyten funktionsfähig. Die Krankheit kann in verschiedenen Schweregraden auftreten und ruft bereits beim Neugeborenen schwere und außergewöhnliche Infektionskrankheiten hervor. Die Erkrankten fallen außerdem dadurch auf, dass sie weder Lymphknoten noch Mandeln haben. Der Thymus fehlt ebenso. Im peripheren Blut werden keine funktionsfähigen Lymphozyten gefunden und auch die Immunglobuline fehlen meist komplett. Einzige therapeutische Option ist die Stammzellentransplantation, aber auch dann überleben die meisten Kinder das erste Jahr nicht. Zum Glück ist das Ganze ziemlich selten.

Häufiger kommt es vor, dass bereits so Kleine **HIV-infiziert** sind. Das Human Immunodeficiency Virus führt wie bei Erwachsenen zu einer Immunschwäche, die auf dem viralen Befall der T-Helferzellen beruht. Dies prädisponiert sie für viele Infektionskrankheiten, auch durch Pilze und Parasiten, sowie manche sonst seltene Tumorarten. Diagnostiziert wird die Krankheit durch Abgeschlagenheit, Lymphknotenschwellung und häufige opportunistische Infektionen (Candida, Pneumozystis carinii), bei Kindern auch durch Gedeihstörungen sowie durch die abnehmende Zahl der T-Helferzellen im Blut und den Nachweis von HIV-Antikörpern bzw. des Virusgenoms im Blut.

Anamnese & Befund

Die Mutter hält das schreiende, hustende und fiebernde Kind auf dem Arm, das sich sichtlich abmüht mit dem Atmen. Das ist an den deutlich erkennbaren interkostalen Einziehungen während der Inspiration und am Nasenflügelatmen gut zu sehen. Auskultatorisch hört man Rasselgeräusche über der linken Lungenbasis. Bei der Racheninspektion kann ich nur rudimentäre Mandeln entdecken, geschwollene Lymphknoten taste ich auch nicht.

HIV kommt in der Familie übrigens nicht vor, wie meine taktvollen Fragen der etwas pikierten Mutter entlocken.

Folgende Labor-Untersuchungen sind jetzt wichtig: Blutbild, Elektrophorese. Und zur Abklärung der Infektion natürlich

Rö.-Thorax, Blutkultur sowie eventuell Sputumabstrich zur mikroskopischen Untersuchung. Allerdings habe ich so meine Bedenken, ob so ein Zwerg sich tatsächlich Sputum entlocken lässt, na, mal sehen …

Untersuchung & Ergebnisse

Leukos 18 000, Lymphos normal, aber IgG unter 1g/dl (normal 7–16 g/dl), IgM, IgE und IgA sind praktisch nicht nachweisbar. Dabei ist der Kleine für eine transiente Hypogammaglobulinämie des Säuglingsalters eigentlich schon zu groß. Der linke Lungenunterlappen weist auf der Röntgenaufnahme ein dichtes Infiltrat auf.

Diagnose

Therapie & Komplikationen

Zunächst einmal wird die Pneumonie entsprechend der Blutkultur antibiotisch behandelt. Zusätzlich muss das Kind regelmäßig mit Immunglobulinen versorgt werden. Dazu erhält es monatlich 400 mg/kg Immunglobuline i.v. Man muss den Spiegel allerdings regelmäßig kontrollieren, damit die Werte bis zur nächsten Gabe nicht zu tief sinken. Sonst kann man entweder das Intervall oder die Dosierung anpassen.

Bei künftigen Infekten sollte man möglichst rasch und großzügig antibiotisch behandeln.

Weitere Infos

Während der ersten sechs Lebensmonate ist das Kind durch transplazentar übertragene mütterliche Immunglobuline geschützt. Aber mit Abklingen dieses „Nestschutzes“ kommt es zu rezidivierenden bakteriellen Infektionen. Die fehlende Entwicklung der B-Zellreihe beruht auf einem Defekt einer Tyrosin-Kinase, welche eine Signal-übertragende Rolle innerhalb der B-Zellgenese besitzt. Wichtig: Diese Kinder sollten keinesfalls Polio-Lebendvakzine erhalten! Auch andere Lebendimpfungen sind völlig kontraindiziert.

Der Nächste bitte!

Patientin 7

Anamnese & Befund

Eine 18-jährige Physiotherapieschülerin klagt über starkes, anfallartiges Herzrasen. Die Attacken kommen in unregelmäßigen Abständen auch während körperlicher Ruhe und verschwinden genauso plötzlich. Ihr wird dabei nicht schwindelig und sie verspürt auch keinen Thoraxschmerz.

RR 120/80, P 76, Temp. 37,0 °C.

Der körperliche Befund samt Thoraxauskultation ist unauffällig. Außerdem war sie pumperlsgesund in letzter Zeit, keine Virusinfekte, nichts. Medikamente nimmt sie daher auch keine, nicht mal die Pille.

Während ich die Lady zum EKG und zum Herzecho schicke, strenge ich mal wieder meine grauen Zellen an:

DD-Vorüberlegungen

Paroxysmale (= anfallartige) Extrasystolen: Ohne ersichtlichen Grund schießen plötzlich zusätzliche Herzaktionen in den normalen Grundrhythmus ein. Sie können von der Herzkammer oder von den supraventrikulären Leitungsbahnen aus getriggert werden und einzeln oder zu mehreren, gegebenenfalls auch in regelmäßigen Zyklen, auftreten. Erkennbar wird eine Extrasystolie an den spezifischen Veränderungen im EKG.

Die **Myokarditis** ist eine Entzündung des Herzmuskels, die rheumatische, infektiöse (durch Viren, Bakterien oder Parasiten), allergische oder auch gar keine erkennbare Ursache haben kann. Die Patienten zeigen Herzrhythmusstörungen und Palpitationen, sind wesentlich weniger belastbar als sonst, unruhig und kurzatmig und haben manchmal Thoraxschmerzen. Anamnestisch gibt es übrigens bei rund jedem Zweiten pulmonale Infekte innerhalb der letzten sechs Monate. Oft spüren sie von der Entzündung aber auch gar nichts. Das kann dann durchaus gefährlich werden und einen ernst zu nehmenden Grund für einen plötzlichen Tod aus scheinbar völliger Gesundheit heraus darstellen (... kann man in der Yellow Press ganz schöne Schauergeschichten zu nachlesen!). Meist sind Verlauf und Prognose jedoch gutartig, selbstlimitierend und klinisch inapparent. Der Kardiologe kann durch die Beurteilung von Herzgeräuschen, EKG, Herzsono und klinischen Zeichen der Herzinsuffizienz auf eine Myokarditis schließen. Durch Schonung kann die Entzündung ausheilen, gegebenenfalls können

Medikamente die Ursache beheben. Folgeerkrankungen wie Herzinsuffizienz oder Arrhythmien müssen natürlich auch behandelt werden.

WPW: Die Abkürzung steht für das **Wolff-Parkinson-White-Syndrom,** bei dem eine zusätzliche Leitungsbahn tachykarde Episoden provozieren kann. Die meiste Zeit sind die Patienten jedoch im Allgemeinen asymptomatisch. Im EKG ist die PQ-Zeit verkürzt, während der QRS-Komplex im Anfangsabschnitt als sog. Delta-Welle verbreitert ist.

Koronarinsuffizienz bezeichnet die zu geringe Durchblutung der Herzkranzgefäße, wodurch das Herz nicht mehr ausreichend mit Sauerstoff versorgt wird. Fast immer sind atherosklerotische Veränderungen, seltener thrombotische Gefäßverschlüsse (Pille + Rauchen) die Ursache für die Entstehung der primären Verengung der Koronargefäße. Kongenitale Anomalien, spontane Dissektionen oder Bindegewebserkrankungen können rein theoretisch auch zugrunde liegen, aber das sind Raritäten. Dagegen beruht eine sekundäre Koronarinsuffizienz auf Ursachen, die nicht direkt in den Koronarien liegen, also wenn beispielsweise das Blut an sich zu wenig Sauerstoff enthält, ein Schock vorliegt oder der Herzmuskel selbst viel zu viel Sauerstoff benötigt, beispielsweise bei Myokardhypertrophie, Tachykardie. Symptome respektive Komplikationen können neben Herzrhythmusstörungen Angina pectoris und in noch fortgeschritteneren Stadien ein Herzinfarkt sein.

Unter dem Begriff **Kardiomyopathie** werden alle Erkrankungen des Myokards zusammengefasst, die mit kardialer Dysfunktion einhergehen. Es gibt eine pathophysiologische Einteilung in dilatativ, hypertroph und restriktiv. Man kann spezifische Kardiomyopathien auch nach ihren Ursachen einteilen:

- entzündlich (Myokarditis, s.o.)
- ischämisch (Koronarinsuffizienz, s.o.)
- valvulär (Herzklappenfehler)
- toxisch (z.B. Alkohol, Doxorubicin)
- idiopathisch (Ursache unbekannt).

Im Überblick die DD der Tachykardie:

Häufigste supraventrikuläre Tachykardien:

- Sinustachykardie (Ursachen: Anämie, Hyperthyreose, Panikattacke, Hypovolämie)

Diagnose Patient 6: Bruton-Syndrom und Pneumonie (Streptococcus pneumoniae).

- Vorhofflimmern, Vorhofflattern (Ursachen: KHK, Mitralklappenvitien)
- ektope atriale Tachykardie (entspricht einer Salve von Vorhofextrasystolen)
- AV-Knoten-Reentry-Tachykardie (kreisende Erregung im AV-Knoten)
- Präexzitationssyndrome über zusätzliche Leitungsbahnen, die den AV-Knoten umgehen (Beispiel WPW-Syndrom)
- Angeboren: Erkrankungen, die einen Myokardschaden oder vorübergehende Ischämie nach sich ziehen (KHK, Myokarditis, Kardiomyopathien), können kreisende Erregungen (Vorhofflattern) oder Ektopien (ektope atriale Tachykardien) begünstigen und sind deshalb als Grunderkrankung bei auftretendem Herzrasen in Erwägung zu ziehen

Zur Diagnosestellung braucht's: Röntgen, EKG, Herz-Echo, Herzkatheter, und wenn das alles noch nicht reicht, auch noch eine Myokardbiopsie.
Wäre die Physiotherapeutin eine herzinsuffiziente Dame, die mit Glykosiden (Digitalis) behandelt wird, käme auch eine **Digitalis-Intoxikation** in Frage. Die kriegt man, wenn man entweder zu viel nimmt (Überdosierung) oder zu wenig rauslässt (Niereninsuffizienz), und macht sich durch Appetitlosigkeit, Erbrechen, Sehstörungen, Halluzinationen und delirartige Zustände bemerkbar. Außerdem können beinahe alle Formen von Herzrhythmusstörungen auftreten.

Untersuchung & Ergebnisse

Das EKG zeigt eine QRS-Verbreiterung (> 0,12 sec) durch eine „eingelagerte" Deltawelle sowie ein verkürztes PR-Intervall (< 0,12 sec). Das Herz-Echo zeigt keine weiteren Vitien bzw. strukturellen Veränderungen. Thorax-Rö. unauffällig.

Diagnose

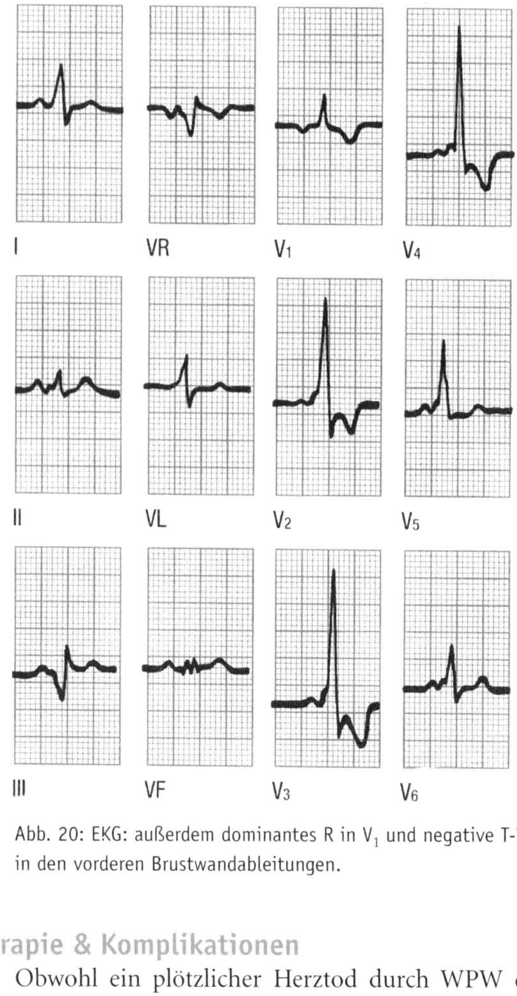

Abb. 20: EKG: außerdem dominantes R in V_1 und negative T-Wellen in den vorderen Brustwandableitungen.

Therapie & Komplikationen

Obwohl ein plötzlicher Herztod durch WPW extrem unwahrscheinlich ist, stellt die Katheterablation eine effektive kausale Therapie dar. Bei akuten tachykarden Attacken hilft Ajmalin bzw. Flecainid i.v. Bei hämodynamisch frustranen Herzaktionen muss man auch schon mal zum Defibrillator greifen. Die häufigste Komplikation ist jedoch das Vorhofflimmern mit 10–30%; deshalb cave: Niemals Verapamil und Digitalis geben! Rezidive nehmen nach Ablation an Häufigkeit ab, je länger die Ablation zurückliegt.

Diagnose Patientin 7: Wolff-Parkinson-White-Syndrom.

Weitere Infos

Eine akzessorische Leitungsbahn (Kent-Bündel) ist dafür verantwortlich, dass Erregungen vom Vorhof aus praktisch eine Art Abkürzung in den Ventrikel nehmen können. Logisch, dass sich Rhythmusstörungen dann aus den Vorhöfen leicht und schnell auf die Kammern übertragen und hier zu ventrikulären Rhythmusstörungen führen. Es gibt auch die Variante, bei der sich die Erregung zunächst antegrad über die normale AV-Leitung ausbreitet, dann aber retrograd über die akzessorische Bahn wieder in den Vorhof zurück führt und den gleich wieder auf Trab bringt. In dem Fall ist das Oberflächen-EKG unauffällig, sprich, die Deltawelle fehlt – tricky für die Diagnose!
Übrigens: 50% der Patienten erleben ihre erste Tachykardie vor dem 20. Lebensjahr.

So, damit hätten wir doch jetzt mal ganz kräftig aufgeräumt im Wartezimmer! Zeit für ein kleines Päuschen!

Patientin 8

Im Schwesternzimmer treffe ich Mahatma, die gerade von einem neuen Krankenblatt aufschaut. „Schau mal, was ich da habe", sagt sie. „Hier begleitet eine Sozialarbeiterin (und Übersetzerin) eine südafrikanische Oma mit ihrer 14 Monate alten Enkeltochter, die wohl schon seit mehreren Wochen Durchfall und Fieber hat. Im Vorbeigehen habe ich die drei gerade drüben sitzen sehen, jetzt guck doch mal selbst: Das Mädel schaut doch nicht aus wie 14 Monate!?" Ich werfe einen flüchtigen Blick auf die ältere Dame, die mit dem Kind auf dem Schoß auf einem dieser unbequemen orangen Plastikstühle im Gang sitzt. Also, ich kenn mich damit ja nicht so aus, aber ich hätte der Kleinen auch noch keine Geburtstagstorte zugetraut ...

Blutdruck hat Irmgard schon gemessen: RR 90/60, P 146, Temp. 39,3 °C.
Ich gebe Mahatma Recht, der Durchfall ist sicher nicht das einzige Problem, mit dem sich das Mädel rumschlägt – mal nachdenken, was könnte das sein?

DD-Vorüberlegungen

Mahatmas erster Vorschlag ist eine **Rotavirus-Enteritis,** in unseren Breiten die häufigste Ursache einer Diarrhö. Da das Ganze bei dem Kind aber schon seit ein paar Wochen läuft, könnte auch eine **Kuhmilchproteinintoleranz** dahinter stecken. Die ist vergleichsweise leicht zu diagnostizieren, indem sich der Zustand des Kindes prompt bessert, sobald man sämtliche Kuhmilchprodukte aus seinem Speiseplan streicht.

Kuhmilch ist zwar die häufigste Ursache einer Nahrungsmittelintoleranz, allerdings können auch andere Nahrungsmittel eine Unverträglichkeit oder Allergie hervorrufen. Ein Sonderfall ist die **Zöliakie** oder glutensensitive Enteropathie, bei der alle Getreidearten, die Gluten beinhalten (Weizen, Roggen, Hafer) eine chronische Entzündung des Dünndarmes hervorrufen und die Zotten atrophieren lassen. Klinisch steht hier die mangelnde Gewichtszunahme im Vordergrund. Es können sowohl Antikörper gegen Gliadin als auch gegen Endomysium im Blut nachgewiesen werden; zur Diagnosesicherung wird meist eine Dünndarmbiopsie durchgeführt.

Aber auch eine **chronische Darminfektion** kann schuld an den Durchfällen sein, beispielsweise durch Lamblien ausgelöst.

Mir steckt der kleine Junge von vorhin mit dem Bruton-Syndrom noch ein bisschen in den Knochen, deshalb fallen mir gleich auch noch die Immun-Geschichten ein, also besagtes **Bruton-Syndrom,** evtl. auch ein **kombinierter Immundefekt** oder natürlich auch eine **HIV-Infektion.** Für Mahatma fasse ich die drei Krankheitsbilder noch mal kurz zusammen, wer sich nicht mehr so genau erinnert, kann ja mal 'ne Seite oder so zurückblättern …

Mit Mahatma zusammen mache ich mich auf den Weg, um das kleine Mädchen zu untersuchen.

Anamnese & Befund

Das Kind kam gesund zur Welt, aber ihre Mutter verstarb bereits neun Wochen nach der Geburt an AIDS, erzählt die Großmama. Auf meine entsetzte Frage, warum denn bei einer HIV-positiven Mutter das Kind nicht bereits perinatal oder postnatal eine Therapie erhalten hat, reagiert die Großmutter ein bisschen vorwurfsvoll. In ihrem Land, wo Bürgerkrieg herrsche, gebe es keine gute medizinische Versorgung. Die Kleine ist deutlich unterernährt und liegt mit ihrer Körpergröße nur ganz knapp über der 3. Per-

zentile. Bei der Untersuchung fallen Hepatomegalie, axilläre, zervikale und inguinale (generalisierte) Lymphadenopathie auf. Außerdem hat sie eine ausgeprägte Kandidose der Mundschleimhaut.
Neben einem Blutbild hätte ich hier auch gerne die Anzahl der $CD4^+$-T-Lymphozyten (Helferzellen) im Verhältnis zu den Suppressorzellen ($CD8^+$), das kann man per Durchflusszytometrie bestimmen. Außerdem natürlich ein HIV-Test (Western-Blot + ELISA, PCR zum Nachweis von HIV-RNA). Und um der Diarrhö auf den Grund zu kommen, sind auch noch Stuhlproben und ein Rachenabstrich angesagt.

Untersuchung & Ergebnisse

Lymphozyten 7000/µl, $CD4^+$ 150/µl, $CD4^+/CD8^+$-Quotient 1,14. Western-Blot, ELISA und die PCR sind allesamt positiv für HIV. Eine $CD4^+$-Zahl unter 200/µl bedeutet, dass das Kind sehr gefährdet für opportunistische Infektionen ist, allen voran Candida albicans und Pneumozystis carinii. Stuhlprobe positiv auf Staphylokokken.

Diagnose

___

Therapie & Komplikationen

Die Therapie hier richtet sich einerseits gegen das HI-Virus, andererseits müssen die Sekundärerkrankungen, wie die Diarrhö, behandelt werden. HIV verfügt über das Enzym reverse Transkriptase, die RNA in DNA zurückschreiben kann, die dann in das Wirtsgenom eingebaut wird. Es ist somit ein Retrovirus. AZT (Azidothymidin) hemmt dieses Enzym. Allerdings reicht meistens ein Medikament nicht aus, man kombiniert mehrere miteinander und gibt einen Proteaseinhibitor dazu. Ziel der Therapie ist es, die Vermehrung des Virus zu hemmen und die Anzahl der $CD4^+$-Zellen anzuheben, eine Heilung allerdings gibt es nicht.
Prophylaktisch braucht die Kleine außerdem Cotrimoxazol gegen Pneumocystis carinii und ein Breitspektrum-Antimykotikum (z.B. Amphotericin B). Das hilft ihr nicht nur, opportunistischen Mykosen vorzubeugen, sondern macht auch dem Soor im Mund den Garaus.

Weitere Infos

Die vertikale Übertragung des HIV (von Mutter auf Baby) kann transplazentar, während der Geburt selbst oder aber auch postpartal durch die Muttermilch geschehen. Routinemäßig werden Schwangere bereits vor der Geburt mit antiviralen Mitteln behandelt, damit die Anzahl der Viren im Blut reduziert wird. Unter der Geburt – man macht in diesem Fall routinemäßig eine geplante Sectio – erhält die Mutter mittels Infusion ebenfalls diese Medikamente, um das peripartale Infektionsrisiko so niedrig wie möglich zu halten. In den ersten vier bis sechs Lebenswochen muss das Kind außerdem eine Kombination aus drei antiviralen Medikamenten erhalten (z.B. Retrovir, Epivir und Crixivan). Damit konnte die vertikale Infektionsrate deutlich gesenkt werden; mittlerweile liegt sie unter 2%.
Schade, dass unsere Patientin nicht in den Genuss dieser Vorsorge gekommen ist. In den Ländern, in denen AIDS am häufigsten vorkommt, (Afrika) gibt es leider keine finanziellen Mittel, diese Therapie allen zukommen zu lassen, das ist mit ein Grund, warum die Krankheit sich dort so sehr verbreitet.

In der Ambulanz ist immer noch alles ziemlich ruhig. Da ergreifen Mahatma und ich doch gleich die Chance und gehen in die Kantine was essen. Am Mittagstisch dreht sich die Unterhaltung um die Medizinausbildung in Deutschland. Dabei drängen sich auch Erinnerungen aus meiner eigenen PJ-Zeit in Bremerhaven auf. Dieser nächste Fall stammt aus jener Zeit ...

Patient 9

Der Patient, um den es sich dreht, war so ein 63-jähriges ostfriesisches Original, ein waschechter Fischköpp. Sein Problem war, dass er nicht einmal mehr in Ruhe vernünftig schnaufen konnte, von Belastung war gar keine Rede. Müde und komplett abgeschlagen fühlte er sich auch. Das Ganze hatte sich so peu à peu über die Jahre entwickelt. Erste Zeichen, dass ihm die Puste ausging, gab's damals nur, wenn er anständig was zu stemmen hatte. Apropos, zu stemmen hatte er in seinem Leben ganz schön: 36 Jahre lang hatte

Diagnose Patientin 8: Vertikale Infektion mit HIV.

er als Werftarbeiter malocht. Allerdings musste seine Werft vor 21 Jahren schließen, seither arbeitete er irgendwo als Pförtner. Seit seinem 14. Lebensjahr rauchte der Mensch über den Daumen gepeilt eine Schachtel Zigaretten täglich – mal mehr, mal weniger. In den letzten zehn Monaten hatte er ungewollt satte acht Kilo abgenommen.
Sein Blutdruck war normal, Puls knapp über 100 pro Minute und die Temperatur so knapp über 37 °C. Atemfrequenz weiß ich noch genau, die war 28, wie ich damals.

Anamnese & Befund

Die Klinik war echt beeindruckend: Uhrglasnägel, die Lippen livide verfärbt, Jugularvenen schon im aufrechten Sitz deutlich sichtbar, also offenbar ein anständig erhöhter Lungenwiderstand. Bei der Auskultation hörte man einen lauten Pulmonaliston; der Oberarzt erklärte mir damals sehr anschaulich, dass das daher kommt, dass die Pulmonalklappe vom hohen Lungenwiderstand heftig zurückgeschlagen wird, mitunter sogar noch vor der Aortenklappe! Über der Lunge knisterte es endinspiratorisch ganz gehörig, wie man das so bei Lungengerüsterkrankungen findet.

DD-Überlegungen

Natürlich habe ich differenzialdiagnostisch mal zuerst auf ein **Bronchial-Ca** getippt, bei dem, was der Mensch so über die Jahre weggeraucht hat, und dann noch der Gewichtsverlust, die Dyspnoe – alles rote Flaggen in Richtung Malignität. Rö.-Thorax, Labor und letztendlich die Biopsie würden die Diagnose sichern. Eine **Herzinsuffizienz,** also z.B. eine koronare Geschichte, würde auch zur verminderten Leistungsfähigkeit mit Dyspnoe führen, allerdings nicht unbedingt zu einem Gewichtsverlust. Bei **chronischen Lungenleiden** kann es zur pulmonalen Kachexie kommen, da ist das Herz auch gelegentlich sekundär mitbeteiligt.
Wenn man dann noch die Arbeit in der Werft mit ins Kalkül zieht, muss man aber auch an ein paar eher berufsbedingte DD denken: Langjähriges Einatmen von Asbeststaub, der typischerweise bei Schiffsbauarbeiten vorkommt, kann nach einer Latenz von bis zu 40 Jahren zur Schädigung der Lunge, einer sog. Lungenfibrose, führen. Dies wird als **Asbestose** bezeichnet. Das könnte bei diesem Mann zutreffen, damals wurde schließlich noch viel mit asbesthaltigen Materialien (Farbe, Dichtungs- und Feuerschutz, Fußbodenbeläge etc.) gearbeitet. So eine Asbestose hat auch ein relativ hohes

Entartungsrisiko, immerhin fördert Asbest die Entstehung eines Lungentumors oder eines Pleuramesothelioms. Zur Diagnose braucht man ähnlich wie beim Bronchial-Ca Anamnese und Rö.-Thorax und letztlich zur Bestätigung eine Biopsie. Wenn nicht an einem Asbest-assoziierten Tumor, sterben die Leute im Rahmen der Hypoxie und der sich entwickelnden Rechtsherzbelastung an kardialer Dekompensation oder Infektionen.

Eine **Silikose** riskiert man durch chronische Inhalation von kieselsäurehaltigem Quarzstaub. Dadurch entsteht, wie bei der Asbestose, eine restriktive Lungenerkrankung durch Fibrosierung des Lungengewebes. Allerdings werden eher Mittel- und Oberlappen nodulär befallen, während sich die Asbestose bevorzugt basisbetont entwickelt. Bei Silikose ist das Risko für Tuberkulose (Silikotuberkulose) kräftig erhöht!

Der Oberarzt ordnete damals eine ganze Latte von Untersuchungen an, erinnern kann ich mich noch an: Lungenfunktion, Blutgase, Diffusionskapazität (Gasaustausch in der Lunge), Röntgenthorax, Bronchoskopie und CT Thorax.

Untersuchungen & Ergebnisse

Im Sputum wurden Asbest-Körper nachgewiesen. Bei der LuFu fand man als Zeichen einer Restriktion eine Reduktion der totalen Lungenkapazität (TLC) und der Vitalkapazität. Ebenfalls war der Gasaustausch von den Alveolen in das Blut sichtbar an der erniedrigten Diffusionskapazität gestört. Dies zeigte sich auch am erniedrigten Sauerstoffpartialdruck unter Raumluft. Abgerundet wurde das Bild durch Rö.-Thorax und CT Thorax mit Fibrosierungszeichen, die basisnah am stärkten ausgeprägt waren und nach apikal abnahmen. Außerdem waren noch ganz typische Asbestose-Zeichen zu erkennen: verkalkte Pleuraplaques sowie die im Endstadium der Lungenfibrose vorkommende Honigwabenstruktur der Lunge.

Diagnose

____

Therapie & Komplikationen

Eine kausale Therapie gibt es für die Asbestlunge nicht, da kann man nur noch versuchen, den Schaden zu begrenzen. Dazu

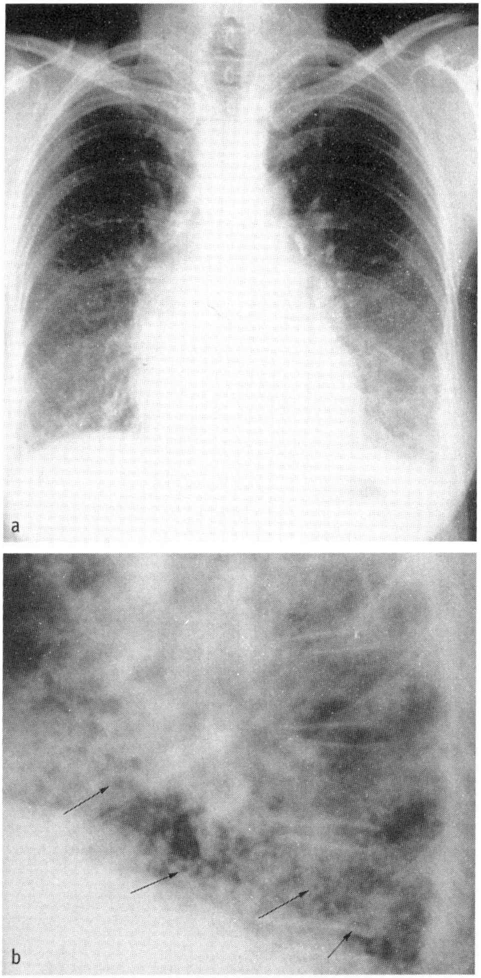

Abb. 21: a) Thorax p.a.: In den Unterfeldern mittelgrobe netzförmige Zeichnungsvermehrung, geringgradiger auch in den Mittelfeldern. Lungengefäße basal kaum abgrenzbar. Milchglasartige Eintrübung der Lungenfelder. b) Thoraxseitbild, in Ausschnittsvergrößerung: supradiaphragmal ausgeprägte honigwabenartige Strukturvermehrung (→). Auf dem Diaphragma und an der Thoraxwand sind keine Verkalkungen nachweisbar.

gehört, dem Rauchen zu entsagen und sich auch sonst möglichst keinen weiteren lungenschädlichen Substanzen auszusetzen. Daneben kann man durch Sauerstoffgabe die Hypoxämie lindern und bei nachgewiesener Rechtsherzbelastung durch Medikamente behandeln.

Trotzdem: Auch ohne Glimmstängel ist das Risiko für Pleuramesotheliom und Bronchial-Ca erhöht. Insgesamt ist die Chance, mit Asbestose ein Plattenepithel- oder Adeno-Ca der Lunge zu kriegen, sechsmal höher als bei einem Nichtraucher. Das Rauchen potenziert dieses Risiko sogar aufs 60fache! Vom Einsetzen der Symptome vergehen dann in der Regel nach der Diagnose eines Tumors keine zwei Jahre bis zum Tod des Betroffenen.

... na ja, der Teil der Arbeit war nu nicht so erfreulich, aber ansonsten war die Zeit da oben im Norden schon klasse. Hab damals in einer Acid-Jazz-Band mitgespielt – RARE FLUID hieß sie. Der Kopf der Band ist heute noch im Musikgeschäft aktiv ..." – Mahatma weiß meine musikalischen Connections offensichtlich nicht zu schätzen, wahrscheinlich steht sie mehr auf Bach-Motetten oder so. Fakt ist auf alle Fälle, dass sie soeben fluchtartig meinen Tisch verlassen hat ...
... Möglicherweise liegt der Grund für ihre Flucht aber auch darin, dass gerade Karl in der Kantine aufgetaucht ist und sich suchend umschaut. Karl ist PJ auf der Chirurgie und ein ziemlich arroganter Schnösel vom Typ „Pappi hat 'ne gut gehende Praxis für Schönheitschirurgie", und sein größtes Problem ist, wenn's anfängt zu regnen und sein Z4 noch mit offenem Verdeck rumsteht. Unwiderstehlich, wie er sich findet, hat er sich in den Kopf gesetzt, bei Mahatma zu landen. Puuh ... gerade macht er unverkennbar Anstalten, sich an meinem Tisch niederzulassen – ich werde sicher gerade dringend in der Ambulanz gebraucht!
Dort hat Moss gerade seinen Dienst begonnen und schickt mich postwendend an die Arbeit. Energisch macht er mich darauf aufmerksam, dass da ein Typ mit schmerzhaft geschwollenem linken Knie und ebenfalls schmerzendem rechten Iliosakralgelenk, schon voruntersucht, im Untersuchungszimmer auf mich wartet.

Patient 10

Anamnese & Befund

29 Jahre ist er alt und sichtlich genervt. Übrigens mal wieder ein Berliner, wie man unschwer hören kann: „Ick schlepp die Kacke jetze schon seit mehr als zwee Wochen rum, wa!", erklärt er mir. „Fieber hab ick, pinkeln brennt wie Hölle unn meene Augen och. Jeder Schritt schmerzt. Meen Kreuz tut och weh. Ick hab die Schnauze voll jetze. Helfense mir."

Diagnose Patient 9: Asbestlunge.

RR 120/80, P 100, Temp. 38,8 °C.
Das rechte Knie ist unauffällig, aber das linke schmerzhaft gerötet, im Seitenvergleich deutlich überwärmt und obendrauf tanzt die Patella, ein deutliches Ergusszeichen. Auch das Iliosakralgelenk (ISG) ist sehr schmerzempfindlich. Konjunktiven und Mundschleimhaut erscheinen entzündlich gerötet.
Da fällt ihm noch ein, dass ihm vor kurzem so komische Schlieren im Urin aufgefallen seien. An Zeckenbisse oder Magen-Darm-Infektionen kann er sich nicht erinnern. Auf mein Nachfragen hin gibt er zu, häufig ungeschützten Sex mit wechselnden Partnerinnen zu haben.

DD-Überlegungen

Dass er sich nicht an einen Zeckenbiss erinnert, schließt eine **Borreliose** nicht aus. Die Lyme-Krankheit, durch Zecken übertragen, führt auch zum entzündlichen Befall der großen Gelenke. Weiterhelfen würde hier der Borrelien-Titer im Blut. Allerdings macht eine Lyme-Arthritis sicher keine Urethritis, ist also doch sehr unwahrscheinlich.
Dass das ISG befallen ist, würde auch zum **Morbus Bechterew** passen, auch als ankylosierende Spondylitis bekannt. Der befällt neben dem ISG auch die Wirbelsäule (Bambusstab). Alter und Geschlecht wären typisch, manchmal (bis zu 30 %) sind auch beim M. Bechterew große Gelenke entzündet. Die Diagnose wird klinisch und durch die typischen Röntgenveränderungen (MRT zeigt zusätzlich Entzündungsaktivität) gestellt. HLA-B27 hilft nur bedingt weiter, da man das beispielsweise auch häufiger bei anderen Erkrankungen, beispielsweise bei Morbus Reiter, findet.
Apropos: Der asymmetrische Befall großer tragender Gelenke würde auch zum **Morbus Reiter** ganz gut passen. Anamnestisch gehört da eine vorausgegangene (Tage bis Wochen) Infektion des Urogenitaltraktes (z. B. durch Chlamydien) dazu oder eine Darminfektion (z. B. Shigellen, Campylobacter, Yersinien oder Salmonellen). HLA-B27 ist dabei wie gesagt positiv, Rheumafaktoren negativ. Außerdem gehören Konjunktivitis, Urethritis, Schleimhautläsionen und Arthritis zum Bild.
Last not least käme natürlich auch eine initiale **rheumatoide Arthritis** in Frage: eine chronisch progrediente, entzündliche Autoimmunerkrankung mit bevorzugt symmetrischem Gelenkbefall an Händen und Vorfüßen. Der sog. Rheumafaktor ist bei dieser Erkrankung oft, jedoch nicht immer positiv. Schwanenhals-

deformation und ulnare Deviation der Finger sind nur zwei von vielen typischen Merkmalen.
Also fordere ich mal folgende Untersuchungen an: BB, BKS, CRP, HLA-B27, Rheumafaktor, Urethralabstrich. Außerdem eine Urinanalyse und natürlich Sonographie und Röntgenaufnahmen von beiden Knien und noch ein Röntgenbild vom Becken.

Untersuchungen & Ergebnisse

Das Blutbild ist völlig normal und Rheumafaktoren sind negativ. Aber Blutsenkung und CRP sind erhöht und HLA-B27 ist positiv. Im Röntgenbild sind die befallenen Gelenke zwar zurzeit noch unauffällig. Könnte ich aber in die Zukunft schauen, könnten sich im Laufe der Erkrankung arthritische Zeichen wie Gelenkspaltverschmälerung, Zystenbildung und sogar Knochendestruktionen bemerkbar machen.
Ach, fast hätt ich's vergessen: Im Urethralabstrich hat sich Chlamydia trachomatis versteckt.

Diagnose

Therapie & Komplikationen

Entzündungshemmung mit nicht-steroidalen Antirheumatika und Kortison. Außerdem Antibiotika gegen die Chlamydien-Infektion, z.B. Azithromycin oder Doxycyclin. Nur bei chronischen Verlaufsformen (in ca. 10%) braucht man eine sog. Basistherapie (z.B. Sulfasalazin). Wenn's irgendwie geht, sollte man auch den oder die Sexualpartner ausfindig machen und behandeln.

Weitere Infos

Das Reiter-Syndrom ist eine Verlaufsform der sog. reaktiven Arthritiden mit der Trias Arthritis, Urethritis und Konjunktivitis. Reaktive Arthritiden treten Tage bis Wochen nach einer Infektion (gastrointestinal, urogenital oder respiratorisch) auf. Die Gelenkentzündungen sind typischerweise asymmetrisch und betreffen nur wenige Gelenke (mono- oder oligoartikulär) häufig der unteren Extremität. Insgesamt ist die Prognose gut, denn ca. 60 Prozent heilen innerhalb eines halben Jahres komplett aus. Rezidive sind jedoch möglich, nur selten gibt es chronische Verläufe mit Gelenkdestruktionen.

An weiteren extraartikulären Manifestationen der reaktiven Arthritiden können z.B. eine Balanitis, verschiedene Hautmanifestionen (z.B. Erythema nodosum, Keratoderma blenorrhagicum), Nierenbeteiligung (Nephritis) auftreten. In ganz seltenen Fällen können auch das Herz (Peri-/Myokarditis), die Gefäße (Aortitis) und die Muskulatur (Myositis) betroffen sein.

Die reaktiven Arthritiden sind mit einer Inzidenz von 40:100 000 relativ häufig. Die Ätiopathogenese ist bisher ungeklärt, wahrscheinlich handelt es sich um eine immunologische Reaktion, die durch Persistenz weniger nicht replikativer Erreger unterhalten wird.

Im Schwesternzimmer steht die Pflege-Praktikantin mit den nussbraunen Haaren – ich kann und kann mir den Namen nicht merken. Sie ist zwar zum Dienst erschienen, aber sichtlich aufgewühlt. „Take That" haben sich aufgelöst und für sie ist eine Welt ins Wanken geraten. „Take that easy", versuche ich zu flachsen, aber der Schuss ging daneben: Dem Mädel schießen die Tränen in die Augen. O Mann!

Bevor ich hier mit meinem Feingefühl noch zu blutigen Taten Anlass gebe, schnappe ich mir lieber die nächste Akte. Ein 46-jähriger Taxifahrer wird doch wohl den Tragödien des Lebens abgeklärter gegenüberstehen, oder?

Patient 11

Anamnese & Befund

Im Untersuchungszimmer finde ich einen Mittvierziger mit wirklich rosiger Gesichtsfarbe. Als ich ihn nach seinen Beschwerden frage, hebt er an zu einem Lamento ohne Punkt und Komma. Zusammengefasst läuft es auf Folgendes raus: Sehstörungen, Kopf- und Gliederschmerzen, Dyspnoe, mitunter Ohrensausen und Sensibilitätsstörungen. Außerdem kann er seit einiger Zeit nicht mehr warm duschen, da sein Körper dann wie verrückt zu jucken anfängt.

RR 175/90, P 84, Temp. 37,2 °C.

Der Mann sieht aus, als hätte er einen Sonnenbrand am ganzen

Körper. Bei der körperlichen Untersuchung fallen ansonsten noch zwei Sachen ins Auge: Erstens lässt sich die Milz deutlich palpieren (Splenomegalie), zweitens hat er klinisch Thrombosezeichen in Form von Waden-, Fersen- und Schienbeinschmerzen sowie 'ne deutliche Überwärmung und Schwellung.

DD-Vorüberlegungen

Bei der **Polycythaemia vera** ist die Zahl der roten und weißen Blutkörperchen sowie der Blutplättchen massiv erhöht. Die Relation der Blutkörperchen untereinander ist normal und das Knochenmark hyperplastisch. Das liegt daran, dass die Ursache der Erkrankung in der malignen Transformation einer pluripotenten hämatopoetischen Stammzelle zu suchen ist mit folglich unkontrolliert wachsenden Zellen aller drei Reihen. Wegweisend in der Diagnostik ist der Knochenmarkausstrich sowie der erhöhte Hämatokritwert; klinisch treten jedoch noch eine ganze Reihe weiterer Symptome auf wie Hautjucken, Haut- und Schleimhautverfärbungen, Depressionen, Hypertonie, Splenomegalie etc. – würde also von der Symptomatik her alles ganz gut passen.

Zu den **Hämoglobinopathien** zählen alle Krankheiten, bei denen kein vernünftiges Hämoglobin gebildet wird (Sichelzellanämie, Methämoglobinämie etc.). Meist liegt das an einem Gendefekt. Unterschiedlich stark ausgeprägt, kommt es zu Hämolyse und Anämien. Weil die Milz der Hauptabbauort der schadhaften Erys ist, schwillt sie gründlich an. Dies würde die Splenomegalie des Patienten erklären. Diagnostik per Hämoglobinelektrophorese und Chromatographie.

Eine **Herzinsuffizienz** liegt vor, wenn das Herz es nicht mehr schafft, ausreichend Blut wegzupumpen. Je nachdem, welche Kammer schlappmacht, unterscheidet man die Rechts-, Links- und die Globalinsuffizienz. Häufig ist sie Folge einer Vorerkrankung des Herz-Kreislauf-Systems (wie Herzinfarkt, Hypertonie, Rhythmusstörungen) und verursacht beim Erkrankten Stauungen und Ödeme, Herzvergrößerung, Tachykardie und Zyanose. Die Diagnose wird gestellt durch klinische Untersuchung, EKG, Herz-Ultraschall, Rö.-Thorax. Ich ordne an: Labor, Blutbild, Blutgasanalyse, Serum-Erythropoetinspiegel, Knochenmarkpunktion, Rö.-Thorax, EKG, Herzecho und Doppler der Beingefäße, um eine Thrombose auszuschließen.

Diagnose Patient 10: Morbus Reiter (reaktive Arthritis).

Untersuchung & Ergebnisse

Die Blutgasanalyse ist normal, aber der Hb ist auf stattliche 22 g/dl angestiegen, bei 18 000 Leukos pro µl. Außerdem ist der Erythropoetinspiegel erniedrigt. Dies schließt eine sekundäre Polyzythämie aus. Außerdem hat er linksseitig eine Unterschenkelthrombose.

Diagnose

____

Therapie & Komplikationen

Aderlässe, Zytostatika, P-32-Therapie, es drohen sonst Thrombo-Okklusionen der Hirnarterien und Übergänge zu leukämischen Erkrankungen. Trotz allem, selbst bei frühzeitiger Therapie haben diese Patienten eine Überlebenszeit nach Diagnosestellung von unter zehn Jahren ...

Weitere Infos

Die Polycythaemia vera ist eine klonale Zellproliferation als Folge einer malignen Transformation einer pluripotenten hämatopoetischen Stammzelle mit Betonung der Erythropoese. Diese Erkrankung gehört in den Formenkreis der myeloproliferativen Erkrankungen und kann später sogar in eine Art akute Leukämie übergehen. Daher wird sie auch mit Chemotherapeutika und in manchen Fällen sogar im Frühstadium mit allogener hämatopoetischer Stammzelltransplantation behandelt. Dies ist die einzige Therapie mit Aussicht auf eine Langzeitremission.

Da bei unserem Patienten durch die Menge an Zellen ein zäheres Blut vorliegt, schafft es das Herz nicht mehr so ganz, effektiv zu arbeiten. Und Bluthochdruck hat er ebenfalls durch die Menge an Zellen, was wiederum seine relative Herzinsuffizienz weiter belastet. Das müssen wir unbedingt abklären, um den Grad besser einschätzen zu können und um nicht noch ein weiteres internistisches Problem zu bekommen wie die Thrombose. Bei diesem Krankheitsbild gibt es häufiger arterielle Verschlüsse, seltener sind venöse Thrombosen wie diese.

Patientin 12

Die nächste Patientin wird von ihrer Schwester im Rollstuhl ins Untersuchungszimmer geschoben. Vor ungefähr anderthalb Tagen hatte die 23-jährige Kindergärtnerin, die darin sitzt, als Fahrerin einen Verkehrsunfall verursacht, bei dem sie selbst nicht verletzt wurde. Aber ihr Lebensgefährte kam als Beifahrer ums Leben. Sofort nach dem Unfall hatte sie noch versucht zu helfen, am nächsten Morgen habe sie dann nicht mehr aus dem Bett steigen können, weil sie ihre Beine nicht mehr bewegen kann.
RR 130/80, P 76, Temp. 36,8 °C.

DD-Vorüberlegungen

Ein **Bandscheibenvorfall** erzeugt gewöhnlich eine Radikulopathie, d.h. Schmerzen und/oder Sensibilitätsstörungen (Taubheit) und/oder Kraftausfall strahlen entlang des Versorgungsgebiets der betroffenen Nervenwurzel aus. Im MRT oder CT kann man den Prolaps oder die Protrusion meist ganz gut erkennen.
Traumen, Tumoren oder systemische Krankheiten an der Wirbelsäule können zur vollständigen Schädigung des Rückenmarks auf einer Ebene des Wirbelkanals führen, so was nennt man **Querschnittsläsion.** Unmittelbar nach der Schädigung kommt es zum spinalen Schock, bei dem die aktive Beweglichkeit, das Empfinden sowie sämtliche Reflexe unterhalb der Läsion ausfallen. Später kehren die Reflexe verstärkt zurück, zusammen mit Pyramidenbahnzeichen, die physiologischerweise nach der Neugeborenenphase erlöschen. Je nach Höhe der Rückenmarksschädigung können auch Blasenfunktion, Blutdruckregelung, Hauttrophik sowie das Atemzentrum betroffen sein. Nicht reversibel sind auf jeden Fall die Lähmungen der willkürlichen Muskulatur. Propriozeption, Druck- oder auch Schmerzempfindung, Temperaturwahrnehmung können sich wieder einstellen, zum Teil auch als Parästhesie. Neben dem klinischen Bild stellt man die Diagnose per CT, MRT und Myelographie.
Aber all diese DD passen ja irgendwie nicht zu der Tatsache, dass die Frau den Unfallort offenbar unverletzt verlassen hat. Daher tippe ich eher auf eine **Konversionsstörung** – so was entwickeln Patienten, wenn sie psychische Konflikte oder Probleme auf organische Leiden projizieren und dann Symptome wie Lähmungen,

Diagnose Patient 11: Polycythaemia vera.

Schmerzen, Krämpfe und Ähnliches ohne echtes fassbares (pathomorphologisches) Korrelat entwickeln. Diese Symptome sind nicht absichtlich vorgetäuscht, sondern so eine Art Schutzmechanismus, wenn die psychischen Probleme stärker sind, als es der Patient aushält. Selbst wenn es in der Anamnese ein handfestes Trauma gibt, das so eine Reaktion erklären könnte, handelt es sich doch immer um eine Ausschlussdiagnose.

Anamnese & Befund

Die Patientin ist wach, orientiert und erscheint völlig unberührt von ihrem Zustand. Reaktionen des Erschreckens, der Trauer oder der Verzweiflung, die man nach einem solchen Schock erwarten würde, finden sich bei ihr nicht. Über den Unfall berichtet sie eher distanziert, sachlich. Einzig auffällig ist, dass sie während des Gesprächs manchmal wie ins Leere blickt, unkonzentriert wirkt. Die eine oder andere Frage muss wiederholt werden. Das Langzeitgedächtnis funktioniert einwandfrei, während das Kurzzeitgedächtnis beeinträchtigt wirkt. Gestern Nacht habe sie erst nicht einschlafen können, berichtet sie, dann aber doch lange traumlos so lange fest geschlafen, bis ihre Schwester sie geweckt habe. Erst da habe sie bemerkt, dass sie ihre Beine nicht bewegen kann.

Die Sensomotorik der unteren Extremitäten und auch die sensorische Wahrnehmung ist völlig normal; auch die Muskeleigenreflexe sind seitengleich regelrecht auslösbar. Keine Faszikulationen, keine schlaffe Parese. Normaler Analsphinktertonus und auch keine Harninkontinenz.

Außer dem Routine-Labor lasse ich sicherheitshalber noch ein CT der LWS anfertigen.

Untersuchung & Ergebnisse

Labor und CT sind völlig unauffällig. Keine Hinweise auf eine Contusio cerebri.

Diagnose

____

Therapie & Komplikationen

Man darf den Betroffenen auf keinen Fall vor die Nase halten, dass sie sich die Symptome nur einbilden. Und so ermunternde Sätze nach dem Motto: „Stell dich nicht so an!", „Wenn schon, dann nullo problemo" oder so wären natürlich auch völlig daneben. Die Therapie zielt in erster Linie darauf ab, dem Patienten bei der Konfliktbewältigung Hilfestellung zu geben. Benzodiazepine können helfen, Angst zu mindern und die Compliance zu erhöhen. Spontanremissionen sind übrigens relativ häufig.

Weitere Infos

Der zugrunde liegende Konflikt könnte darin bestehen, dass die Patientin die unmittelbare Unfallstelle nicht verlassen und ihren Freund dort zurücklassen will oder kann. Diese Konfliktsituation bringt ihr Lähmungsbild unbewusst zum Ausdruck – mit gelähmten Beinen hätte sie ihren Freund nicht verlassen können.
Frauen entwickeln eine solche Konversionsstörung häufiger als Männer.

Patientin 13

An der Anmeldung steht eine hagere Frau, hält ein ungefähr dreijähriges Kind auf dem Arm und drückt ihm mit der freien Hand ein Stück Küchenkrepp oder so auf den Kopf. Im Näherkommen sehe ich ein paar blutverschmierte Haarsträhnen darunter rausschauen.
Die Mutter wirkt äußerst besorgt. „Sag dem Doktor, wo du hingefallen bist", fordert sie ihre Tochter auf. Die Kleine bleibt stumm, zeigt auf die Platzwunde am Scheitel und unterdrückt ihr Weinen. „Sie ist vorhin im Treppenhaus ausgerutscht und zwölf Stufen hinabgestürzt … sie hat jetzt bestimmt am ganzen Körper blaue Flecken", lächelt die Mutter. „Sie bekommt eh so leicht blaue Flecken."
RR 90/60, P 125, Temp. 37,1 °C.

DD-Vorüberlegungen

Hier beschränkt sich die Differentialdiagnose darauf, ob die Mutter die Wahrheit sagt oder lügt. Es gibt tatsächlich ein paar Erkrankungen, bei denen man vielleicht im ersten Moment annimmt, das Kind sei misshandelt worden. So können multiple Frakturen auf

Diagnose Patient 12: Konversionsstörung.

das Konto einer **Osteogenesis imperfecta** gehen – eine Erkrankung, bei der das Typ-I-Kollagen fehlerhaft gebildet wird. Die Folge ist die mangelhafte Ossifikation der Knochen und Zähne mit Minderwuchs, Knochenverkrümmung, blauen Skleren und Schallleitungsschwerhörigkeit, außerdem sind die Knochen extrem brüchig. Dies hat der Krankheit im Volksmund den malerischen Namen „Glasknochenkrankheit" eingebracht. Es gibt vier verschiedene Formen: Typ I und IV werden autosomal dominant, Typ III autosomal rezessiv vererbt. Typ II ist die schwerste Form: Die Kinder überleben die ersten Monate nicht. Meist ist die Misere schon durch die Röngenaufnahme erkennbar. Inzwischen sind aber auch die Genlokationen zunehmend bekannt.
Hinter Hämatomen könnte sich auch eine **hämorrhagische Diathese** verbergen. Das ist ein Überbegriff für sämtliche Störungen des Gerinnungssystems. Mangel an bestimmten Gerinnungsfaktoren (beispielsweise die berühmte Hämophilie bei Mangel an Faktor VIII) gehört da ebenso dazu wie erworbene Koagulopathien (z. B. Verbrauchskoagulopathie). Diagnostisch sind als Screeninguntersuchung erstmal Quick, PTT und Blutungszeit gefragt; bei starkem Verdacht folgt dann die Einzelfaktorbestimmung. Wichtig ist die Familienanamnese!
Natürlich ist es schlimm, wenn ein Kind mit einer solchen Krankheit geschlagen ist. Noch schlimmer wird es, wenn man dann die Eltern zu allem Überfluss noch dem Vorwurf der Kindesmisshandlung aussetzt. Aber der umgekehrte Fall ist sicher mindestens ebenso fatal – und wesentlich häufiger. Die alte Binsenweisheit „das Häufige ist häufig und das Seltene selten", trifft leider auch bei der **Kindesmisshandlung** zu. Circa 1700 Fälle werden jedes Jahr in Deutschland gemeldet, aber die Dunkelziffer ist ungleich größer: Man geht von 20 000–400 000 Fällen pro Jahr aus!! Diese Zahlen sollte man sich vor Augen halten, bevor man Eltern zu bereitwillig abnimmt, dass das Kind einfach nur „ungeschickt" sei und zu blauen Flecken „neige".

Anamnese & Befund

Das Kind wirkt sehr zutraulich und lässt sich auch von meinem weißen Kittel nicht ins Bockshorn jagen. Es hat mehrere Hämatome in verschiedenen Auflösungsstadien (von rotblau bis grüngelb) über Rumpf, Po und Beine verteilt. Deutliche Schwellung über dem linken Scheitel mit aufgerissener Haut und blutigem Haar darüber. Die Fundoskopie offenbart mehrere Einblutungen

in die Retina. Normaler Zahnwuchs, keine blauen Skleren, keine Schwerhörigkeit. Genitalien unauffällig.
Letzte Klarheit soll mir jetzt das Labor mit Gerinnungsfaktoren, alkalischer Phosphatase, Kalzitonin und Parathormon verschaffen. Außerdem Röntgenbilder vom ganzen Körper sowie ein CCT zum Ausschluss einer Subarachnoidalblutung (SAB).

Untersuchung & Ergebnisse

Auf den Röntgenbildern sieht man multiple Frakturen an Femur, Tibia, Ulna und Humerus in unterschiedlichen Konsolidierungsstadien. Die Knochendichte ist altersentsprechend normal. Gerinnungsfaktoren normal, Knochenstoffwechsel normal. Im CCT gibt's keinen Hinweis auf eine SAB.

Diagnose

Therapie & Komplikationen

§ 225 StGB befasst sich mit der Misshandlung von Schutzbefohlenen. Da heißt es ganz klar, dass man als Arzt bei Verdacht auf Kindesmisshandlung im Interesse des Kindes von der Schweigepflicht entbunden ist. In Zusammenarbeit mit Pädagogen, Kinderpsychologen und Sozialarbeitern sollten rechtliche Schritte eingeleitet werden, um die Kinder vor noch Schlimmerem zu bewahren und ihnen zu helfen, die erlittenen Traumata zu bewältigen. Misshandelte Kinder bleiben in ihrer psychomotorischen Entwicklung häufig zurück, und langfristig betrachtet weiß man, dass misshandelte Kinder als Erwachsene oft ihrerseits zu Misshandlern werden.
Aber selbstverständlich müssen die körperlichen Verletzungen auch behandelt werden. Dazu nehme ich die Kleine erst einmal stationär auf. Generell sollte man – schon zum Schutz des Kindes – die Schwelle zur stationären Aufnahme hier sehr niedrig anlegen, auch um Zeit für weitere Diagnostik zu gewinnen. Wichtig: Dokumentation, auch fotografisch!!! Zeugen (Schwestern etc.) hinzuziehen und den beschriebenen Unfallmechanismus möglichst wörtlich zitieren!!! Falls es wirklich einmal zu einem Prozess kommt, scheitert das Vorgehen gegen die Eltern oft an solchen Details (in dubio pro reo ...)

Weitere Infos

Am häufigsten ist Kindesmisshandlung in sozioökonomisch niederen Schichten, besonders bei drogen- oder alkoholabhängigen Eltern. Die betroffenen Kinder sind in der Mehrzahl unter vier Jahre alt. Täter sind oft die Stiefelternteile, aber auch die leiblichen Eltern gehören zu den Straftätern.

Wichtige anamnestische Hinweise können sein:

- verzögerte Vorstellung des Kindes beim Arzt
- Widersprüche in der Anamnese
- unglaubwürdiger Unfallmechanismus
- häufiger Arzt- und Krankenhauswechsel (schwer herauszubekommen, eventuell am gelben Vorsorgeuntersuchungsheft abzulesen)
- Alkohol/Drogen, intrafamiliäre Konflikte, Streit in der Ambulanz?

Die Praktikantin – Nadine, ich hab mich nochmal unauffällig bei Moss umgehört – hat offenbar ihre private Tragödie fürs Erste weggesteckt.

Patientin 14

Sie erzählt mir aufgeregt, dass der Notarzt gerade ein bewusstloses Mädel von 13 Jahren gebracht hat, das von ihrer jüngeren Schwester schon bewusstlos auf dem Badezimmerfußboden aufgefunden wurde. Und daneben eine leere Dose Organophosphate (Pestizide) und ein Walkman – mit der letzten „Take That"-Scheibe drin. . .

Na bravo, jetzt aber Tempo!

RR 90/60, P 42, Temp. 36,5 °C.

DD-Vorüberlegungen

Organophosphate? Pestizide? Wie kommt sie denn an so was ran?! Ich dachte, das wäre aus dem Gärtnerei- und Landwirtschaftshandel gezogen (als Kampfstoff allerdings leider eingesetzt) ... muss ja aus einer wirklich sehr alten Gartenlaube stammen! Organophosphate sind Hemmstoffe der Cholinesterase, die den Abbau des körpereigenen Neurotransmitters Acetylcholin regelt – na, klingelt's? – Bei einer **Organophosphat-Vergiftung** wird ergo der Acetylcholin-Abbau gründlich blockiert. Die Muskulatur ist nur noch zu schwachen Zuckungen fähig, die Wirkungen am ZNS rufen Zittern, Krämpfe, Atem- und periphere Lähmung und Koma hervor. Des Weiteren treten zahlreiche Symptome auf, die auf der umfassenden Aktivierung des Parasympathikus beruhen.

Anamnese & Befund

Das Mädchen war bis vorhin noch immer völlig benommen, sodass die Kollegin sie elektiv intubieren und beatmen musste. Sie hatte mehrmals spontanen Stuhlabgang, sabbert aus dem Mund und die Augen tränen. Die Pupillen sind stecknadelklein. In einer Klarsichttüte eine alte angerostete Dose mit einem Bild fröhlicher Blumen und erlegten Käfern darauf. Die Schrift kann ich nicht lesen … nicht meine Sprach … sieht aus wie Polnisch oder Tschechisch.

Jetzt stehen eigentlich nur zwei Untersuchungen an: Blutbild und die Messung der ACh-Esterase-Aktivität im Plasma.

Untersuchung & Ergebnisse

Sieh an: Die ACh-Esterase der Erys beträgt nur 18 % der Norm.

Diagnose

____

Therapie & Komplikationen

Vorsichtiges Handling beachten. Die Patientin hat wahrscheinlich noch Reste des Giftstoffes an Haut und Kleidung. Also, gründliches Abwaschen und Entsorgen der Kleidung. Organophosphate können durch die **intakte Haut absorbiert** werden.

Atropin und schnellstens Pralidoxim oder Obidoxim als Antidot, um die Cholinesterase wieder zu reaktivieren. Wartet man zu lange, kann ein sog. „aging effect" eintreten, bei dem die Bindung der Organophosphate an die Cholinesterase irreversibel wird. So lange, muss weiter beatmet und intensivmedizinisch versorgt werden.

Diagnose Patientin 13: Battered child syndrome oder ganz altmodisch: Kindesmisshandlung.

Weitere Infos

Die Symptome, die das Mädchen aufweist, sind alle parasympathischer Natur: Hypersalivation und -lakrimation, Darmbewegungen, konstrikte Pupillen, Bronchokonstriktion und so weiter – also all das, was beim Jagen, Fliehen oder Kämpfen nicht nützlich ist. Bei diesen Aktivitäten hilft einem der Sympathikus auf die Sprünge.

Kurz vor Feierabend klopft es leise an die Tür des Aufenthaltsraumes. Die Reinemachfrau steht davor, die schon seit über 15 Jahren der Schreck eines jeden Staubkorns in der Ambulanz ist und täglich dafür sorgt, dass man sich am Boden spiegeln und sich gegenseitig aus dem Stand unter den Kittel sehen kann. Sie fragt, ob sie mich mal kurz stören darf ... immer rein in die gute Stube!

Patientin 15

Anamnese & Befund

Die 44-jährige Frau zeigt mir ihre ausgestreckten Hände: wund, rissig und mit ausgeprägter Schwielenbildung. Die Schmerzhaftigkeit hat während der vergangenen sechs Monate stark zugenommen und Salben helfen auch nicht mehr.

DD-Überlegungen

Es scheint sich um ein Ekzem zu handeln. Zu unterscheiden sind ein **irritativ-toxisches** und ein **allergisches Kontaktekzem.** Ersteres tritt nach lang dauerndem Kontakt mit toxischen Substanzen, das Zweite bei entsprechender Sensibilisierung nach Allergenkontakt auf. Irritativ-toxische Kontaktekzeme sind ca. fünf- bis zehnmal so häufig wie allergische Kontaktekzeme und treten oft bei Atopikern auf. Um es noch komplizierter zu machen, sensibilisieren sich Menschen mit einem irritativ-toxischen Kontaktekzem wegen der gestörten Barrierefunktion der Haut häufiger im Lauf der Zeit, z. B. auf Cremebestandteile, sodass zusätzlich auch ein allergisches Kontaktekzem besteht.
Klinisch sieht man erythematöse, ödematöse, teilweise papulös erscheinende und zudem zeitweise auch noch nässende Hautveränderungen. Das toxische Kontaktekzem ist auf den Ort des

toxischen Kontaktes beschränkt. Beim allergischen Kontaktekzem sieht man oft Streuherde am Körper. Solche Ekzeme findet man besonders häufig bei Friseuren, Hausfrauen, Bäckern, Pflegepersonal und bei Putzkräften, weil deren natürliche Schutzbarriere der Haut durch häufiges Händewaschen und ständige Irritationen durchlässiger für Antigene und toxische Stoffe wird.
Auch eine **Mykose** der Hände wäre denkbar und sollte man immer ausschließen. An den Händen wird sie am ehesten hervorgerufen durch Dermatophyten (z.B. Trychophyton-, Microsporumarten und Epidermophyton floccosum). Erhältlich in jeder öffentlichen Badeanstalt. Menschen, die gerne Haushaltshandschuhe verwenden, ziehen sich mit den Teilen auch quasi die Brutkästen für diese Pilzchen über. In den Handschuhen ist es schön warm und schweißfeucht, das lieben die Kerle.
Statt der Pilze kämen auch noch ganz niedliche Tierchen in Betracht: **Krätzmilben.** Ist sehr ansteckend und juckt wie Teufel.
Also, jetzt schab ich erst mal ein paar Hautschuppen ab für eine Pilzkultur samt Nativpräparat und klebe anschließend auf dem Rücken die Pflaster für einen Epikutantest auf.

Untersuchung & Ergebnisse

Nach vier Tagen kann man den Epikutantest ablesen: Er ist positiv auf Wollwachsalkohole und Perubalsam. Beides sind Bestandteile von Salben und Kosmetika und in der Handcreme enthalten, die die Patienten seit einigen Monaten verwendet. In der Pilzkultur ist nach zwei Wochen dagegen nichts gewachsen, im Nativpräparat war auch nichts Aufregendes zu sehen.

Diagnose

Therapie & Komplikationen

Wichtigste Therapie besteht eigentlich bei jeder Allergie in der Meidung des Allergens; in diesem Fall muss die Handcreme abgesetzt werden. Lokal hilft akut eine Kortisonsalbe, ansonsten Handpflege (natürlich ohne die oben genannten Allergene!). Chroni-

Diagnose Patientin 14: Damit steht die Diagnose wohl zweifelsfrei fest: Organophosphat-Vergiftung.

sche Handekzeme sind übrigens die häufigste dermatologische Erkrankung, die zu Berufsunfähigkeit führt. Ist vor allem bei Friseuren ein großes Problem.

Weitere Infos

Man unterscheidet verschiedene Formen des Kontaktekzems: das akute und das chronisch toxische sowie das allergische.
Klinisch spricht man noch von einem dyshidrosiformen Handekzem, das durch winzige Bläschen an den Fingerseiten charakterisiert ist. Es kann zu einem rhaghadiformen Ekzem werden, wenn schmerzhafte Einrisse der Haut bestehen. Diese Einteilung sagt aber nichts über die Ursache aus.

Noch einen letzten Kaffee mit Robert, dann heißt's Feierabend für heute. Heute hat er Dienst, aber superfit schaut er nicht aus. „Kopf hoch, Alter, da hör ich doch schon das Martinshorn? Musst dich nicht langweilen, die Sanis sorgen doch wie eine Mami für dich!"
Ich bin noch nicht auf halbem Weg draußen, da biegt auch schon der Rettungswagen in die Einfahrt ein. Will ich jetzt gar nicht wissen, was die da anschleppen. Aber dramatisch wird's wohl auch nicht sein, so entspannt, wie mich der Köpf und der Schmitz von den Johannitern aus dem Wagenfenster angrinsen ...
Übrigens, so ein Zufall: Auf dem Heimweg komme ich an einer Buchhandlung vorbei. Und da im Schaufenster liegt der Köpf, täuschend echt! Auf dem Cover von so 'nem Taschenbuch, Krankenwagen, Sani, exakt der Köpf! Dieses Buch muss ich haben. Also trabe ich rein und hol es mir: ist ein Krimi, spielt im Wiener Rettungswagenmilieu und verspricht einen gemütlichen, trägen Abend auf'm Sofa. Ist gebongt.

▸▸ *Was habe ich heute gelernt?*

- Myasthenia gravis ▸ Ursache ist häufig eine Thymushyperplasie oder ein Thymom
- Neuroblastom ▸ wenn bei kleinen Kindern die Katecholamine im Urin erhöht sind, sollten alle Warnglocken läuten!
- Amyotrophische Lateralsklerose ▸ das erste und zweite Motoneuron degenerieren unaufhaltsam
- Schwangerschaft ▸ ein Chronique-fatigue-Syndrom der anderen Art

- genitaler Herpes ▶ damit ist nicht zu spaßen, wenn sich ein Neugeborenes angsteckt
- Bruton-Syndrom ▶ keine Antikörper, B-Zellen fehlen, trifft fast nur Jungs
- WPW-Syndrom ▶ zusätzliche Leitungsbahn bringt das Herz sporadisch auf Touren
- diaplazentare HIV-Infektion ▶ lässt sich dank moderner retroviraler Therapie heutzutage oft vermeiden – wenn man sie denn durchführt
- Asbestose ▶ das Risiko für Lungenkrebs ist 50fach erhöht
- Reiter-Krankheit ▶ Arthritis, Konjunktivitis, Balanitis plus HLA- B27
- Polycythaemia rubra ▶ sich von der gesunden Gesichtsfarbe nicht täuschen lassen
- Konversionsstörung ▶ trifft Frauen bevorzugt
- Kindesmisshandlung ▶ der Arzt ist nicht an die Schweigepflicht gebunden, wenn eine Anzeige hilft, das Kind zu schützen
- Organophosphatvergiftung ▶ das Antidot muss schnell verabreicht werden, bevor die Cholinesterase irreversibel gebunden ist („aging-effect")
- Kontaktekzem ▶ zu viel putzen ist schlecht für die Hände – wen wundert's?

Diagnose Patientin 15: Allergisches Kontaktekzem.

FREITAG

Patientin 1

Freitag morgen! Nur noch dieser eine schlappe Arbeitstag, dann geht's ab ins Elsass! Hab ich gestern mit Kalle und noch ein paar anderen spontan beschlossen, nachdem wir festgestellt haben, dass wir alle das gleiche Wochenende dienstfrei haben. Das ist ein Zeichen! Eine Hüttentour mit dem Rucksack und den Jungs ist genau das, was ich bei dem Wetter hier brauchen kann. Beschwingt pfeifend trete ich durch die Ambulanztür und erblicke auf dem Weg zur Umkleide die Frau von der Pommesbude gegenüber. Muss ich doch noch schnell „Tach" sagen gehen ...

Gut geht's der aber nicht: Fieber, Übelkeit, Unterleibsschmerzen mit vaginalem Ausfluss – heute morgen musste sie auch brechen, erzählt sie mir.

DD-Vorüberlegungen

Beim Umziehen gehen mir die geschilderten Beschwerden nicht aus dem Kopf, ständig fallen mir neue mögliche Diagnosen ein:
Wenn sie sich eine **bakterielle Infektion** eingefangen hat, dann am ehesten mit Gardnerella vaginalis. Die verleihen dem Ausfluss so einen ganz speziellen Geruch nach altem, vergammeltem Fisch. Verleihnix wäre da ganz stolz drauf. Der pH ist alkalischer, als es sich gehört: > 4,5, und der mikroskopische Ausstrich des vaginalen Abstrichs zeigt typische kurze, gramnegative Stäbchen. Ursächlich für diese Imbalance der Scheidenflora ist ein Mangel an Döderlein-Bakterien, die normalerweise für die Azidität der Scheidenflüssigkeit verantwortlich sind.
Bei den Schmerzen könnte aber auch ein **Harnwegsinfekt** im Spiel sein – sollte man tunlichst im Hinterkopf behalten! In den allermeisten Fällen mischt dann E. coli mit, Gerüchte flüstern, das läge

an der falschen Technik beim Abputzen auf dem Klo … Häufiger Harndrang, Schmerzen und Brennen beim Wasserlassen sind die Leitsymptome, sind aber nicht obligat. Relativ dünnflüssiger, weißlicher Ausfluss kann dazukommen. Diagnostisch beweisend ist eine Bakteriurie mit über 100 000 Keimen pro ml Urin, bei Symptomen reichen aber auch schon 10 000/ml für die Diagnose. Da die Dame aber auch Fieber hat, müsste man auch mit einer **Pyelonephritis** rechnen (Flankenschmerz?, Stau im Nierenultraschall?).

Weltweit häufig, aber bei uns recht selten ist **Trichomonas vaginalis,** ein birnenförmiger Flagellat, dem es auch ohne O_2 ganz gut geht. Macht einen extrem übel riechenden grüngelben Ausfluss und lässt die Zervix in der Aufsicht wie eine Erdbeere aussehen. „Trichos" unterm Mikroskop lassen die Gynäkologen in Freudenschreie ausbrechen, sollen aber auch schon mal mit Spermien verwechselt worden sein … – dann fehlen aber die Leukozyten, die für die Infektion sprechen.

Wesentlich ernster wäre die Lage, wenn die Pommesdame ein **Toxic Shock Syndrome (TSS)** ausbrütet. Exotoxine von Staph. aureus geben sich hier die Ehre, die über banale Hautabschürfungen, OP-Wunden, Osteomyelitis oder – besonders beliebt – vergessene oder zu lange nicht gewechselte Tampons ihren Weg ins Körperinnere gefunden haben. Die Symptome könnten passen, vorausgesetzt, die Frau hat gerade ihre Tage. Außerdem tritt während bzw. nach der akuten Erkrankung ein roter, fleckiger Hautausschlag auf.

Dann wäre da noch die **Adnexitis,** der entzündliche Befall der Adnexen. So was kann sich manchmal sogar bis ins kleine Becken ausbreiten und eine peritoneale Reizung verursachen; dann nennt man es „pelvic inflammatory disease". Schuld sind aufsteigende Keime aus Vagina und/oder Uterus, die man sich im Allgemeinen sexuell erworben hat. Kriegt man am ehesten durch wildes ungeschütztes „Umhersexen" mit wechselnden Partnern, besonders während der Periode. Diagnose: Anamnese, Abstrich, vaginaler Tastbefund und natürlich der Ultraschall.

Extrauteringravidität: Wie der Name schon sagt, entwickelt sich die Schwangerschaft hier außerhalb des Uterus. Wer sich nicht mehr so genau erinnert, kann ja ein bisschen zurückblättern: Die Amerikanerin, die mir vorgestern kurz vor dem Nach-Hause-Gehen in die Hände gefallen ist, hatte so was. Zum Ausschluss braucht's den HCG-Spiegel und Ultraschall.

Anamnese & Befund

So, fertig umgezogen, im weißen Kittelchen, mit dem Stethoskop lässig um den Hals, woll'n wir doch mal sehen, was der Dame nun wirklich fehlt!

RR 120/80 mmHg, P 100/min, Temp. 38,3 °C.
Offenbar hatte sie erst vor 15 Tagen einen Schwangerschaftsabbruch mit Kürettage. Den scheint sie aber körperlich gut weggesteckt zu haben: Schon am vierten Tag danach hatte sie erneut ungeschützten Sex. (Interessant, dass sie das gleich erzählt ... hat sie wegen dem Sex ein schlechtes Gewissen?)
Nach dieser zusätzlichen Information ändert sich das Spektrum der Differenzialdiagnosen: jetzt eher Endometritis, Myometritis, ggf. Aszension zur Adnexitis oder aber Perforation bei der Kürettage. Außerdem sollte man auch immer noch die Appendizitis im Kopf haben ...
Beim Betasten des Unterbauches gibt sie starke Schmerzen suprapubisch an. Auch bei der vaginalen Untersuchung stöhnt sie besonders bei der Palpation von Portio und Uterus. Na, wenn das kein positiver Portioschiebeschmerz ist!
Folgende Untersuchungen ordne ich an: Blutbild, Blutsenkung, Vaginalabstrich und einen transvaginalen Ultraschall.

Untersuchung & Ergebnisse

Hb 12,6 g/dl, Leukos 17 200/µl mit Linksverschiebung, BSG ist beschleunigt. In der Blutkultur wächst nichts. Per Ultraschall wird eine Extrauterin-Schwangerschaft ausgeschlossen; die Adnexen sind frei, kein Flüssigkeitsspiegel im Rektovesikalraum, jedoch im Uteruskavum zeigt sich ein erweitertes Endometrium, es besteht der Verdacht auf Schwangerschaftsreste im Uterus. Jetzt ist es eigentlich klar. Ohne freie Flüssigkeit ist eine Perforation relativ unwahrscheinlich, aber noch nicht ausgeschlossen. Eventuell sollte man mit dem Operateur telefonieren und eine Laparoskopie zum Ausschluss machen. Und ohne Veränderungen an den Adnexen und ohne Schmerzen im Adnexbereich ist die Adnexitis unwahrscheinlich.
Außerdem findet sich im Abstrich eine bunte Mischflora und die Leukos sind stark erhöht!

Diagnose

Therapie & Komplikationen

Um sämtliche Keime auszurotten, die sich da so rumtreiben, sollte man tunlichst ein Breitbandantibiotikum nehmen, z.B. ein Cephalosporin. Die Frau sollte erst mal nicht an den Pommesstand zurückkehren, sondern stattdessen ins Bett. Je nach CRP und Klinik sollte eine Krankenhauseinweisung mit ihr diskutiert werden, insbesondere auch zur i.v. Antibiose.
Eine erneute Kürettage sollte man ihr hingegen möglichst ersparen; denn dann ist die Perforation fast garantiert!

Weitere Infos

So eine Endometritis wird in der Regel von verschiedenen Keimen im bunten Mix hervorgerufen. Sie tritt im Wochenbett oder nach Kürettagen auf. Keime, die diese schmerzhafte Entzündung hervorrufen, sind Staphylokokken, Streptokokken und E. coli.
Wegen der Gefahr der Endometritis im Wochenbett wird den Frauen nach der Geburt empfohlen, keinen Geschlechtverkehr ohne Kondom zu haben, solange der vaginale blutige Ausfluss andauert (Wochenfluss, dauert so etwa vier bis sechs Wochen). Nach Kürettage natürlich nicht ganz solange.

August ist schon da und hat Kaffee aufgesetzt! Genüsslich genehmigen wir uns eine erste Tasse für heute. Im Überschwang habe ich ihm von der geplanten Elsasstour erzählt, aber ich hätte es wissen müssen: Er ist da eher der Survival-Typ, und dass wir uns von Hütte zu Hütte hangeln wollen, ohne Biwak oder wenigstens Zelt auf dem Rücken, ist ihm völlig unverständlich. Außerdem sind die Berge zu flach, das Wetter zu moderat, und überhaupt, eine Rentnertour, oder? Darauf muss ich nicht antworten, denn gerade kommt Robert zur Türe reingewankt. Sieht aus, als hätte er eine klasse Nacht gehabt!
Er ziert sich nicht lange und erzählt uns „sein schönstes Nachtdienst-Erlebnis“:

Diagnose Patientin 1: Akute Endometritis nach Abbruchkürettage.

Patient 2

Mitten in der Nacht tauchen die Großeltern mit ihrem zehn Monate alten Enkel auf. Die Eltern sind seit drei Wochen in Urlaub und haben das Kind bei Oma und Opa gelassen. Nun bringen diese ihn, weil er seit dem Spätnachmittag, Abend immer schlapper wird. Völlig alarmiert sind sie, seit er seine ansonsten obligatorische Nachtmahlzeit nicht trinken wollte. Die Großmama erzählt, das Kind scheine zu schwach, um auch nur zu saugen. Sie ist völlig aufgelöst. Dabei habe sie das Kind so schön rausgepäppelt, immer einen großen Löffel Honig in die Flasche, damit's besser schmeckt, und auch sonst alles getan.
Das Baby hängt wie ein schlaffer Sack auf ihrem Arm, Muskelspannung null. RR 90/60, P 145, Temp. 36,9 °C.

DD-Vorüberlegungen

„So mitten in der Nacht, mei, was geht einem da nicht alles durch den Kopf in so einem Fall", erzählt Robert weiter. „Ein schlappes Kind, da kann ja alles hinter stecken, vielleicht brütet es einfach nur eine Grippe aus. Aber dann sind mir doch noch ein paar andere Sachen eingefallen ... Was denkt ihr denn, was los war?"
„Eine **spinale Muskelatrophie** (**Werdnig-Hoffmann**)", wirft August ein. „Eine autosomal rezessiv vererbte Erkrankung mit Untergang von Vorderhornzellen, der zur progredienten Muskelschwäche und schließlich Atemlähmung führt. Symptome sind allerdings schon bei Geburt oder in den ersten Lebensmonaten zu erwarten, das zweite Lebensjahr wird selten überlebt. Diagnose durch typische Klinik, EMG-Befunde oder auch Muskelbiopsie."
Wir belächeln diesen Vorschlag. „Viel zu weit hergeholt!"
„Oder ein **Guillain-Barré-Syndrom**", fährt er fort. „Wahrscheinlich durch virale oder bakterielle Infekte verursachte Entzündungen in den Spinalwurzeln, Spinalganglien und in den peripheren Nerven, wodurch die Markscheiden der Nerven zerstört werden. Klinisch erscheint das mit dem Bild einer Polyradikuloneuropathie. Zuerst zeigen sich schlaffe Lähmungen an den Beinen zusammen mit Reflexabschwächung, Schmerzen, Parästhesien und Sensibilitätsstörungen, aus denen sich schon nach kurzer Zeit eine Tetraplegie, evtl. auch Atemlähmung entwickelt. Infolge der Lähmungen atrophieren die betroffenen Muskelgruppen. Alle Symptome sind grundsätzlich innerhalb einiger Monate reversibel, gelegentlich bleiben milde Restsymptome für längere Zeit bestehen.

Die Diagnose wird anhand von Liquoruntersuchung (hohes Eiweiß bei niedriger Zellzahl, „dissociation cytoalbuminique"), Elektroneurographie und im Zweifelsfall Biopsie des N. suralis gestellt. Wäre im Säuglingsalter aber eine absolute Rarität." Robert nickt und ich schüttle den Kopf. Beide meinen wir dasselbe ... nächster Vorschlag.

„**Myasthenia gravis:** Das ist diese Erkrankung, bei der Autoantikörper die Acetylcholinrezeptoren der motorischen Endplatten an der Muskulatur vorübergehend blockieren. Ergo sind die Muskeln weniger leistungsfähig und ermüden schneller, was besonders am Rachen auffällt und bis zu gefährlichen Schluck- und Atemstörungen (Aspiration!) führen kann. Beweisend ist der Nachweis von Antikörpern im Blut oder ein Stimulations-Elektromyogramm. Das ist aber eigentlich ebenfalls sehr selten bei Säuglingen; es gibt allerdings eine neonatale Form durch Übertragung von Antikörpern, wenn die Mutter eine Myasthenie hat. Mal nachgefragt?" „Ja", nickt Roberto, „Fehlanzeige." Ich schüttle den Kopf. „Tja, vielleicht ein **Münchhausen-Stellvertreter-Syndrom:** Das Münchhausen-Syndrom ist eine Fehlverhaltensneurose, bei der die Patienten dem Arzt gegenüber falsche Angaben machen und Symptome simulieren, um stationär aufgenommen oder gar operiert zu werden. Werden dagegen Krankheitssymptome bei Dritten erzeugt, beispielsweise von den Eltern bei ihren Kindern, spricht man vom Münchhausen-Stellvertreter-Syndrom. Beliebt ist zum Beispiel das Beimischen von Zucker in den Urin. In diesem Fall hätten die Großeltern also beispielsweise dem Kind Barbiturate oder so was unterjubeln können, um es so schlapp zu kriegen. Gemeinsam ist beiden, dass die Simulanten durch ihr Tun eigene Bedürfnisse befriedigen wollen, meist ist es der Wunsch nach Zuwendung. Apropos „unterjubeln": Hat die Oma nicht erzählt, sie mische immer einen Löffel Honig in die Milch? Dann sollte man auch unbedingt an einen **Säuglingsbotulismus** denken. „Bingo!", sagt Robertus und nimmt einen Schluck aus meiner Tasse. „Wie andere Botulismusformen auch wird er durch die Toxine von Clostridium botulinum verursacht, die die Bakterien im Darm des Erkrankten produzieren. Die Säuglinge nehmen die Bakterien-Sporen mit der Nahrung auf und entwickeln zunächst Übelkeit, Erbrechen und Obstipation und später diverse zentralnervöse Symptome, die im schlimmsten Fall zu Atemlähmung und somit zum Tod führen können. Gerade in Naturhonig sind häufig Tetanussporen enthalten, die gerade Säuglinge mit ihrer noch nicht vollständig ausgebildeten Darmflora ganz schön in die Bredouille bringen können. Diagnose durch Nachweis von Botulinumtoxin in Serum, Stuhl oder Mageninhalt. Ein Stimulations-EMG erzeugt an der Muskelendplatte eine Zunahme des Aktionspotenzials bei hochfrequenter, dagegen eine Abnahme bei niederfrequenter Nervenstimulation."

Anamnese & Befund

Die Augenlider hingen tief (Ptosis), die Pupillen waren weit (Mydriasis) und reagierten nur träge auf Licht (Akkommodationslähmung). Die Reflexe waren träge bzw. nicht auslösbar, die Muskulatur war insgesamt ziemlich hypoton (floppy) und die Atmung flach und schleppend. Ansonsten war der Befund altersentsprechend normal; das Abdomen war weich und indolent, Organomegalien waren auch nicht zu tasten.
Hier hätte ich gerne zusätzlich zum Routinelabor mit Blutbild eine Botulinumtoxin-Titerbestimmung und eine Stuhlkultur gehabt. Außerdem eine Liquoruntersuchung und ein Stimulations-EMG mit Messung der NLG (Nervenleitgeschwindigkeit).

Untersuchung & Ergebnisse

Liquorpunktion, NLG und BB normal. Aber die niederfrequente Nervenstimulation erzeugte beim Aktionspotenzial eine Amplitudenabnahme, die hochfrequente Stimulation machte das Gegenteil. Außerdem wuchs in der Stuhlkultur Clostridium botulinum. Das Toxin der netten Kerlchen war nicht nur im Stuhl, sondern auch im Blut nachweisbar.

Diagnose

____

Therapie & Komplikationen

Bloß nicht auf die Laborergebnisse warten! Die Anamnese (Honigverzehr im Säuglingsalter) und die Symptome lassen kaum eine andere Diagnose zu. Allerdings wird polyvalentes Antitoxin, das man Erwachsenen mit Botulismus gibt, für Säuglinge nicht empfohlen. Symptomatisch parenterale Flüssigkeits- und Kalorienzufuhr und evtl. Beatmung. Der sichere Weg ist die Prävention – kein Honig vor dem ersten Lebensjahr!

Weitere Infos

Es gibt verschiedene Unterformen des Botulismus. Diese Form führt, wie der Name schon sagt, bei Säuglingen zu klinischen Symptomen. Besonders im Naturhonig sind häufig die Botulinum-Sporen enthalten, die nach Aufnahme im Darm dann ihr Toxin bilden, freisetzen und den Säuglingsbotulismus verursachen.

Nicht schlecht, da war Robert echt auf Zack, da sind wir uns alle einig. Das findet sogar Moss, der heute Frühdienst hat und zu dem die Geschichte mit dem Baby auch schon die Runde gemacht hat. Warte mal, wie sieht denn Moss aus! Er hat sich die Rübe rasiert! „Es ist eine Art zweites ‚Coming-out'", präsentiert er sich stolz. Zur Feier des Tages lässt er uns sogar den Kaffee in Ruhe austrinken, ohne wieder seinen Spruch von der Kaffeekasse loszulassen. Boa! „Wieso eigentlich ‚zweites Coming-out'?", frage ich und schau in die Runde. Steffen lächelt milde und verlässt die Schicht. Das ist Antwort genug. Aber dann wird's doch gleich wieder ernst, der erste Patient für heute wartet.

Patient 3

Ein 34-jähriger Gastwissenschaftler aus Shen Yang in China klagt über retrosternales Brennen, das seit ca. sechs Monaten immer schlimmer wird. Scin Laborleiter hat ihm geraten, sich mal bei uns vorzustellen. Seit Jahren habe er auch Sodbrennen mit saurem Aufstoßen.
RR 120/80, P 74, Temp. 37,0 °C.

DD-Vorüberlegungen

Bei dem ständigen Aufstoßen könnte man an eine **Achalasie** denken, dabei geht die Anamnese aber normalerweise über mehrere Jahre. Ursache ist der entweder gar nicht oder fehlangelegte Auberbach-Plexus (plexus myentericus). Entsprechend ist die Motilität im gesamten Ösophagus gestört und der Sphinkter kann sich nicht entspannen, wenn der Nahrungsbrei heranrutscht. Der staut sich dann ungefähr so wie seinerzeit die Wessis an der deutsch-deutschen Grenze. Das Karzinomrisiko ist erhöht. Nachweis durch Bariumbreischluck (keine propulsiven Kontraktionen

Diagnose Patient 2: Klare Sache, oder? Säuglingsbotulismus.

und keine Erschlaffung des unteren Ösophagussphinkters, Sektglasform des Ösophagus), Ösophagusmanometrie und Gastroskopie, um an eine tiefe Biopsie zu kommen. Damit lässt sich auch gleich ein **Ösophagus-Ca** ausschließen, das bei der Symptomatik durchaus auch eine DD darstellt.

Ebenfalls gut passen würde eine **Refluxösophagitis:** Diese entzündliche Veränderung der distalen Speiseröhre entsteht einerseits durch mangelnde muköse Clearance bei gestörter Ösophagusmotilität, andererseits liegt häufig ein defekter unterer Ösophagussphinkter vor, der den Reflux von Magensäure zulässt. Häufig haben die Patienten auch eine Zwerchfellhernie. Die Patienten regurgitieren unverdaute Speiseteile, haben postprandial starkes Sodbrennen, können nur mit erhöhtem Oberkörper schlafen und trauen sich irgendwann nicht mehr, schön essen zu gehen.

Bei chronischer Refluxkrankheit kann sich als Komplikation ein **Barrett-Ösophagus** entwickeln. Wahrscheinlich durch den ständigen Säureansturm aus dem Magen wandelt sich die Schleimhautauskleidung im distalen Ösophagus. Statt des serienmäßigen Plattenepithels gibt's hier in der Sonderausstattung Zylinderepithel wie in der Magenschleimhaut. Dieses Extra ist aber physiologisch nicht wirklich zu empfehlen: Abgesehen vom ständigen Sodbrennen sind die Menschen auch ziemlich karzinomgefährdet: In 10–30 % der Fälle entwickeln sie ein Adeno-Ca.

Allerdings sollte man sich nicht zu sehr auf eine Speiseröhrensache einschießen: **Angina pectoris** kann sich genauso darstellen, mit retrosternalen beklemmenden Schmerzen. Die können zwar, müssen aber nicht nach links in Richtung Kiefer oder Arm ausstrahlen. Besonders leicht kann man das sog. **Roemheld-Syndrom** mit einer Refluxösophagitis verwechseln. Dabei treten die pektanginösen Beschwerden nämlich bevorzugt nach einer opulenten Mahlzeit auf – tricky! Der Mann ist ja noch ein bisschen jung für eine ausgewachsene koronare Herzkrankheit, aber an eine **Prinzmetal-Angina** sollte man denken. Dabei ist ein Koronarspasmus für die Sauerstoffminderversorgung des Herzmuskels verantwortlich.

Anamnese & Befund

Der Mann ist schlank. Er beschreibt den Schmerz retrosternal ohne Ausstrahlung. Er liebt scharfe Speisen und hat schon immer selbst gebrannten Schnaps genossen. Auskultation von Herz und Lunge ist unauffällig, Darmgeräusche sind regelrecht. Auch beim Palpieren fällt mir nichts auf, keine Organomegalie.

Ich fordere an: Blutbild, EKG, Ösophago-/Gastroskopie samt Gewebsprobe und ggf. einen Ösophagusbreischluck.

Untersuchung & Ergebnisse

BB und EKG sind normal. In der Ösophagoskopie erkennt man, dass das Gewebe im diastalen Ende im Vergleich zur proximalen Speiseröhre auf eine Beite von ca. 3–4 cm weißlich verändert und scharf begrenzt ist, im Sinne eines Barrett-Ösophagus mit rötlichen, streifigen Läsionen wie bei 'ner Refluxösophagitis. Die histologische Aufarbeitung bestätigt eine Barrett-Metaplasie.

Diagnose

Therapie & Komplikationen

Protonenpumpenhemmer verhindern die Säureproduktion. Ist der untere Ösophagussphinkter nachgewiesenermaßen insuffizient, kann man per laparoskopischer oder konventioneller Fundoplicatio weiterem Reflux Einhalt gebieten. Die Speiseröhre gleich zu resezieren ist nur bei Malignomen und nicht beherrschbaren Strikturen indiziert. Damit es so weit auch gar nicht erst kommt, ist wegen des hohen Entartungsrisikos regelmäßige, am besten jährliche gastroskopische Kontrolle mit histologischer Diagnostik ganz wichtig.

Weitere Infos

Neben Tabakrauch, Schokolade und Fett wirkt auch Alkohol dilatierend auf den kardialen Ösophagussphinkter. Adipöse Menschen und Schwangere haben einen erhöhten Reflux durch den erhöhten intraabdominellen Druck, und bei Schwangeren sind die Prostaglandine ein zusätzlicher „Weichmacher" der Muskulatur ... auch der des kardialen Magenmundes. All das erhöht das Risiko für die Refluxkrankheit. Alkohol und Tabak werden als Risikofaktoren für das Ösophagus-Ca gehandelt!

Ich blättere durch, was der Aufnahmebogen so über meinen nächsten Patienten ausplaudert. Neben mir steht Mahatma und gönnt sich eine Tasse Kaffee.

Patient 4

„Komm, Mahatma, ich zeig dir was. Hier ist ein Mann, 43 Jahre alt, mit akuten Schmerzattacken im linken Großzehengrundgelenk. RR 150/90, P 76, Temp. 38,0 °C, dazu wiegt er 102 Kilo, verteilt auf 172 cm. Na, was fällt dir dazu ein?"

DD-Vorüberlegungen

Sie legt den Kopf schief, nimmt einen Schluck aus ihrer Tasse und legt los: Als erstes fällt ihr die **Gicht** ein: Durch Stoffwechselstörungen oder Nierenerkrankungen fällt im Organismus des Gichtkranken zu viel Harnsäure an. Die fällt dann als Natriumurat-Kristalle aus, und diese lagern sich besonders in den peripheren Gelenken ab und können dort Gichtanfälle auslösen. Besonders beliebt ist gerade das Großzehengrundgelenk. Die Gelenke sind dann sehr schmerzhaft, hochrot und geschwollen, außerdem kann die Entzündung auf das umliegende Gewebe übergreifen und nach und nach auch in andere Gelenke weiterwandern. Schließlich entwickeln sich an prädisponierten Stellen (zum Beispiel Ohrknorpel, Augenlid) kleine Uratknötchen, die sog. Gichttophi. Diagnostik: klinisches Bild, Nachweis der Hyperurikämie und der Natriumurat-Kristalle in der Gelenkflüssigkeit (Synovia) der entzündeten Gelenke und den Gichttophi. Außerdem lassen sich die Tophi radiologisch aufspüren.
Anders als bei der klassischen Gicht lagern sich bei der **Pseudogicht** Kalziumpyrophosphate in Faserknorpel und Gelenkknorpel ab. Die machen aber ganz ähnliche Beschwerden wie die Gicht, auch Diagnose und Therapie ähneln sich.
Dann wäre da noch die **Großzehengrundgelenksarthrose,** Monsterwort. Wie bei allen Arthroseformen wird auch hier mit der Zeit der Knorpel des betroffenen Gelenks zerstört. Durch angeborene Fehlstellungen, Luxationen, Traumen, Entzündungen und so etwas lösen sich Knorpelteilchen, die sich frei im Gelenkspalt herumtreiben. Damit schilfern sie den festen Gelenkknorpel allmählich ab und können außerdem eine akute Gelenkentzündung hervorrufen. Spannungsgefühle, Steifigkeit, Schmerzen, Reibegeräusche beim Bewegen, Instabilität, Kontrakturen, Fehlstellungen und Muskelatrophien kennzeichnen – je nach Stadium der Arthrose – das klinische Bild. Im Röntgenbild sieht man einen verschmälerten Gelenkspalt, Sklerosierungen, Zysten und reaktive Knochenneubildungen, sog. Osteophyten.

Bei der **Monarthritis** handelt sich um die Entzündung eines einzelnen Gelenks mit den klassischen Entzündungszeichen Schmerzen, Schwellung, Rötung, Überwärmung, Bewegungseinschränkung, außerdem Gelenkerguss und gegebenenfalls Eiter im Gelenk. Die Arthritis ist eine Begleiterscheinung vieler Grunderkrankungen; sie kann durch alle Formen von Infektionen sowie durch Traumen, Autoimmun- und Stoffwechselkrankheiten, degenerative Gelenkerkrankungen und, und, und ausgelöst werden. Die Diagnose kann man durch das klinische Bild, Entzündungsparameter wie erhöhtes CRP und erhöhte BKS, durch Sonographie, mikroskopische Untersuchung der Gelenkflüssigkeit und Röntgenuntersuchung stellen.

Nicht schlecht! Also schau'n wir uns den Mann mal gemeinsam an ...

Anamnese & Befund

Der Mann erzählt uns, dass er schon häufiger solche Attacken hatte, besonders nach größeren Festen wie Weihnachten und größeren Familienfeiern. An der Helix seiner Ohren zeichnen sich subkutane Knötchen ab. Er berichtet auch über wiederholte schmerzhafte Schwellungen im Bereich beider Ellenbogen und Schultern; klingt mir nach rezidivierenden Bursitiden. Zurzeit ist da aber alles unauffällig. Dagegen ist das Metatarsophalangealgelenk (MTP) D I links schmerzhaft geschwollen, überwärmt und gerötet (Podagra). Ich punktiere das Gelenk und schicke das Aspirat ins Labor zur Untersuchung.

Jetzt fehlt noch ein Labor mit dem Serum-Harnsäurespiegel und außerdem ein Röntgenbild der beiden Vorfüße in zwei Ebenen. Mahatma macht schon mal die Anforderungsbögen fertig.

Untersuchung & Ergebnisse

Der Serum-Harnsäurespiegel beträgt stattliche 9,7 mg/dl. Mahatma hat offenbar ihre Hausaufgaben gemacht, sie weiß sogar spontan den Normalwert: 2,5–6,5 mg/dl. Im Gelenkpunktat finden sich Harnsäurekristalle und jede Menge Leukos (22 000/µl, um genau zu sein). Auf den Röntgenbildern sieht man am betroffenen, völlig zerstörten Gelenk osteophytäre Randanbauten und subchondrale Sklerosierung mit zahlreichen Geröllzysten.

Diagnose Patient 3: Barrett-Ösophagus bei chronischer Refluxkrankheit.

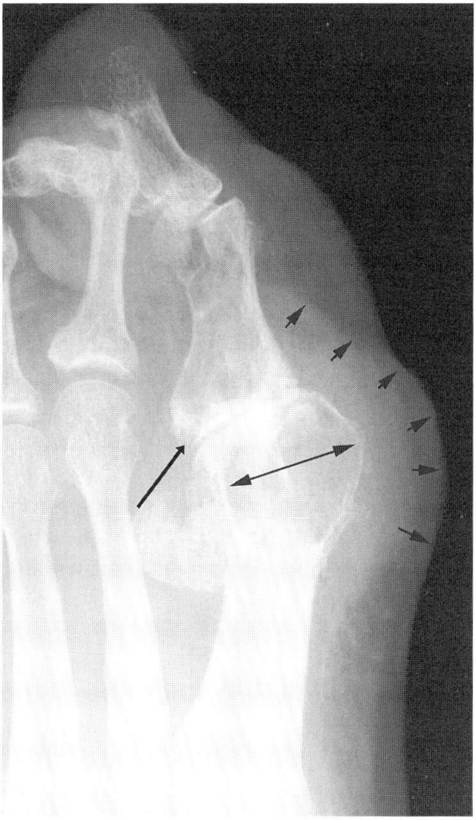

Abb. 22: Die Projektionsradiographie zeigt eine große, scharf berandete Erosion, die nicht auf das Gelenk übergreift (→). Beachte eine weitere (→) jenseits des Gelenkspaltes gelegene kleinere Erosion. Des Weiteren sieht man medial des Metatarsophalangealgelenkes einen (→) Weichteilknoten, den Tophus.

Diagnose

Therapie & Komplikationen

Die Therapie ist konservativ und besteht erst mal in der Kühlung des betroffenen Gelenks. Zusätzlich wird man kortisonfreie Entzündungshemmer (NSAR) in hoher Dosierung geben. Die allermeisten Gichtanfälle sind hierdurch zu beherrschen. Manchmal muss man zusätzlich noch etwas Kortison geben. Früher hat man im Gichtanfall auch Colchicin eingesetzt, das wegen der Nebenwirkungen heute aber an Bedeutung verliert.

Zur Rezidivprophylaxe muss die Harnsäure auf Dauer gesenkt werden. Dies wird durch Allopurinol, das die Harnsäuresynthese hemmt, erreicht. Falls Allopurinol alleine nicht ausreicht (ganz selten!!) kann zusätzlich ein Urikosurikum (klasse Wort, oder?), z.B. Benzbromaron, das die Harnsäureausscheidung ankurbelt, gegeben werden.

Alkohol hemmt übrigens die Harnsäureausscheidung, dem sollte man also lieber entsagen. Dasselbe gilt für purinreiche Nahrung, sprich: üppige Fleischmahlzeiten. Da Purin zu Harnsäure abgebaut wird, liegt es nahe, dass sonst die Gicht Aufwind bekommt.

Mit ein paar Komplikationen muss man auch noch rechnen: Die Uratkristalle präzipitieren in den ableitenden Harnwegen und verursachen die berühmten Nierensteine (Nephrolithiasis). Sie lagern sich auch im Nierenparenchym ein und zerstören es dabei. Dann droht das Nierenversagen.

Außerdem nehmen die Patienten wegen der Schmerzen nicht selten ausgiebig Aspirin und Co., natürlich ohne entsprechenden Magenschutz. Deshalb muss man durchaus auch auf Magenblutungen gefasst sein.

Weitere Infos

Die Gicht beruht auf einer Hyperurikämie. Diese wiederum entsteht durch entweder eine erhöhte Produktion oder eine verminderte Clearance der Harnsäure. Uratkristalle präzipitieren in sog. bradytrophen (minderdurchbluteten) Geweben wie Ohrknorpel, Bursae, Gelenke, wo sie dann von Immunglobulinen und Komplementfaktoren umgeben werden. Damit lenken sie aber Granulozyten auf ihre Fährte. Die Granulozyten wiederum stürzen sich auf die Kristalle und wollen sie phagozytieren, in ihrer Gier nehmen sie keinerlei Rücksicht auf ihre eigene Existenz: Die Kristalle zerstören nämlich ihre Membran, lysosomale Enzyme werden freigesetzt – und schon haben wir eine satte Entzündung im Gelenk!

Risikogruppen für Gicht sind Patienten mit Niereninsuffizienz, Männer zwischen 40 und 60 Jahren, Frauen nach der Menopause, Übergewichtige, Menschen mit Hyperlipidämie (besonders Typ II und IV), Bluthochdruck und/oder Diabetes mellitus sowie Alkoholkranke.

Diagnose Patient 4: Mahatma schließt messerscharf: Der Mann hat eine ausgewachsene Gicht.

Und gleich geht's weiter ...

Patient 5

Ein Zivi bringt einen 76-jährigen Bewohner des Seniorenheimes, in dem er arbeitet. Der Herr hatte in den letzten Tagen wiederholt hellrotes Blut im Stuhl – und ist nun reichlich besorgt.
RR 140/90, P 92, Temp. 36,9 °C.

DD-Vorüberlegungen

Blut im Stuhl heißt immer: **Tumor** ausschließen. Denn kolorektale Karzinome sind im Frühstadium heilbar. Ein entdecktes Karzinom ist also unter Umständen ein Menschenleben!

- Das **Rektum-Ca** ist als zweithäufigstes Karzinom des Menschen sicher mit im Rennen. Vor allem im Alter zwischen 50 und 70 Jahren sollten Veränderungen der Stuhlgewohnheiten, Blut im Stuhl, Diarrhö und so was unbedingt abgeklärt werden. Da über 30% aller kolorektalen Karzinome im Rektum sitzen, von dem man immerhin bis zu acht von fünfzehn Zentimetern ab ano bei einer vernünftigen digital-rektalen Untersuchung austasten kann, sollte man eventuell vorhandene diesbezügliche Hemmungen schleunigst über Bord werfen ... in der Anamnese sind neben Symptomen wie Gewichtsverlust und Abgeschlagenheit veränderte Stuhlgewohnheiten (Verstopfung und Diarrhö im Wechsel) wegweisend.
- Das **Kolon-Ca** kommt bei einem 76-Jährigen (Altersgipfel um die 60) sicher als Diagnose in Frage. Wichtig ist sowohl beim Rektum-Ca als auch beim Kolon-Ca eine perfekte Familienanamnese, da 5% der Patienten eine erbliche Belastung aufweisen (HNPCC, FAP = Gene). Durch das Erkennen einer familiären Belastung können Träger von Keimbahnmutationen identifiziert werden und dann in entsprechenden Vorsorgeprogrammen betreut werden.

Hämorrhoiden kommen als Blutungsquelle ebenfalls in Betracht und entstehen durch Erweiterungen des submukosalen Venenplexus, der durch die oberen, mittleren und unteren rektalen Venen gebildet wird. Identifiziert werden Hämorrhoiden proktoskopisch. Selten bluten auch **Fissuren** im Analkanal.

Eine weitere DD sind **Angiodysplasien.** Diese gutartigen Gefäßveränderungen lassen sich oft schwer lokalisieren und sind manchmal nur durch Angiographie darstellbar.

Auch entzündliche Veränderungen des Darms können zu Blutungen führen. Dabei sind neben **M. Crohn** und **Colitis ulcerosa** die **ischämisch bedingte Kolitis** und **Entzündungen nach Bestrahlungen** in Betracht zu ziehen.

Eine **Divertikulose** entwickelt sich bevorzugt in Dickdarmabschnitten mit hohem Innendruck, wie dem Colon descedens und sigmoideum. Dort stülpen sich teilweise zahlreiche Divertikel – am liebsten an den Gefäßdurchtrittsstellen – durch Muskellücken in der Darmwand. Im Grunde müssen sie dann gar nicht weiter störend in Erscheinung treten; jede Menge unbescholtene Bürger tragen sie mit sich herum, ohne auch nur davon zu wissen. Selten kommt es zu Krämpfen im linken Unterbauch (vergleiche Lokalisation), Darmgasausscheidung, einem munteren Wechselspiel zwischen Diarrhö und Obstipation. Per Kontrasteinlauf und Koloskopie lässt sich die Diagnose Divertikulose sichern. Divertikel im Bereich des Sigmas treten manchmal durch eine Entzündung in Erscheinung. Die geht dann meist aufs Konto von Kotresten, die in der Divertikel-Ausstülpung hängen geblieben sind – et voilà: die **Divertikulitis.** Die Symptome ähneln denen einer Appendizitis auf der falschen Seite (also links), mit Schmerzen (Spontan- und Loslass-Schmerz), die häufig einige Tage anhalten, außerdem Durchfall und/oder Verstopfung, Völlegefühl, Übelkeit und Erbrechen, Leukozytose, Fieber und so weiter, das volle Programm. Im Sono lässt sich oft ein verdicktes Darmsegment, ein Abszess oder eine Divertikelschwellung darstellen, CT-Doppelkontrastaufnahmen und Endoskopie runden die diagnostischen Möglichkeiten ab. Ganz dumm läuft die Sache, wenn ein derart entzündetes Divertikel platzt und so eine saftige Peritonitis verursacht. Weitere mögliche Komplikationen sind gedeckte Perforationen, Ileus oder Blutungen aus dem After.

Anamnese & Befund

Auf meine Frage erzählt mir der alte Herr, er leide ständig an Verstopfung, und fängt gleich an, über die entsetzliche Küche in seinem Wohnheim zu schimpfen und was man ihm und seinen Kollegen da so zumute. Erst mit der digital-rektalen Untersuchung kann ich seinen Redefluss stoppen. Und siehe da: hellrotes Blut am Fingerling. Die weitere körperliche Untersuchung ist unauffällig.

So, jetzt wär's spannend, seinen Gerinnungsstatus zu kennen, außerdem interessieren mich Blutbild mit Hb, ein Kolon-Kontrasteinlauf und zur Abrundung noch eine Koloskopie.

Untersuchung & Ergebnisse

Hb 8,2 g/dl, Hkt 26 %, Leukos normal. Auch die Gerinnungsfaktoren und der Quickwert sind unauffällig. Im Bariumkontrasteinlauf sieht man deutlich mehrere kontrastgefüllte „Bläschen" entlang des Sigmoids sowie eine deutliche luminale Einengung des Colon descendens mit größeren Divertikeln drumherum.

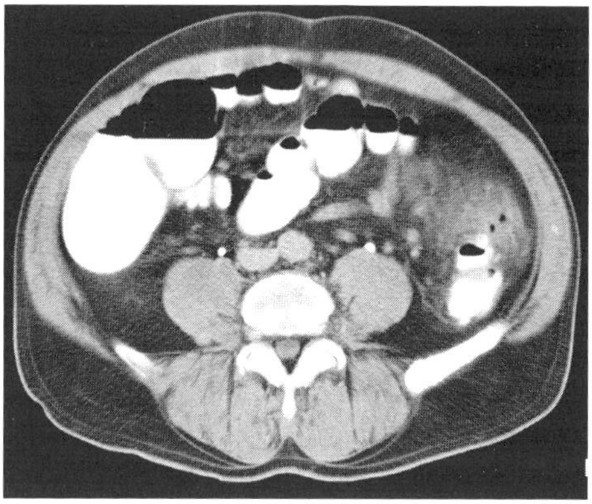

Abb. 23: Sigmadivertikulose im Kolon-KE im Monokontrast.

Diagnose

____

Therapie & Komplikationen

Hier ist zu allererst eine Umstellung der Ernährung angesagt. Ob die notwendige ballaststoffreiche Kost (Müsli und so) ihn mit der Wohnheimküche versöhnt, bleibt wohl abzuwarten ... Außerdem braucht er bei dem niedrigen Hb dringend ein paar Ery'Konzentrate. Wollen die Blutungen nicht sistieren, müssen evtl. eine Angiographie zur Lokalisation und ggf. eine Operation angestrebt werden.

Generell sieht das Vorgehen bei Patienten mit unklaren GI-Blutungen folgendermaßen aus:

1. Patienten i.v. mit Elektrolytlösung oder ggf. mit Blut auffüllen
2. Anamnese und körperliche Untersuchung mit digital-rektaler Untersuchung, Labor mit Gerinnung und Hb
3. Identifikation der Blutungsquelle.

Weitere Infos

Die diversen Muskelschichten unseres Darmes müssen wie jeder andere Muskel auch regelmäßig beansprucht werden, um in Form zu bleiben. Dazu gehört, dass sie immer mal wieder kräftig gedehnt werden. Dafür sorgen Ballaststoffe, die nicht enzymatisch zersetzt werden, sondern im Darm bleiben, dort Wasser an sich binden und aufquellen. (Ein eindrucksvolles Experiment für die nächste „Sendung mit der Maus": eine Hand voll Müsli über Nacht in Wasser stehen lassen – am nächsten Morgen sieht man von dem Wasser nicht mehr viel. Aber die Müslimenge hat sich auf magische Weise vervielfacht.) Der Darm wird dadurch gedehnt und kontrahiert dann gegen einen höheren Widerstand, echtes Krafttraining also. Ballaststoffarmes Essen, Obstipation und hohes Lebensalter sind der Ausbildung von Divertikeln sehr förderlich. Rund 20 % der 60- und etwa 60 % der 80-jährigen Dickdärme sind von Divertikeln geziert. Ungefähr jeder Vierte davon macht dann irgendwann Bekanntschaft mit 'ner Divertikulitis.

Patient 6

Gerade rollt ein afghanischer Flüchtling, 19 Jahre alt, im Rollstuhl heran. Er wird von einem Begleiter geschoben, der zum Glück neben Deutsch auch fließend Farsi spricht. Seit ein paar Tagen habe er Fieber. Ebenfalls seit einigen Tagen bemerkt er eine zunehmende Schwäche in seinem rechten Bein, die nun so weit fortgeschritten sei, dass er es gar nicht mehr bewegen könne. Allerdings spürt er alles, was man mit ihm anstellt, Sensibilität ist also wohl noch erhalten.
RR 120/80, P 92, Temp. 38,8 °C.

DD-Vorüberlegungen

Periphere Lähmung: Bei der peripheren oder schlaffen Paralyse liegt die Läsion des Nervs irgendwo im Verlauf zwischen der Ver-

Diagnose Patient 5: Divertikulose.

schaltung auf das zweite Motoneuron in den Vorderhornzellen des Rückenmarks und der motorischen Endplatte. Dabei sind die Muskeln schlaff und ohne jegliche Grundspannung gelähmt und neigen daher mit der Zeit zur Atrophie. Des Weiteren sind die Muskeleigenreflexe nicht mehr auslösbar und es zeigen sich weder Mitbewegungszeichen noch Pyramidenbahnzeichen. Auch die Sensibilität kann, muss aber nicht gestört sein.

Konversionsneurose: Unbewältigte oder verdrängte psychische Konflikte oder Probleme äußern sich in Form organischer Leiden. Die Patienten entwickeln Symptome wie Lähmungen, Schmerzen, Krämpfe und Ähnliches ohne fassbares pathomorphologisches Korrelat. Paradebeispiel dafür ist die Erzieherin, die gestern da war, die nach dem Autounfall, bei dem ihr Freund ums Leben kam, die Beine nicht mehr bewegen kann.

Brown-Séquard-Syndrom: Das entsteht, wenn bei einer Querschnittsläsion das Rückenmark nicht komplett, sondern nur zur Hälfte durchtrennt wird. Aufgrund der Kreuzung der aufsteigenden Bahnen kommt es zu einem typischen Lähmungsprofil, bei der auf der Seite der Läsion die Muskulatur spastisch gelähmt und die Tiefensensibilität gestört ist, während auf der Gegenseite keine Schmerzen und keine Temperatur mehr wahrgenommen werden können. Okay, okay, dafür spricht bei dem jungen Afghanen jetzt nicht so viel, schließlich hat er ja eine schlaffe Lähmung und keine Sensibilitätsstörung, aber ein interessantes Krankheitsbild ist es trotzdem.

Poliomyelitis: Die Kinderlähmung ist eine Infektion des ZNS mit dem Poliomyelitis-Virus, die unterschiedlich ausgeprägt verlaufen kann. In rund 90 % der Fälle nimmt es einen sog. inapparenten Verlauf mit grippeartigen Symptomen und heilt dann folgenlos ab. Schlimmstenfalls entwickeln sich aber anschließend schlaffe Lähmungen, die sogar die Atemmuskulatur heimsuchen können. Diagnostik: Die Liquoruntersuchung zeigt je nach Verlaufstyp und Phase keine Veränderung, eine Erhöhung der Zellzahl und/oder der Liquorproteine. Virusisolierung aus dem Liquor, Stuhl oder Rachenabstrich, PCR, Antikörpersuchtest.

Anamnese & Befund

Muskeleigenreflexe PSR/ASR sind rechts nicht auslösbar. Der Beintest ist negativ, das heißt, dass der auf dem Rücken liegende Patient das Bein nicht anheben kann. Die Sensibilität ist seiten-

gleich völlig intakt, und auch der restliche neurologische Befund ist unauffällig.
Ich benötige noch das Blutbild, außerdem PCR und Antikörpertiter sowie die Untersuchung des Liquorpunktats.

Untersuchung & Ergebnisse

BB normal und LP, bis auf einen erhöhten Proteinanteil im Liquor, normal. Die PCR weist für die Poliomyelitis spezifische Nukleinsäuren auf. Restliche Untersuchungen unauffällig.

Diagnose

____

Therapie & Komplikationen

Wenn man sich erst mal mit Polio angesteckt hat, ist nur noch eine symptomatische Therapie möglich, sprich Orthesen und bei Bedarf Beatmung. Werden Hirnnervenkerne befallen bzw. kommt es zu spinaler Aszendenz bis zur Formatio reticularis, besteht die Gefahr der Atem- und/oder Kreislauflähmung. Im Zweifelsfall wird also auch Beatmung notwendig.
Die Prognose ist sehr uneinheitlich: Je nach Verlaufstyp und Form kann die Erkrankung blande verlaufen, sich komplett zurückbilden oder durch Befall des Atmenzentrums infaust enden.
Rein theoretisch wäre diese Erkrankung durch Schutzimpfung schon im Vorfeld blendend in den Griff zu kriegen, aber mit den Impfungen ist das in den weniger industrialisierten Ländern ja bekanntermaßen so eine Sache …

Weitere Infos

Die Übertragung von Polioviren geschieht oral-oral oder fäkal-oral. Das Virus vermehrt sich in den Peyer-Plaques und verstreut sich dann via Blutbahn, um die Motoneurone im Stammhirn und im Rückenmark zu befallen. Allerdings ist es eine ziemliche Rarität, wenn man sie in Deutschland in der Form zu sehen bekommt. Heimtückisch ist, dass beispielsweise durch Flüchtlinge diese Erkrankung sehr wohl noch eingeschleppt werden kann. Damit ist dann natürlich auch die Ansteckungsgefahr wieder gegeben – zumal die Impfung neuerdings von der STIKO (Ständige Impfkommission) nicht mehr generell empfohlen wird.

Hinter mir hör ich jemanden tüchtig schnaufen. Als ich mich umschaue, sehe ich eine mittelkleine, etwas dickliche Frau, die wegen ihrer Dauerwelle mal ein ernstes Wort mit ihrem Friseur wechseln sollte. Aber sie keucht nicht vor Wut auf den dekompensierten Haarstylisten, sondern weil sie ein ungefähr 14-jähriges Mädel schleppt. Huckepack. Man kriegt hier ja von Zeit zu Zeit durchaus was geboten für sein Geld …

Patientin 7

Bei der Dame handelt es sich um eine Sportlehrerin – also darauf hätte ich jetzt echt nicht getippt! Ihre Schülerin ist beim Basketballspielen mit dem rechten Fuß umgeknickt, hat Schmerzen und kann nicht auftreten.
RR 105/70, P 85, Temp. 37,0 °C.

DD-Vorüberlegungen

Ein **Distorsionstrauma des Sprunggelenks** – man kann zur Not auch einfach Verstauchung dazu sagen – erwirbt man sich im Allgemeinen durch Umknicken des Fußes über die Außenkante (Supinationstrauma) oder die Innenkante (Pronationstrauma). Häufig werden dabei auch Strukturen am Bandapparat gedehnt oder verletzt. Das Resultat sind Schmerzen, Schwellung und Hämatom rund ums obere Sprunggelenk (OSG); die Beweglichkeit ist eingeschränkt. Die Diagnose kann man anhand der Anamnese und der Sonographie stellen, aber um eine Fraktur auszuschließen, sollte man immer auch röntgen.
Apropos **Fraktur:** Auch Knochenbrüche der Malleoli am Sprunggelenk entstehen so gut wie immer durch Umknicken des Fußes nach außen oder innen und werden nach Weber in drei Stadien eingeteilt.

- Stadium Weber A bedeutet, dass der Außenknöchel unterhalb des intakten Syndesmoseapparats gebrochen ist.
- Beim Stadium B ist der Malleolus auf Höhe der Syndesmose gebrochen – die Syndesmose kann dabei mitverletzt sein.
- Liegt die Fraktur an der Fibula oberhalb der Syndesmose und ist diese eingerissen, spricht man von Weber-Stadium-C.

Außerdem können bei allen drei Formen die umliegenden Gelenks-, Knochen und Weichteilbereiche sowie Nerven und Gefäße beteiligt sein. Das Röntgenbild macht die Diagnose dingfest.

Heftige Gewalteinwirkung auf ein Gelenk kann aber auch einen **Bänderriss** nach sich ziehen. Wenn die Haltebänder des Gelenks teilweise oder vollständig reißen, geht das mit denselben Symptomen einher wie die Distorsion, hinzu kommt aber noch die Instabilität im Gelenk. Diagnostik wie gehabt: klinisches Bild, Ultraschall, Röntgen.
Bei einer Distorsion kommt es fast immer zum Zug der Bänder, selten zum Abriss. Beides kann aber eine Instabilität erzeugen. In der Regel wird nicht operiert, sondern erstmal RICE, dann Stabilitätstraining.

Anamnese & Befund

Ihr rechter Fuß ist rot, über dem rechten Außenknöchel geziert von einer golfballgroßen Schwellung, die bei Palpation offensichtlich gründlich wehtut. Die Beweglichkeit des Gelenks, auch die passive während der Untersuchung, ist eingeschränkt und ebenfalls extrem schmerzhaft. Dennoch lässt sich eine deutlich ausgeprägtere Verschiebung des Talus gegen die Tibio-Fibular-Gabel feststellen … sowohl in der seitlichen Kipp-Bewegung (Talar-Tilt) als auch in der Vor- und Rückbewegung (Schubladenphänomen). Hier muss ein Röntgenbild des rechten Sprunggelenkes in zwei Ebenen her, um eine Fraktur auszuschließen. Gehaltene Aufnahmen, auch der Gegenseite, bestätigen den klinischen Befund.

Untersuchung & Ergebnisse

So wie's aussieht, kommt das Mädel nochmal mit einem blauen Auge davon: Das Röntgenbild zeigt keinen Hinweis auf eine Fraktur. Im Vergleich zur Gegenseite ist der Aufklappwinkel rechts deutlich größer.

Diagnose

____

Diagnose Patient 6: Poliomyelitis epidemica anterior acuta.

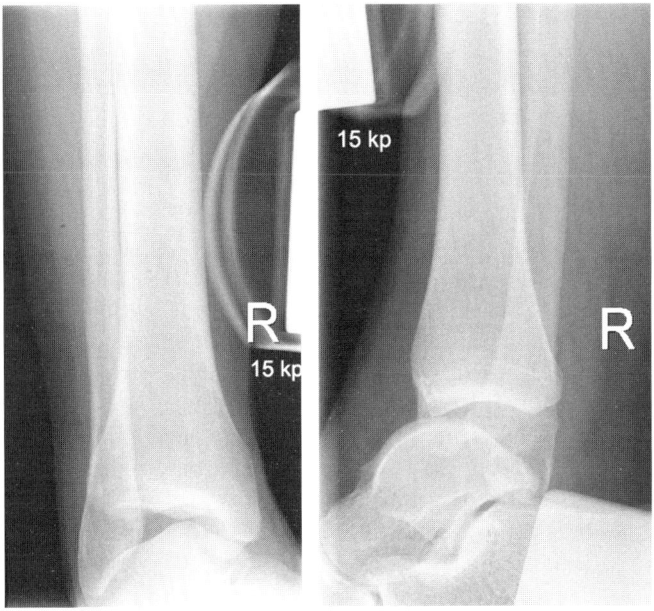

Abb. 24: Supinationstrauma rechts mit Aufklappbarkeit und Talusvorschub nach Belastung mit 15 kp.

Therapie & Komplikationen

Das therapeutische Zauberwort heißt hier RICE und bedeutet Rest, Ice, Compress, Elevate. Zusätzlich akut Analgetika. Je nach Entwicklung der Beschwerden kann man mit dem Sport so peu à peu wieder anfangen, sobald die Schwellung zurückgegangen ist. Dann aber vorsichtshalber mit präventivem Tape-Verband.
Um dem Gelenk wieder zu Stabilität zu verhelfen, eignen sich beispielsweise Übungen auf dem Kipp-Brett. Dadurch wird auch die neuromuskuläre Funktion wieder aufgebaut.

Ist heute Schulausflug in die Notaufnahme??

Patientin 8

Gerade wird eine komatöse 18-jährige Schülerin in Begleitung einer Mitschülerin und eines Lehrers in die Notaufnahme gebracht.
RR 110/70, P 112, Temp. 38,2 °C.

Anamnese & Befund

Der Lehrer gibt an, die Schülerin sei zuckerkrank und spritze sich selbst, sie leidet also offenbar an Typ-1-Diabetes. Die langjährige Freundin und Mitschülerin berichtet, dass solche „Anfälle" wie dieser in den letzten Jahren schon öfters vorgekommen seien. Deutlich zu erkennen ist bei der Patientin die Kussmaul'sche Atmung (vertieft, beschleunigt), die Augen sind tief in die Höhlen eingesunken, das lässt auf eine ziemliche Exsikkose schließen.
Ab in Richtung Intensiv! Vorher werden aber noch ein venöser und ein arterieller Zugang gelegt und ein paar Röhrchen für's Labor und für die BGA abgenommen. Aber das allererste Tröpfchen, das geht gleich in das BZ-Gerät! Ein Dauerkatheter fängt den Urin auf. Wichtig wäre hier die genaue Identifizierung des diabetischen Komas. Und auch Diabetiker experimentieren, erst recht in diesem Alter, durchaus mal mit irgendwelchen Partydrogen. Also was das Labor angeht, nicht nur auf Diabetes abheben, sondern auch Intoxikationen ausschließen, nach dem Motto „Es muss nicht immer der Zucker sein ... ".

DD-Überlegungen

Diabetisches Koma – davon gibt's drei verschiedene Formen, die alle drei mit einer Hyperglykämie wegen Insulinmangel aufwarten (Diabetes halt!):

- **1. ketoazidotisches Koma:** Trotz des erhöhten Blutzuckers können die Körperzellen nix damit anfangen und verwerten die en masse gebildeten Ketonkörper. Diese senken den Blut-pH ... Ketoazidose. Wegen Insulinmangel oder -resistenz kann Glukose nicht in die Zellen aufgenommen werden. Daher kann in den Zellen des Fettdepots auch nur in vermindertem Maße Glycerinphosphat produziert werden. Daraus resultiert, dass die Fettsäuren nicht zu Triglyceriden synthetisiert werden können und unverändert das Fettgewebe verlassen. In

Diagnose Patientin 7: Bänderriss.

der Leber werden sie (die Fettsäuren) über Acetyl-CoA zu Ketonkörpern abgebaut (Acetessigsäure, β-Hydroxybuttersäure). Von den Muskelzellen können Ketonkörper als Energiequelle benutzt werden, nicht jedoch vom Gehirn!

- 2. **hyperosmolares Koma:** Hier verliert der Körper sehr viel Flüssigkeit durch osmotische Diurese (Glukose wird über die Nieren ausgeschieden und zieht Wasser nach). Das hat zwei Effekte – das Blut „dickt ein" und der ohnehin schon hohe Glukosespiegel erscheint nun noch höher. Außerdem verhindert die Glukoseausscheidung den renalen Auswurf von Harnstoff und anderem Müll aus dem Körper – es kommt zur sog. prärenalen Urämie.
- 3. **laktazidotisches Koma:** Hier wird die im Überfluss vorhandene Glukose in den Zellen anaerob (also bis zur Stufe des Laktats) abgebaut. Auch das senkt den Blut-pH.

So ganz streng kann man diese drei Unterformen natürlich nicht voneinander trennen, da überlappt sich immer mal was. Diagnose wird gestellt anhand der Klinik: Dehydratation (Hautturgor sinkt), Bewusstlosigkeit, Kussmaul'sche Atmung (das ist der Versuch, die metabolische Azidose über die Atmung auszugleichen). Typische Unterscheidungskriterien für hyperosmolares und ketoazidotisches Koma in Stichworten:

- **hyperosmolares Koma:**
  - v.a. Typ-II-Diabetiker
  - BZ > 600 mg/dl
  - Hyperosmolarität > 310 mosm/l
  - kaum Azetonurie
  - pH-Wert oft normal
- **ketoazidotisches Koma:**
  - v.a. Typ-I-Diabetiker
  - BZ > 300 mg/dl
  - Plasmaketone > 300 mg/dl und Ketonurie
  - β-Hydroxybutyrat > 3 mmol/l (wird in Praxis allerdings nicht gemessen)
  - metabolische Azidose, ph-Wert < 7,2

Diagnose: BZ, BGA (HCO^{3-} niedrig, kompensatorisch auch pCO_2 niedrig, Hyperventilation).

Aber es könnte ja auch andere Gründe für das Koma geben, wie

- exogene Vergiftungen, z.B. durch Alkohol, Psychopharmaka
- neben Diabetes können auch urämische Störungen oder Lebererkrankungen zum Koma führen (hepatisches Koma: Fötor!)

- zentrales Koma, beispielsweise bei ischämischem Insult, Hirnblutung, Meningoenzephalitis
- Kreislaufschock

Untersuchung & Ergebnisse

Der Blutzucker beträgt fette 1254 mg/dl! (Ich wusste gar nicht, dass das Gerät vier Stellen anzeigen kann.)
Übrigens ist das Kalium anfangs oft noch normal, in Wirklichkeit stammt es aber eigentlich aus dem intrazellulären Raum. Bei der metabolischen Azidose wird durch den Versuch, dieses auszugleichen, vermindert Ammoniak (NH_3) über die Niere ausgeschieden. Somit fehlen im Primärharn Protonenakzeptoren, so dass Wasserstoffionen nicht in ausreichendem Maße ausgeschieden, sondern extrazellulär retiniert werden. Diese werden dann zum Ausgleich mit den intrazellulären Kaliumionen ausgetauscht und kaschieren die Hypokaliämie ein Weilchen.
Die Blutgasanalyse zeigt einen pH von 7,31 mit Anionenlücke. Ketonkörpernachweis in Blut und Urin.

	bei der Patientin	**normal**
Hb	16,1 g/dl	12–16 g/dl
Hkt	48%	37–46%
Kalium	4,7 mmol/l	3,5–5 mmol/l
Natrium	121 mmol/l	135–150 mmol/l
Glukose	1254 mg/dl	55–110 mg/dl
pH	7,31	7,37–7,45

Diagnose

Therapie & Komplikationen

Intensivmedizinische Betreuung ist hier nicht falsch. Die Behandlung muss folgende vier Faktoren beinhalten:

- 1. Insulintherapie: Der Blutzucker sollte allerdings nicht schneller als 100 mg/dl pro Stunde gesenkt und nicht auf unter 250 mg/dl gesenkt werden. Ein zu schneller Blutzuckerabfall kann nämlich zu Retinaschäden führen. Sinkt der Blutzucker unter 250–300 mg/dl, sollte man 2 IE Insulin pro Stunde und

5%ige Glukoselösung geben, um einer möglichen Hypoglykämie vorzubeugen.

- 2. Flüssigkeitszufuhr: Bei der Therapie von Dehydratation und Hyperosmolarität müssen ein paar Regeln eingehalten werden. Infolge der Exsikkose besteht eine Hypernatriämie, allerdings geht aufgrund der osmotischen Diurese auch Natrium über die Niere verloren. Ist die Hypernatriämie nur mäßig ausgeprägt (< 155 mmol/l), kann mit physiologischer NaCl-Lösung (0,9%) behandelt werden. Die Zufuhr hypotoner Lösung (z. B. NaCl 0,45%) erhöht das Risiko zu rascher Flüssigkeitsverschiebung in den Liquorraum. Dosierung: in der ersten Stunde 1000 ml, danach in Abhängigkeit vom ZVD. In den ersten acht Stunden beträgt der Flüssigkeitsbedarf fünf bis sechs Liter! Allerdings kann durch die Zufuhr von Flüssigkeit der massive Kaliummangel klinisch werden. Deshalb sollte man simultan Kalium zuführen und streng beobachten!
- 3. Azidosekorrektur: Durch die Insulintherapie wird auch die Azidose durch Hemmung der Lipolyse wirksam bekämpft, daher ist bei leichter Azidose (pH > 7,1) keine Therapie notwendig. Liegt der pH niedriger, gibt man Bikarbonat, allerdings nur ein Drittel des errechneten Bedarfs, da sonst eine gefährliche Hypokaliämie provoziert wird (s.o.).
- 4. Elektrolytsubstitution: Natrium wird ja im Rahmen der Flüssigkeitssubstitution zugeführt. Kalium muss man nach Beginn der Insulintherapie geben, sobald der BZ sinkt. Phosphatsubstitution eventuell bei Serumphosphat < 0,5 mmol/l, ca. 50 mmol/24 Stunden.

Wichtig: Niedrig dosierte Insulintherapie und langsamer Ausgleich der Stoffwechselentgleisung senken die Komplikationsrate! Die beim Coma diabeticum ablaufenden Wasserverschiebungen im ZNS benötigen einige Zeit zur Normalisierung; daher wacht der Patient oft nicht sofort nach Normalisierung der Werte auf.

Ganz wichtig ist, nach dem Auslöser der Hyperglykämie zu suchen und diesen zu behandeln! Denkbar wären Infektion, Kalorienkarenz, Insulinmangel bzw. -resistenz usw.

Weitere Infos

Häufig kommt es bei Patienten mit Diabetes mellitus Typ 1 zu solchen Zwischenfällen. Meist wird dies durch eine begleitende Akuterkrankung (z. B. Grippe) ausgelöst. Manchmal führt auch erst das ketoazidotische Koma zur Diagnose eines juvenilen Diabetes.

Ach da schau her, der nächste Schüler!

Patient 9

Diesmal habe ich die Ehre mit einem 19-jährigen Gymnasiasten, der von Hals-, Kopf- und Gliederschmerzen plus Fieber geplagt wird.
RR 120/80, P 88, Temp. 38,4 °C.

DD-Vorüberlegungen

Alle möglichen Keime können da im Rachenraum ihr Unwesen treiben. Ziemlich häufig ist eine **Streptokokkenangina bzw. -pharyngitis.** Streptokokken (in dem Fall β-hämolysierende Streptokokken der Serogruppe A) können wie andere Erreger auch eine Entzündung im Bereich des lymphatischen Rachenrings auslösen, die mit hohem Fieber, Schüttelfrost, Schmerzen und Lymphknotenschwellung einhergeht. Diagnose: klinisches Bild und Abstrich, übrigens immer von unter den Belägen, Antigen-Schnelltest oder Anlegen einer Kultur.
Streptokokken der Gruppe A lösen auch **Scharlach** aus. Hier zusätzlich „Himbeerzunge" (typische Zungenrötung ab dem vierten Krankheitstag), ein typisches Exanthem (bis stecknadelkopfgroße Effloreszenzen) und Wangenrötung mit Aussparung des Mund-Kinn-Dreiecks. Auch hier wird die Diagnose per Schnelltest, Erregernachweis im Abstrich, Labor und evtl. Antistreptolysin (ASL)-Titer gestellt.
Wesentlich seltener findet man eine **Plaut-Vincent-Angina.** Erreger ist das Fusobacterium necleatum zusammen mit Treponema vincenti. Wenn sich die beiden zusammentun, kann man mit einer Tonsillitis mit grau-weißlich belegten Ulzera (leicht blutend) rechnen, die zwar die Lymphknoten anständig anschwellen lässt, aber normalerweise kein Fieber macht. Oft einseitige, schmierige Nekrosen. Das Allgemeinbefinden der Patienten ist kaum beeinträchtigt, wohl aber das ihres Gegenübers, diese Form der Angina verbreitet nämlich einen ziemlich ekligen, fauligen Geruch ... Zur Diagnose verhilft ein Abstrich, in dem die Erreger allerdings in Massen nachweisbar sein müssen, da sie beide zur normalen Mundflora gehören.

Diagnose Patientin 8: Ketoazidotisches diabetisches Koma.

Ebenfalls nur noch ziemlich selten sieht man heutzutage eine **Diphtherie.** Nach einer Tröpfchen- oder Schmierinfektion mit dem Corynebacterium diphtheriae kriegen die Betroffenen zuerst unklare, grippeähnliche Symptome, die dann in eine Nasen-, Rachen-, Augen- (Konjunktivitis) oder Kehlkopfdiphtherie übergehen. Am häufigsten ist die Rachendiphtherie. Klinisch erkennbar ist sie an den grauweißen Belägen, die beim Abstreifen bluten (Pseudomembranen) und süßlichen Fötor verbreiten. Insgesamt schweres Krankheitsgefühl, regionäre LK-Schwellung. Vor allem bei der Kehlkopfdiphtherie (echter Krupp) besteht wegen der Pseudomembranbildung erhöhte Erstickungsgefahr, die eine Intubation oder Tracheotomie notwendig machen kann. Die Diagnose wird gestellt durch das klinische Bild und den Erregernachweis im Abstrich, außerdem findet man im Blutbild eine Lymphopenie.
Das Coxsackie-A-Virus verursacht die **Herpangina.** Nachweis durch Virusnachweis aus Zellkultur aus Abstrich oder im Stuhl.
Das Epstein-Barr-Virus ist beim Pfeiffer'schen Drüsenfieber (**Mononucleosis infectiosa**) am Werk. Nach Tröpfcheninfektion kommt's zu einer massiven Vermehrung der lymphatischen Gewebe. Die Symptome umfassen grippeartige Beschwerden, generalisierte schmerzlose Lymphknotenschwellungen, Tonsillitis sowie Milz- und Lebervergrößerung. Außerdem kommt es manchmal (3% der Fälle) zu einem petechialen Exanthem am harten Gaumen. Diagnostisch wegweisend ist neben dem Blutbild mit massenhaft mononukleären Zellen (Mononukleose-Zellen sog. Downey-Zellen) und Virozyten (= Reizform der Lymphozyten) oder Pfeiffer-Zellen (= aktivierte T-Lymphozyten) der Antikörper-Schnelltest. Dabei handelt es sich um den sog. Paul-Bunnell-Test: Heterophile IgM-Antikörper agglutinieren Hammel-Erythrozyten; bei 80% der Erwachsenen ist er positiv.

Anamnese & Befund

Während ich gemächlich seine zervikalen Lymphknoten abtaste, die zwar deutlich geschwollen, aber kaum schmerzhaft sind, erzählt mir der Knabe, dass er vor gut einer Woche bei der Loveparade in Berlin war, wo er es sich in jeder Beziehung feuchtfröhlich hat gut gehen lassen. Jetzt habe er ziemliche Schwierigkeiten beim Schlucken, was ich ihm sofort abkaufe: Seine Tonsillen sind ganz schön geschwollen, gerötet und mit weißlichem Belag verziert. Am Übergang zwischen hartem und weichem Gaumen

erkennt man kleine punktförmige Einblutungen unter die Schleimhaut. Das Abdomen ist weich. Eine Hepatomegalie kann ich bei ihm nicht tasten, wohl aber die Milz, die sich normalerweise bei der Palpation nicht outet.
Neben dem Routinelabor mit BB hätte ich nun gerne noch einen Paul-Bunnell-Test.

Untersuchung & Ergebnisse

Leukos 22 300/µl mit mehr als 70 % Downey-Zellen.

Diagnose

____

Therapie & Komplikationen

In aller Regel bedarf diese Erkrankung keiner besonderen Therapie, bloß viel Ruhe. Wegen der Gefahr der (seltenen) Milzruptur sollte man um alle Arten von Kontaktsport einen großen Bogen machen. Gegen hohes Fieber hilft Paracetamol. Sollten die Mandeln so stark anschwellen, dass sie die Atmung behindern, gibt man Kortikoide. Diese sind übrigens auch angezeigt, wenn sich als Komplikationen eine hämolytische Anämie oder ZNS-Beteiligung einstellen.

Weitere Infos

Mit dem Epstein-Barr-Virus (EBV) macht mindestens jede(r) zweite Teenie Bekanntschaft. Es wird vorwiegend oral-oral verbreitet, was der Mononukleose den treffenden Beinamen „Kissing disease“ eingebracht hat. Zwar entwickeln bei weitem nicht alle Virusträger eine Mononukleose, können es aber – küssenderweise – weiterverbreiten. Daher genügt zur Diagnose auch nicht der bloße Antikörpernachweis, IgM muss es schon sein.
Neben dem Pfeiffer'schen Drüsenfieber steht EBV auch im dringenden Verdacht, am Burkitt- Lymphom und der oralen Haarleukoplakie (bei AIDS) mitzumischen. Immunsupprimierte haben eine deutlich schlechtere Prognose mit schwerem und manchmal gar tödlichem Verlauf.

So, jetzt brauch ich erst mal was zwischen die Zähne.

Patientin 10

Nach einem schnellen Abstecher in die Kantine haste ich zurück in die Ambulanz – und renne dort ausgerechnet Karl, diesen PJ-Deppen von der Chirurgie, über den Haufen. Au Mann, die arme Mahatma. Aber von ihr ist nichts zu sehen, offenbar konnte sie noch rechtzeitig flüchten.
Was brabbelt der denn die ganze Zeit von einer Hüft-TEP? Es dauert ein Weilchen, ehe ich peile, dass diesmal nicht Mahatma der Grund für seinen ehrenvollen Besuch hier ist, sondern eine 56-jährige Patientin, die er hier runter gerollt hat. Vor fünf Tagen hat man ihr auf der Chirurgie eine totale Hüftendoprothese rechts implantiert. Die Operation hat sie gut überstanden, und der postoperative Verlauf war komplikationslos, aber seit ein paar Minuten hat sie heillose Schmerzen in der operierten Hüfte ... Das muss ich mir doch gleich mal anschauen. Karlchen nimmt das als Einladung und trabt hinterher. Na, meinetwegen.

Anamnese & Befund

Mahatma ist schon im Untersuchungszimmer zugange. Die alte Dame erklärt ihr gerade, dass alles gut gegangen sei, bis sie vor ein paar Minuten versucht habe, sich die Schnürsenkel selbst zu binden. Dabei hörte und spürte sie ein Schnappen in der operierten Hüfte, die sie seither nicht mehr schmerzfrei bewegen kann, vom Belasten ganz zu schweigen. Ihr rechtes Bein liegt in Außenrotationsstellung und erscheint verkürzt.
RR 140/80, P 76, Temp. 37,3 °C.

DD-Überlegungen

Zu der Anamnese und Klinik fällt mir nur eine Diagnose ein: die **vordere oder hintere Luxation der Hüftendoprothese.** Durch zu starke Beugung im Hüftgelenk, beispielsweise durch das Übereinanderschlagen der gestreckten Beine, einen zu niedrigen Sitz oder beim Strümpfeanziehen – in diesem Fall beim Schnürsenkelbinden – kann der künstliche Femurkopf relativ leicht nach hinten oben aus der implantierten Pfanne springen. Besonders gefährdet sind Frischoperierte, aber noch in den ersten paar Monaten nach OP kann einem das passieren. Möglich ist auch, dass der Prothesenkopf nach vorne aus der Pfanne rutscht. Dazu prädestinieren die Außenrotation des Femurs und Hyperextension der betroffenen Hüfte. In beiden Fällen klagt der Patient über Schmerzen und Instabilität; er kann nicht mehr laufen. Das Hüftgelenk federt und

steht in typischer Luxationsstellung. Das Röntgenbild macht die Diagnose hieb- und stichfest.
Genau das bestelle ich hiermit: eine Rö.-Kontrolle der rechten Hüfte im a.p. Strahlengang.

Untersuchung & Ergebnisse

Das Röntgenbild zeigt den künstlichen Hüftkopf außerhalb der künstlichen Pfanne. In Verbindung mit dem Luxationsmechanismus ist die Diagnose damit also klar.

Diagnose

____

Therapie & Komplikationen

Reponierung unter Bildwandlerkontrolle. Das klingt oft einfacher, als es dann wirklich ist. Die Patienten spannen unwillkürlich dagegen, so dass man häufig nicht ohne Relaxierung auskommt: beispielsweise Fentanyl „eintitrieren", bis der Patient weg ist, dabei aber schön auf die Atmung achten! Dipi wirkt nämlich atemdepressiv. Deswegen hol ich mir immer gern 'nen Anästhesisten heran, wenn's geht. Tja, und dann ans Fußende stellen und mit Gefühl das Bein unter Zug wieder in die Pfanne schnappen lassen. Wenn man einige Male bei der OP dabei gewesen ist, hat man schon ein ganz gutes Gefühl dafür.
Anschließend sollte die Patientin sich ihrer Hüfte angemessenere Bewegungsmuster angewöhnen, d.h. die ganze Latte an Krankengymnastik, die die hüftführende Muskulatur trainiert, in Verbindung mit Gangschule etc. So eine Luxation kann man nie ausschließen, aber ein guter Sitz der Prothese (korrekte Winkelstellung der künstlichen Pfanne), kann schon 'ne Menge Ärger ersparen. Jede Luxation bedeutet ja ein Auseinanderdehnen und -reißen des heilenden Gewebes in dem Bereich, sodass dadurch weitere Luxationen begünstigt werden.

Diagnose Patient 9: Mononucleosis infectiosa, auch bekannt als Pfeiffer'sches Drüsenfieber.

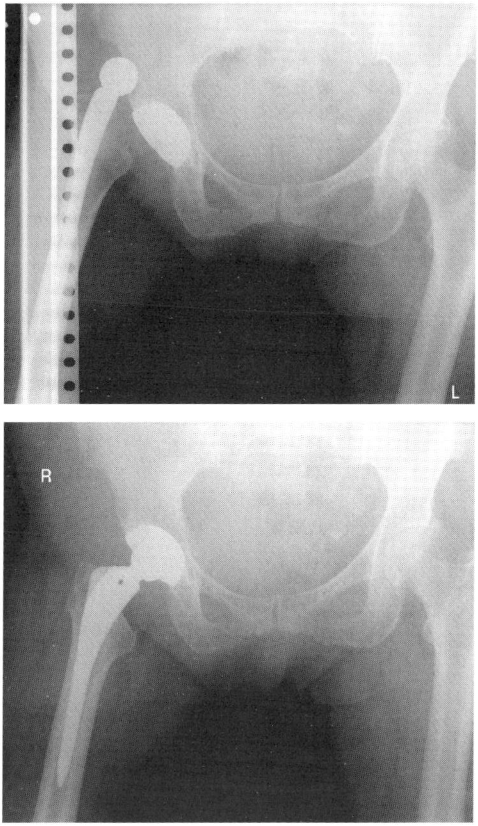

a

b

Abb. 25: Luxation TEP rechts vor (a) und nach (b) Reposition.

Plötzlicher Trubel auf dem Gang verheißt dringende „Kundschaft". Ich überlasse Mahatma dem Schreibkram, Karl und ihrem Schicksal und treffe draußen die Frau aus der Bettenstation, die mit sichtlicher Dyspnoe auf mich zu stolpert. Sie kann kaum sprechen und deutet auf ihre Arme und Beine. Sie hat einen generalisierten ödematösen Ausschlag. Eine Kollegin folgt ihr: „Sie ist vorhin auf der Wiese von einer Wespe gestochen worden."

RR 90/50, P 115, Temp. 37,2 °C.

DD-Vorüberlegungen

Das riecht ja förmlich nach einer **anaphylaktischen Reaktion!** Bei dieser Allergie vom Soforttyp kommt es nach dem ersten Kontakt mit dem Allergen zur Bildung von massenhaft IgE-Antikörpern in den Mastzellen (Sensibilisierungsphase). Sobald der Organismus dann erneut mit dem allergenen Stoff in Berührung kommt, machen sich die IgEs dann sofort an die Arbeit und setzen die Überempfindlichkeitsreaktion in Gang. Sie haben von Schnupfen, Niesen, Bindehautentzündung über Asthma, Urtikaria und Quinckeödem bis hin zum anaphylaktischen Schock alles im Repertoire. Zur Diagnose genügen Anamnese, klinisches Bild, Prick-Test und der Nachweis spezifischer IgE-AK im Serum mittels RAST.

Allerdings könnte der ödematöse Ausschlag auch eine **Urtikaria** sein. Das sind stark juckende und flüchtig auftretende Quaddeln, benannt nach „Urtica", der Brennnessel. Zu Deutsch spricht man deshalb auch von Nesselsucht oder Nesselfieber. Dabei kriegt man an der Haut ziemlich exakt die gleichen Bollen, als hätte man in Brennnesseln reingelangt. Die Härchen derselben sind nämlich mit klitzekleinen Histamin-Reservoirs gespickt, die ihre Ladung freigeben, sobald man sie berührt. Bei der Urtikaria wird aus irgendeinem Grund körpereigenes Histamin freigesetzt. Das kann zwar, muss aber nicht zu einer allergischen Reaktion gehören. Beliebte Auslöser sind auch Arzneimittel wie Acetylsalicylsäure, manche Konservierungs- und Farbstoffe oder andere Lebensmittel(zusätze), die eine Unverträglichkeitsreaktion auslösen, die eine Allergie zwar imitieren, ohne dazu aber das Immunsystem zu bemühen (= anaphylaktoide Reaktion). Auch physikalische Trigger wie Wärme, Kälte, Wasser, Sonnenlicht, Reibung, Schwitzen und was weiß ich sind als Auslöser denkbar. Im Gegensatz zur echten Allergie braucht's hier übrigens keine Sensibilisierungsphase … Diagnose durch Anamnese, Klinik, Ausschluss einer Allergie und Auslassdiät respektive Provokationstests.

Diagnose Patientin 10: Hintere Hüft-TEP-Luxation.

Anamnese & Befund

Die Effloreszenzen der Patientin sind ganz eindeutig Urtikaria-Quaddeln, die über den gesamten Körper verteilt sind. Zyanotische Lippen bei einer Sauerstoff-Sättigung von 91% (zentrale Zyanose) deuten auf einen verminderten Gasaustausch in den Lungen hin; wahrscheinlich spielen also auch die inneren Schleimhäute verrückt. Außerdem rutscht der Blutdruck recht rasch in den Keller und die Herzfrequenz steigt dafür stark an.

Für großartige Untersuchungen bleibt hier keine Zeit. Die Diagnostik, sprich Hauttest und RAST (Radio-Allergo-Sorbent-Test) auf spezifische IgE-Ak, in diesem Fall wohl gegen Bienen- und Wespengift, und natürlich die Anamnese müssen warten, bis sich ihr Zustand stabilisiert hat.

Untersuchung & Ergebnisse

Und siehe da: Sie hat einen Mordstiter (fast wörtlich!) an IgE gegen bestimmte Bienengift-Peptide im Blut. Auf die Hauttests wurde aufgrund der Anaphylaxie-Gefahr daraufhin verzichtet.

Diagnose

Therapie & Komplikationen

Notfall! Grob lässt sich die Therapie wie folgt zusammenfassen:

- Volumen hilft (also schnell zwei große Zugänge legen und viel Flüssigkeit geben)
- Adrenalin rettet (auf 1 : 1000 titriertes Epinephrin)
- Kortikoide heilen (z.B. 500 mg Prednisolon).

Um eine weitere Ausschüttung von IgE zu verhindern, müssen auch Antihistaminika i.v. gegeben werden (also H_1-Antagonisten wie z.B. 8 mg Dimetinden und H_2-Antagonisten wie z.B. 400 mg Cimetidin). Außerdem unbedingt die O_2-Versorgung sicherstellen, im Zweifelsfall intubieren und beatmen. Ist der Rachen bereits stark verschwollen, kann gar eine Koniotomie nötig werden! Weitere Flüssigkeitsinfusionen, um den Blutdruck zu halten.

Langfristig ist diese Patientin ein Fall für die Hyposensibilisierung!

Weitere Infos

Das Wichtigste in so einer Situation ist, sie früh zu erkennen und schnell zu handeln. Davon hängt das Leben der Patientin ab! Diese IgE-vermittelten Hypersensibilitätsreaktionen vom Sofort-Typ sind echt nicht ohne, zumal man sich nicht unbedingt gleich beim ersten Antigenkontakt sensibilisieren muss. Es ist durchaus möglich, dass man die ersten zehn, zwölf Stiche ohne wesentliche Beschwerden wegsteckt, und erst bei Nummer 13 beschließt das Immunsystem, verrückt zu spielen.

Jetzt habe ich mir aber einen Kaffee redlich verdient. Von Mahatma ernte ich im Schwesternzimmer nur einen wütenden Blick. Aber dann kriegt sie sich zum Glück wieder ein. So ist halt das Leben, oder?

Patientin 12

Meine nächste Patientin ist die 24-jährige Thekenkraft einer großen Diskothek. Sie klagt über starke beidseitige Kopfschmerzen ohne jegliche Begleitsymptomatik. Damit schlägt sie sich schon länger rum, hat es bisher aber immer mit Aspirin oder Paracetamol in den Griff gekriegt. Das funktioniert in letzter Zeit nicht mehr richtig, ihr kommen diese Kopfschmerzen jetzt häufiger und stärker vor.
RR 120/80, P 68, Temp. 36,8 °C.

DD-Vorüberlegungen

Kopfschmerzen, von manchen als Volkskrankheit abgetan, gibt es tatsächlich in vielen Formen mit entsprechender Ätiologie.
Migräne: Sie äußert sich duch anfallsartige, pochende Kopfschmerzen, die wiederholt und meist halbseitig auftreten, wobei die Seite aber wechseln kann. Die Schmerzen nehmen bei körperlicher Aktivität zu und sind meist vorne, über und hinter den Augen lokalisiert. Bei etwa einem Drittel der Patienten kündigt sich ein Anfall schon einige Tage vorher durch Stimmungsschwankungen, Müdigkeit oder Hyperaktivität (sog. Prodromi) an. 10–15% der Migränekranken erleben kurz vor Beginn der

---

Diagnose Patientin 11: Anaphylaktische Reaktion bei Bienengift-Allergie.

Schmerzen eine „Aura" in Form von neurologischen Wahrnehmungsstörungen, besonders häufig sind Sehstörungen – Stichwort Flimmerskotom. Während des Anfalls sind viele Patienten extrem lärm- bzw. lichtempfindlich. Typischerweise kommt es auch zu Übelkeit, seltener Erbrechen. Stunden bis Tage kann dieser Zustand andauern, und er hinterlässt die Patienten völlig erschöpft.

Spannungskopfschmerz: Das ist wohl die bekannteste Kopfschmerzvariante. Schlafdefizit, Alk-Abusus und psychische Spannungen förden diesen diffusen, dumpfen und stetigen Schmerz ohne vegetative oder autonome Begleitsymptome. In der leichten Form können Schmerzmittel ausreichen, in der chronischen Form (Kopfschmerz an mehr als 15 Tagen pro Monat) müssen vorbeugende Medikamente, z.B. trizyklische Antidepressiva, versucht werden.

Iatrogen induzierter Dauerkopfschmerz: Nach regelmäßiger und lang dauernder Einnahme von Analgetika kann es zu anhaltenden Kopfschmerzen kommen. Die Symptomatik ist ähnlich einer Mischung aus einer Migräne und einem Spannungskopfschmerz. Klassischerweise bestehen tägliche Kopfschmerzen, die auch täglich mit Schmerzmitteln behandelt werden. Die einzige Möglichkeit der Behandlung besteht in einem Entzug der Schmerzmittel.

Cluster-Kopfschmerz: Wie die Migräne macht er sich halbseitig und attackenartig bemerkbar. Den Namen Cluster (= Haufen) hat er erhalten, weil er in Perioden mit gehäuften Anfällen auftritt (ein bis zwei Wochen mit ca. ein bis drei Anfällen pro Tag). Im Gegensatz zur Migräne verspürt der typische Cluster-Patient nicht das Bedürfnis, sich hinzulegen, läuft schmerzgeplagt auf und ab (sog. „pacing around"). Dieser intensive, stechende Schmerz in der Augenregion ist vermutlich der schlimmste Schmerz, den Menschen erleben können, und wird deshalb auch „Suizidkopfschmerz" genannt. Er tritt konstant auf der gleichen Seite auf und zieht auch das Auge in Mitleidenschaft: Es ist praktisch immer gerötet und tränt (sog. autonome Symptome, weshalb der Cluster-Kopfschmerz auch „Trigemino-autonomer Kopfschmerz" genannt wird.

Trigeminusneuralgie: Oft idiopathisch oder nach einem Eingriff oder als Folge anderer Erkrankungen, bei der die Myelinscheide des V. Hirnnervs verletzt wurde und nun springen Erregungen der taktilen Fasern auf die Schmerzfasern über. Die Patienten sprechen von einem Vernichtungsschmerz, der alle paar Minuten, also bis zu 100-mal am Tag, blitzartig auftaucht. Da bei dieser Symptomatik eine starke psychische Belastung besteht, ist eine Vorstellung in der Schmerzambulanz mit psychologischer Betreuung ratsam.

Arteriitis temporalis Horton: Sie gehört in den rheumatischen Formenkreis und tritt in der Regel erst ab dem 60. Lebensjahr auf. Dabei stehen meist allgemeine Symptome wie Müdigkeit, Fieber und Myalgien im Vordergrund. Das Leitsymptom ist jedoch der Kopfschmerz. Wegweisend ist die verhärtete und druckschmerzhafte A. temporalis. Die BSG ist stark beschleunigt. Wenn man sie rechtzeitig erkennt, spricht die temporale Arteriitis schnell und gut auf Kortison an. Unbehandelt kann der Patient bei Befall der Augenarterie erblinden oder bei Befall einer Hirnschlagader einen Schlaganfall erleiden …

Anamnese & Befund

Die Patientin berichtet weder über eine Aura noch über Photophobie (Lichtscheu). Ihre Sehschärfe habe sich nicht verschlechtert und motorische Ausfälle hat sie auch keine bemerkt. Die Medikamentenanamnese ist leer, ein regelmäßiger Analgetikaabusus besteht nicht. Die Palpation der Schläfen ist schmerzfrei und es fallen keine verdickten Gefäße auf. Die Fundoskopie zeigt einen scharf begrenzten Diskus ohne Anzeichen für eine Steigerung des Hirndrucks. Die restliche neurologische Untersuchung ist ebenfalls unauffällig.

Zum Ausschluss eines entzündlichen Geschehens (Arteriitis temporalis) lasse ich noch die Blutsenkung und CRP bestimmen, außerdem ein CCT.

Untersuchung & Ergebnisse

CCT und Labor sind beide völlig normal.

Diagnose

Therapie & Komplikationen

Therapie der Wahl sind trizyklische Antidepressiva, wie das Amitryptilin. Dieses sollte abends eingenommen werden, um die Nebenwirkung der Müdigkeit auszunutzen. Zu den nichtmedikamentösen Optionen gehören Entspannungsübungen, Yoga, Akupunktur, die durchaus auch mit der medikamentösen Therapie kombiniert werden können.

Weitere Infos

Charakteristisch für den Spannungskopfschmerz sind die beidseitige Lokalisation und der dumpf-drückende Charakter ohne vegetative Begleitsymptome.
Häufig leiden die Patienten gleichzeitig an einer Depression. Wichtigste differenzialdiagnostische Überlegung bleibt der Analgetika-induzierte Dauerkopfschmerz.

Patient 13

Hier bringen die Eltern ihren Fünfjährigen in heller Aufregung auf direktem Weg aus dem Kindergarten. Dort hatte ihnen die Erzieherin nämlich geraten, doch mal einen Arzt nach dem Jungen sehen zu lassen, weil er selbst bei mäßigen körperlichen Anstrengungen gleich um Luft ringe und es immer eine ganze Weile dauere, bis er wieder normal schnaufen könne. Die Eltern sind völlig aus dem Häuschen; dass das Kind „schon immer" so schnell geatmet hat, fanden sie nie weiter auffällig und sind nun besorgt, etwas übersehen zu haben.
RR 95/40, P 140, Temp. 36,8 °C, Atemfrequenz 36/min.

DD-Vorüberlegungen

Verschiedene angeborene Herzfehler könnten die Ursache für Dyspnoe und die große Blutdruckamplitude sein:

- Beim **Ductus arteriosus apertus** oder persistierender Ductus arteriosus (PDA) schließt sich – wie der Name schon sagt – der Ductus arteriosus (Botalli) nach der Geburt nicht. Da nun durch diese Verbindung ständig Blut vom linken in den rechten Kreislauf zurückschwappt, kommt es zur Überlastung des kleinen Kreislaufs und des linken Ventrikels. Meist sind diese Kinder asymptomatisch, aber je nach Ausprägung können auch Dyspnoe und Tachypnoe auftreten. Schlimmstenfalls kann die ansteigende Pulmonalresistenz bis hin zur Eisenmenger-Reaktion führen. So nennt man es, wenn der Druck im rechten Herzen so angestiegen ist, dass er das linke Herz überflügelt und das

Blut, dem Druckgradienten folgend, nun nicht mehr von links nach rechts, sondern von rechts nach links ausweicht (Shuntumkehr). Da die Lunge einem solchen Druck nicht gewachsen ist, findet dort ein bindegewebiger Umbau statt, es kommt zur irreversiblen Lungenfibrose. Damit ist der erhöhte rechtskardiale Druck zwar nicht in Stein, aber in Fibrosegewebe gemeißelt: Von da an ist die Schose nicht mehr reversibel, selbst wenn man die zugrunde liegende Störung behebt. Beim Auskultieren hört man ein typisches Lokomotiv-Geräusch über dem Herz. Der O_2-Gehalt in der Pulmonalarterie ist erhöht. Klassischerweise sieht man im Rö.-Thorax ein vergrößertes Herz mit verbreitertem Hilus, betontem Pulmonalbogen und vermehrter Gefäßzeichnung der Lungen. Der PDA macht rund 5–10 % aller angeborenen Herzfehler aus; man muss ungefähr bei einem von 4000 Neugeborenen damit rechnen.

- Der **Vorhofseptumdefekt** (ASD) macht 15 % der angeborenen kardialen Fehlbildungen aus, wobei Mädchen doppelt so häufig wie Jungen betroffen sind. Je nach Lokalisation des Defekts unterscheidet man (von kranial nach kaudal) Sinus-venosus-, Ostium-secundum- und Ostium-primum-Defekte. Alle beschreiben eine pathologische Öffnung des Vorhofseptums. Blut wird also aus dem linken Vorhof wieder in den rechten gepumpt, der Lungenkreislauf wird überflutet, die chronischen Folgen sind die gleichen wie beim PDA. Klinik: blasse Haut, Leistungsminderung, Dyspnoe, häufig bronchopulmonale Infekte! Bei der Auskultation hört man ein leises Systolikum über dem 2. ICR links. Das EKG zeigt einen Rechtsschenkelblock und Rechtsherzbelastung, der Rö.-Thorax vermehrte Lungenperfusion. Im Echo lässt sich der Defekt gut darstellen.
- Mit 25 % der angeborenen Fehlbildungen des Herzens noch häufiger ist der **Ventrikelseptumdefekt** (VSD), bei dem die Wand zwischen den Kammern nicht ganz dicht ist. Die Konsequenzen sind wie bereits beschrieben. Man kann ein Systolikum im 3. bis 4. ICR links auskultieren, gesichert wird die Diagnose per EKG, Rö.-Thorax und vor allem Echo. Ein Herzkatheter schließt sich später zur Bestimmung der pulmonalen Widerstandsverhältnisse an.

Nicht angeboren, sondern im Allgemeinen erworben ist die **Kammerautomatie,** bei der die Kammern nach eigener Pfeife tanzen,

---

Diagnose Patientin 12: Spannungskopfschmerz.

wenn der Sinusrhythmus – aus welchen Gründen auch immer – den Ton nicht angibt. Die Diagnose ergibt sich aus dem EKG mit Bradykardie um die 30–40 Schläge/Minute, hoher RR-Amplitude, M-förmig verbreitertem QRS-Komplex. Die Bradykardie führt natürlich auch zu Dyspnoe und Tachypnoe. Allerdings würde man so etwas wohl eher bei älteren Herrschaften mit KHK erwarten.

Anamnese & Befund

Die Mutter berichtet über einen vorübergehenden Hautausschlag, den sie im dritten Schwangerschaftsmonat an sich bemerkt hatte. Geimpft gegen Röteln sei sie nicht. Der Junge kam bereits in der 33. Schwangerschaftwoche – also knappe acht Wochen zu früh – in Mexico City, also in ziemlich großer Höhe, zur Welt, wo der Vater in diplomatischer Mission unterwegs war.
Das Hautkolorit des Jungen ist normal, nicht zyanotisch. Die körperliche Untersuchung ist altersentsprechend. Erst bei der Auskultation werde ich stutzig: Dem Kind fährt eine Lokomotive durch den Brustkorb, so klingt das! Ein stetiges Maschinengeräusch, am deutlichsten zu hören im 2. und 3. ICR links parasternal. Das ist doch mal ein Befund, oder?
Voller Forscherdrang schließe ich noch ein EKG an und bestelle einen Röntgen-Thorax und natürlich ein Herzecho. Zur Abrundung der Diagnostik hätte ich außerdem gerne noch einen Pulmonaliskatheter (Swan-Ganz-), um die Gase in der Pulmonalisarterie zu bestimmen.

Untersuchung & Ergebnisse

EKG und Röntgenbild sind sich einig: Beide zeigen auf ihre Art eine Linksherzhypertrophie. Außerdem ist die Lungengefäßzeichnung vermehrt. Der Swan-Ganz-Katheter bescheinigt 'ne gesteigerte O_2-Sättigung in der Pulmonalarterie bei noch so eben physiologischem Druck.

Diagnose

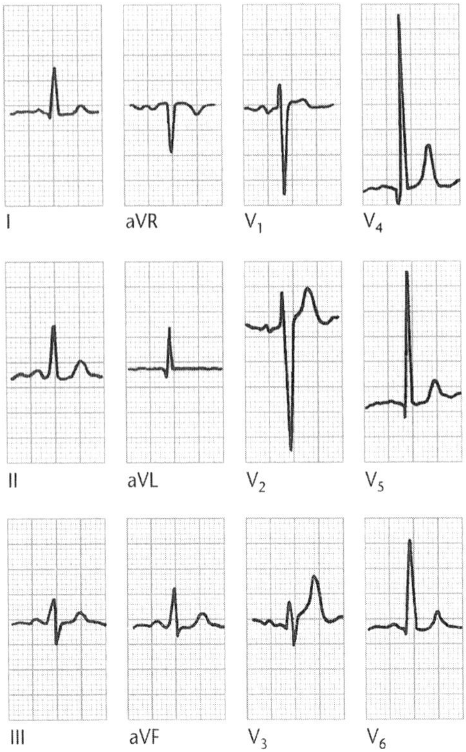

Abb. 26: Linksherzhypertrophie: pathologisch vergrößerte QRS-Komplexe, Q-Zacken in den Ableitungen V_4 und V_5.

Therapie & Komplikationen

Medikamentös (Diuretika) sollte zunächst das Herz entlastet werden. Bei noch normalem Lungenwiderstand kann man zuerst einen Therapieversuch mit Indomethacin machen. Die Prostaglandinhemmung fördert den Verschluss des PDA. Wenn das nichts bringt, muss man den PDA chirurgisch verschließen, allerdings nur, solange es noch nicht zur Eisenmenger-Reaktion gekommen ist. Danach verbietet sich der Eingriff wegen der Gefahr der Rechtsherzüberlastung. Antibiose vor chirurgischen und mundchirurgischen Eingriffen!

Diagnose Patient 13: Ductus arteriosus apertus (PDA).

Weitere Infos

Während der Fetalzeit braucht man die Lunge ja bekanntlich noch nicht zum Gasaustausch. Das Blut nimmt daher die Abkürzung aus der Pulmonalarterie durch den Ductus arteriosus (DA) in die Aorta. Das ändert sich unmittelbar nach der Geburt: Mit dem ersten Atemzug entfaltet sich die Lunge und saugt dabei das Blut aus dem rechten Herzen. Von da an findet das Blut den Weg, den wir alle zur Genüge auswendig gelernt haben, durch die Pulmonalvene über den linken Vorhof in die linke Kammer und in die Aorta. Diese Bedingungen führen normalerweise dazu, dass der DA sich schließt und später nur noch als Ligamentum arteriosum zu finden ist (da tauchen doch vage Erinnerung an den Präp-Kurs auf??). Aber manchmal – bei Jungs übrigens doppelt so häufig wie bei Mädchen – hapert's mit diesem Verschluss: Der DA bleibt bestehen und erwirbt sich so das P davor. Besonders prädisponiert sind Frühchen und Kinder, die in einer Umgebung mit niedrigem O_2-Partialdruck den ersten Schnaufer tun.

Gerade sah noch alles nach Feierabend aus, da melden die Sanis noch einen Notfall. Also gut, den noch, aber dann geht's heim, packen und ab ins Elsass!

Patientin 14

Über Funk meldet der Rettungswagen, dass eine 19-jährige American-Football-Spielerin mit erhöhter Temperatur zu uns unterwegs sei. Sie ist gegen Ende der Trainingseinheit in voller Montur bei 32 °C im Schatten zusammengebrochen. Der Rettungsdienst hat sie bewusstlos und mit hochrotem Gesicht vorgefunden.
RR 100/60, P 104, Temp. 40,5 °C.

DD-Vorüberlegungen

Da ist bei uns erst mal ein bisschen Brainstorming angesagt:
Hitzschlag: Wenn die Wärmeabgabe nicht funktioniert, steigt die Körpertemperatur. Die Wärmeeinwirkung kann sowohl durch exogene (hohe Außentemperatur) als auch durch endogene Faktoren (körperliche Arbeit, Fieber, Medikamente etc.) entstehen. Der Körper meldet sich oft zunächst mit Kopfschmerzen. Wenn dann nix unternommen wird, steigert sich das Ganze aber rasch

bis hin zur Bewusstlosigkeit. Typisch und zusammen mit der Anamnese diagnostisch wegweisend sind warme, trockene, rote Haut, Tachykardie und Körpertemperatur über 40 °C.

Epilepsie: Hierbei kommt es zu anfallsartigen, mehr oder weniger ungeordneten Entladungen (generalisiert, partiell, fokal) im Gehirn. Mögliche Ursachen gibt's in rauen Mengen: genetisch, metabolisch, traumatisch, Tumor, Infekt und, und. Die Klinik hängt davon ab, welche Hirnregionen an dem Dauerfeuer beteiligt sind. Bei entsprechender Anamnese kann man die Diagnose mittels EEG, MRT und CCT sichern.

Hypoglykämischer Schock: kommt in der Regel bei insulinpflichtigen Diabetikern vor. Wenn durch Überdosierung des Insulins oder stärkeren Energiebedarf als vorher geplant der Zuckerspiegel sinkt, empfinden die Betroffenen das zunächst als Schwächegefühl und Zittrigkeit. Sehr schnell kann das Ganze dann aber in einen generalisierten Schwächeanfall bis hin zum Koma münden. Die Diagnose ist einfach: Blutzucker-Stix. Die akute Therapie auch: Glukose.

Auch bei einer **Sepsis** können Fieber, Hypotonie, Tachykardie und Benommenheit auftreten.

Weniger wahrscheinlich handelt es sich um eine **hypertrophe Kardiomyopathie.** Diese asymmetrische Hypertrophie des Ventrikelseptums wird in etwa der Hälfte der Fälle autosomal dominant vererbt. Der Herzmuskel wird dabei dermaßen kräftig, dass er erstens seine eigene Auswurfbahn versperrt und zweitens die Koronararterien es kaum schaffen, den Blut- bzw. O_2-Bedarf des Muskelgewebes zu decken. Die Folgen sind Atemnot bei Anstrengung, anginöse Thoraxschmerzen, Synkopen und im schlimmsten Fall Tod durch akutes Herzversagen. Die Diagnose kann man mit EKG und Herz-Echo stellen.

Anamnese & Befund

Die Patientin wird bewusstlos und intubiert in die Notaufnahme gerollt. Zwei ihrer Teamkolleginnen begleiten sie. Mit Ausnahme von ihrem Helm steckt die Spielerin noch in ihrer kompletten Montur. Ihre Haut ist heiß und trocken. Die Körpertemperatur liegt mittlerweile bei 40,3 °C, der Blutdruck ist auf 120/70 mmHg angestiegen, Puls 98. Während wir sie aus ihrer Rüstung befreien und einen Blasenkatheter legen, erzählen die Freundinnen, dass sie plötzlich bewusstlos auf dem Platz umgekippt sei. Es hat wohl über eine halbe Stunde gedauert, bis der Notarzt eintraf. Wäh-

renddessen hat eine der Freundinnen mit dem Trainer zusammen nach ca. zehn Minuten Bewusstlosigkeit die Mund-zu-Mund-Beatmung einleiten müssen.
Das im Notarztwagen erstellte EKG zeigt keinen Hinweis auf Linksherzhypertrophie.
In den Katheterbeutel läuft dunkler Urin!

DD-Überlegungen

Der dunkle Urin in Verbindung mit den hitzschlagtypischen Symptomen macht mich jetzt schon ein wenig nervös. Das riecht doch nach **Rhabdomyolyse!** Die braune Urinverfärbung wird dabei durch das aus zersetztem Muskelgewebe stammende Myoglobin verursacht. Im Blut sind in dem Fall auch Harnstoff, Kalium, Kreatinin und Kreatinkinase erhöht. Das machen die Nieren nicht lange mit, es besteht die dringende Gefahr des akuten Nierenversagens!
Jetzt also: großes Blutbild mit Harnstoff, Krea und Kreatinkinasespiegel. Den Urin lass ich gleich auf Myoglobin und Pharmaka untersuchen.

Untersuchung & Ergebnisse

Bluthamstoff ist auf deutlich über 8,3 mmol/l erhöht, Krea 183 µmol/l, Kreatinkinase weit über 80 U/l, auch das Serum-Kalium ist erhöht.
Die Urinanalyse ergibt Myoglobin. Drogen oder andere Medikamente sind nicht im Spiel, Hinweise auf einen Infekt gibt es auch nicht. Die gesamte restliche Untersuchung ist normal.

Diagnose

____

Therapie & Komplikationen

Primär muss neben der Substitution von Flüssigkeit die Körpertemperatur aktiv durch kühlende Maßnahmen (z. B. ca. 15 °C kalte Infusionen, Eiswasserspülung der Blase und des Magens, kontinuierliche evaporative Kühltherapie) auf unter 39 °C reduziert werden.
Ansonsten muss man natürlich Flüssigkeit und Elektrolyte ersetzen. Ganz wichtig sind jetzt Mannitol zur osmotischen Diurese

und die Alkalisierung des Harns gegen das drohende Nierenversagen – und ab auf die Intensiv!

Weitere Infos

Für die Rhabdomyolyse kann man eine autosomal rezessiv vererbte Disposition von seinen Eltern mitkriegen. Davon abgesehen gehört die Rhabdomyolyse zu den gefürchteten Komplikationen nach anstrengungsbedingtem Hitzschlag, bei Drogenkonsum (z. B. Heroin, Kokain, Ecstasy, Alkohol) und bei der durch Inhalationsanästhetika (Narkotika) oder Succinylcholin ausgelösten malignen Hyperthermie oder nach Einnahme bestimmter Medikamente (z. B. Psychopharmaka, CSE-Hemmer).

Als ich mich gerade verkrümeln will, laufe ich Ursula in die Arme. Mist, das war ein schwerer taktischer Fehler! Okay, okay, diese eine Patientin noch ...

Patient 15

Anamnese & Befund

Eine 21-jährige Studentin, die bei einer Länge von 1,78 Metern magere 46 Kilöchen wiegt, kommt eigentlich nur, weil ihre beiden WG-Mitbewohnerinnen sie quasi dazu gezwungen haben. Dabei fehlt ihr nicht das Geringste, wie sie sagt, im Gegenteil: „Ich fühle mich prächtig!" Allerdings ist sie in Eile, sie will nach Hause, weil sie zum Lauftreff verabredet ist.

RR sitzend 115/80, RR stehend 90/60, P 52, Temp. 36,4 °C.

Ganz so schnell lass ich sie aber nicht gehen, erst mal wird untersucht. Auffällig sind die ausgeprägte Kachexie und die generalisierte Hypertrichose. Periphere Ödeme lassen auf eine Hypoalbuminämie schließen. Die primären und sekundären Geschlechtsmerkmale sind regelrecht. Die letzte Regelblutung hatte die Patientin vor fast sieben Monaten. Übrigens hält sie sich selbst für übergewichtig – die Oberschenkel seien zu dick!

Ansonsten wirkt sie stimmungsmäßig ganz normal, über Schlaf-

Diagnose Patientin 14: Rhabdomyolyse nach anstrengungsinduziertem Hitzschlag.

störungen kann sie auch nicht klagen, im Gegenteil: Seit sie morgens immer so früh aufstehe, um Zeit für den Sport zu haben, ist sie abends immer gleich so groggy, dass sie schläft, „bevor der Kopf auf dem Kissen gelandet ist".

DD-Überlegungen

Als Erstes drängt sich der Verdacht auf eine **Anorexia nervosa** – Magersucht – auf. Diese psychogene Essstörung betrifft in erster Linie junge Frauen, die mit allen Mitteln versuchen, Gewicht zu verlieren. Dazu betreiben sie Nahrungsverweigerung bis hin zur lebensgefährlichen Kachexie, nehmen Abführmittel, treiben Sport im Übermaß, was schließlich auch zur Störung des Körperwachstums sowie der regulären Geschlechtsentwicklung (Amenorrhoe, unterentwickelte Brust) führt. Von den Betroffenen werden gerne selbst organische Krankheiten, z. B. Hormonstörungen, als Erklärung herangezogen. In der Realität sind diese aber praktisch immer sekundär und unter Psychotherapie und steigendem Gewicht reversibel.

Eine weitere Ess-Störung, die ziemlich eng mit der Anorexie verwandt ist, ist die **Bulimia nervosa.** Die Betroffenen werden zwischen Phasen exzessiven Fastens von regelrechten Fressattacken heimgesucht. Ist der Kühlschrank dann leer gegessen, versuchen sie sich sämtlicher aufgenommener Kalorien durch willentlich herbeigeführtes Erbrechen oder Abführen wieder zu entledigen, daher auch die Bezeichnung Ess-Brechsucht. Oft geht der Bulimie eine Magersucht oder aber enormes Übergewicht voraus. Allerdings hat die Patientin selbst induziertes Erbrechen auf Nachfrage hin wirklich glaubhaft verneint; und auch ihr Zahnschmelz ist topp in Ordnung – keine Läsionen durch häufigen Kontakt mit Magensäure zu sehen.

Denkbar wäre aber auch eine **Depression mit gestörtem Körperschema.** Ein gestörter Bezug zum eigenen Körper samt falscher Körperwahrnehmung sind dabei Ausdruck eines gestörten Gefühls- und Gemütslebens. Diese Patientengruppe hat aber ein anderes Essverhalten, meistens fehlt der Appetit. Ist die Depression behandelt, stellt sich auch das Hungergefühl wieder ein und die Patienten nehmen problemlos zu. Depressiv verstimmt wirkt diese Patientin aber gar nicht, auch sonst gibt es bei der Unterhaltung mit ihr keinen Grund, sie inhaltlicher oder formaler Denkstörungen zu bezichtigen. Merkfähigkeit, Konzentration und Gedächtnis sind ebenfalls normal.

Differenzialdiagnostisch muss auch an eine Schilddrüsenstoffwechselstörung gedacht werden.

Klarheit sollten folgende Laboruntersuchungen schaffen: Routinelabor mit Blutbild, T_3-, T_4-, LH-, FSH-, Östrogen- und Urin-HCG-Spiegel; immerhin ist ja bei einer letzten Periode vor sieben Monaten eine **Schwangerschaft** nicht auszuschließen, da kann es in der Anfangsphase auch zu vermehrter Gewichtsabnahme kommen.

Außerdem muss der Harnstoffspiegel im Blut bestimmt werden, als Zeichen der vermehrten Verstoffwechselung von Aminosäuren bei kataboler Stoffwechsellage.

Untersuchung & Ergebnisse

Body-Mass-Index: 14,5 (!); Hb 10,7 g/dl, Leukos 4200, T_3-, T_4-, LH-, FSH-, und Östrogen-Spiegel sämtlich erniedrigt, Blutharnstoff erhöht. Die Blutsenkung ist verlangsamt und der Cholesterinspiegel über 220 mg/dl erhöht. Die beiden letzten Befunde weisen auf die Fehlernährung und die katabole Stoffwechsellage hin.

Diagnose

Therapie & Komplikationen

Akut sollte man dringend schauen, dass die Patientin wieder etwas Fleisch zwischen Haut und Knochen bekommt. Ansonsten ist die Behandlung eine Domäne der Psychotherapie. Durch Gewichtszunahme (Kalorienzufuhr) reguliert sich das Hypothalamus-Hypophysen-System wieder. Eine Hormonsubstitution soll der Osteoporose entgegenwirken, die bei Anorektikerinnen gerade bei chronischem Verlauf oft schon erschreckend ausgeprägt ist. Unbehandelt liegen die Komplikationen auf der Hand: Kreislaufkollaps, Fehlernährung, Hypovitaminosen, manche Patientinnen würden sich regelrecht zu Tode hungern.

Weitere Infos

Ungefähr eine von hundert Frauen ist magersüchtig, bei Männern ist es einer von tausend, aber die Tendenz ist steigend, also auch bei Jungs mit passender Klinik ruhig mal die Möglichkeit ins Auge fassen! Der Altersgipfel liegt in der zweiten Lebensdekade.

Es handelt sich um eine psychogene Erkrankung, d.h., am Anfang steht die Idee, zu dick zu sein – oft nach einem Erlebnis der Kränkung durch Gleichaltrige in der frühen Pubertät. Das eingeleitete Fasten wirkt euphorisierend, mit dem Nebeneffekt, dass z.B. die schulische Leistungsfähigkeit zunimmt. Dazu kommt häufig Anerkennung vom Umfeld, sowohl wegen der zunächst verbesserten Figur als auch wegen der guten Leistungen. Dabei bleibt es aber nicht, da im weiteren Verlauf gerade die intellektuelle Leistung aufgrund des Substanzverlusts und der sekundären Hormonstörungen abnimmt. Ein Teufelskreis: Die Mädchen denken, wenn sie weiter fasten, würden sich diese Probleme von allein wieder lösen. Schilddrüsenhormone richten in einem so herabregulierten Stoffwechsel nicht mehr viel aus und schalten, wie der gesamte Körper, auf maximale Sparflamme. Ist das Ganze schon so weit fortgeschritten wie im vorliegenden Fall, kommen die Betroffenen aus dem Schlamassel nur mit Hilfe einer stationären Psychotherapie wieder heraus. Bei fehlender Krankheitseinsicht kann diese im Ernstfall sogar gegen den Willen der Patientin über den psychiatrischen Dienst des zuständigen Gesundheitsamts eingeleitet werden (Brief genügt). Noch etwas, woran man denken muss, ist, ob die Patientin noch in der Lage ist, Auto zu fahren. Wenn nicht, muss sie darauf aufmerksam gemacht, bei mangelnder Einsicht evtl. auch das Ordnungsamt verständigt werden.

Jetzt aber! Ich verabschiede mich in aller Form von Ursula (die mich jetzt widerspruchslos ziehen lässt), Mahatma und August, der mir mit einem herablassenden Lächeln ein schönes Wanderwochenende wünscht. Das ist der blanke Neid, der arme Kerl hat bei diesem Superwetter Wochenenddienst ...

▸▸ *Was habe ich heute gelernt?*

- Endometritis ▸ bloß nicht kürrettieren, weil Perforationsgefahr
- Säuglingsbotulismus ▸ Finger weg von Naturhonig, solange die Kids nicht wenigstens laufen können!
- Barrett-Ösophagus ▸ Identitätskrise in der Speiseröhre mit erhöhter Entartungsgefahr
- Gicht ▸ Finger weg von Fleisch und Alkohol

- Divertikulose ▶ Müsli und Co. sind die Mukki-Bude für den Darm, also immer her damit
- Poliomyelitis ▶ offiziell in Europa ausgerottet, aber hier leben ja nicht nur Europäer …
- Supinationstrauma ▶ RICE steht hier nicht für Condoleeza, sondern für: Rest, Ice, Compress, Elevate.
- Diabetische Ketoazidose ▶ bei der Flüssigkeitssubstitution kann einem der Kaliummangel Ärger machen
- Infektiöse Mononukleose ▶ Vorsicht mit der geschwollenen Milz, die kann in dem Zustand leicht rupturieren
- Luxation einer Hüft-TEP ▶ selber die Schuhe zubinden nach einer sollte man lieber lassen
- Anaphylaktische Reaktion ▶ keine Sekunde verschenken
- Spannungskopfschmerz ▶ typischerweise beidseitig
- Ductus arteriosus apertus ▶ Prostaglandinhemmer helfen, den Gang zu verschließen
- Rhabdomyolyse nach Hitzschlag ▶ gefürchtete Komplikation, die die Niere in ernste Gefahr bringt
- Anorexia nervosa ▶ egal wie dünn, die meisten halten sich immer noch für übergewichtig

Fortsetzung folgt …

Diagnose Patientin 15: Anorexia nervosa.

Register

A

B

C

I

K

L

Q

R

S

T

Literaturquellen

Aicardi J.: Pavor nocturnus, Diseases of the Nervous System in Childhood, Mac Keith Press, 1992, S. 1024

Alpert J.S.: Cardiology for the primary care physician, Hoechst marion Roussel, 1997

Altmeyer P., Bacharach-Buhles M.: Katzenkratzkrankheit; Dermatologie, Allergologie und Umweltmedizin, 1. Aufl., Springer, 2002

Altmeyer P., Dirschka Th., Hartwig R.: Klinikleitfaden Dermatologie, Urban & Fischer, 2. Aufl., 2002

Anderson E. et al.: Risks of acute traumatic intracranial hematoma in children and adults: Implications for managing head injuries, BMJ, 1990, 300:363–367

Barcia T.C. et al.: Reduction pneumoplasty for emphysema. Early results. Ann Surg. 1995, *222:* 365–371; discussion 371–364

Barrow D.L., Mizuno J., Tindall G.T.: Management of Prolactinomas Associated With Very High Serum Prolactin Levels, J. Neurosurg., 1988, 68: 554–8

Beatty R.A.: Cervical-peritoneal shunt in the treatment of pseudotumor cerebri. J. of Neurosurgery, 1982, 853–855

Beham A. et al.: Molecular cancer disposition diagnosis exemplified by colorectal carcinoma. What is the contribution of pathology? Pathologe, 1998, *19:* 269–278

Beham A. et al.: Coloproctological diseases of the pelvic floor; Radiologe, 2000, *40:* 446–450

Behrman R.E. et al.: Nelson Textbook of Pediatrics, Saunders, 17th Ed. 2004, p.947–950

Bello J.A.: Wallenberg's lateral medullary syndrome, Clinical-magnetic resonance imaging correlations, Arch. Neurol., 1993, 50, 609–614

Benjamin E.J. et al.: Prevention and Rehabilitation of Stroke – Risk Factors, Stroke Journal, American Heart Association, 1997, 28: 1507–1517

Berghaus A., Rettinger G., Böhme G.: Hals-Nasen-Ohren-Heilkunde, Duale Reihe, 1.Aufl., Hippokrates, 1996

Blevins L.S.: Medical Management of Pituitary Adenomas, Contemp Neurosurg., 1997, 19(11): 1–6

Boley S.J., Brandt L.J.: Vascular ectasias of the colon, Dig. Dis. Sci., 1986, *31:* 26S–42S

Boulos P.B.: Complicated diverticulosis; Best Pract. Res. Clin. Gastroenterol., 2002 Aug.,16(4):649–62

Bousser M.G.: Cerebral venous thrombosis: diagnosis and management, J. of Neurology, 2000, 247(4):252–258

Braun-Falco, Plewig, Wolff: Dermatologie und Venerologie, Urtikaria, Angioödem und Anaphylaxie, 4. Aufl., Springer, 1996

Braunwald E.: Heart Disease, 6th Edition, W.B. Saunders Company, 2001

Braveny, Maschmeyer: Infektionskrankheiten – Diagnostik, Klinik, Therapie, medco, 2002

Bricolo A.P., Pasut L.M.: Extradural haematoma, Toward zero mortalitiy, Neurosurgery, 1984, 14:8–12

Brigden M.L, Pattullo A.L.: Prevention and management of overwhelming postsplenectomy infection –

an update. Crit. Care Med., Apr. 27, 1999

Brune K. et al.: Die Behandlung des Kopfschmerzes vom Spannungstyp, Nervenheilkunde, Schattauer, 1998, 17:91–100

Brune K. et al.: Therapie der Migräneattacke und Migräneprophylaxe, Nervenheilkunde, Schattauer, 2000, 19:335–345.

Buchler M.W. et al.: Peritonitis in diverticulitis, the Bern concept; Zentralbl Chir., 1998, 123(12): 1394–9

Busch V., May A.: Das Praxisbuch Kopf und Gesichtsschmerzen, 1. Aufl., Urban und Fischer, 2002

Buyukpamukcu N.: Diagnosing bleeding Meckel diverticulum in children; Eur. J. Pediatr., 1999 Jan.,158(1):84

Case Records of the Massachusetts General Hospital, N. Engl. J. Med., Apr. 17, 2003, 348:1574–1585

Corbett J.J.: Problems in the diagnosis and treatment of pseudotumor cerebri, Can. J. Neurol. Sciences, 1983, 10: 221–229

Cotran R.S., Kumar V., Collins T.: Robbins pathologic basis of disease, 6th Edition, Saunders, 1998

Deeg K.H. et al.: Minderperfusion des Hirnstammes durch Kompression der Vertebralarterien bei Kopfrotation – Eine Ursache von SIDS? Klinische Pädiatrie Vol. 213(3), Thieme, 2001, S. 124–133

Deutsche Gesellschaft für Neurologie: Therapieleitlinien der DGN, www.dgn.org/11.0.htmlv

Deutsche Migräne- und Kopfschmerz-Gesellschaft: Therapieleitlinien der DMKG, www.dmkg.org/index.htm

Deutschen Gesellschaft für Kinder- und Jugendpsychiatrie und -psychotherapie (Hrsg.): Leitlinie: Nichtorganische Schlafstörungen, 2. Aufl., 2003, www.uni-duesseldorf.de/WWW/AWMF/ll/kjpp-012.htm

DGPI-Handbuch, DGPI (Hrsg.), Futuramed-Verlag, 4. Aufl. 2003

Ebadi M.: Pharmacology, An illustrated review, 2nd Edition, Lippincott, 1996

Eckart, Forst, Burchardi: Intensivmedizin, 2. Aufl., Ecomed, 2002

Edelman G.M.: Assessment of understanding in global aphasia. In: Advances in Neurology, Vol. 42 (Progress in Aphasiology) Ed., F.C. Rose Raven Press, 1984, 277–289

Einhäupl K.M. et al.: Behandlung des akuten ischämischen Insultes; Deutsches Ärzteblatt, 1999, A 1131–1136

Engelhardt M. et al.: Gots Manual Sporttraumatologie, Verlag Hans Huber, 1997

Evers S. et al.: Therapie und Prophylaxe von Gesichtsneuralgien und anderen Formen der Gesichtsschmerzen, Überarbeitete Empfehlungen der Deutschen Migräne- und Kopfschmerzgesellschaft. Nervenheilkunde 2002, 21:255–268

Exercise-induced rhabdomyolysis. Curr. Sports. Med. Rep., 2002 Apr;1(2):59–60

Exertion-related heat stroke. Lethal multiorgan failure from accidental hyperthermia in a 23 year old athlete. Anaesthesist, 2001 Jul, 50(7):500–5

Feige et al.: Frauenheilkunde, 2. Aufl., Urban & Fischer, 2001

Fox J.L.: Intracranial aneurysms, Vol. I.; Springer, 1983, p.864

Fritsch: Dermatologie und Venerologie, Urtikaria und Angioödem, 2. Aufl., Springer, 2003

Fülgraff: Pharmakotherapie, 11. Aufl., Urban & Fischer, 2001

Giannoukas A.D. et al.: Incidence, complications, and management of Meckel's diverticulum; Arch. Surg., 1995 Feb.,130(2):143–6

Haberl R.L.: Schlaganfall, Notfallbehandlung in den ersten Stunden; Der Notarzt, 1998, 14: 106–109

Hahn et al.: Medizinische Mikrobiologie und Infektiologie, 4. Aufl., Springer, 2001

Hahn: Innere Medizin; 4. Aufl., Thieme, 2003

Hansen K, Singer D.B.: Asplenic-hyposplenic overwhelming sepsis: postsplenectomy sepsis revisited, Pediatr Dev Pathol. 2001 Mar.–Apr.

Harrison: Harrisons Innere Medizin, 15. Auflage, McGraw-Hill/Hanser, 2003

Heat stroke: report on 18 cases. Lancet. 1980 Aug 9;2(8189):276–8

Hoppenfeld S.: Physical examination of the spine & extremities, Appleton & Lange, 1997

Hufschmidt A., Lücking C.H: Neurologie compact, 3. Aufl., Thieme, 2003

Kelsey J.L., White A.A.: Epidemiology and impact of low back pain, Spine Journal 5,133–142, 1980

Kerr GW, McGuffie AC, Wilkie S: Tricyclic antidepressant overdose: a review. Emerg Med J. 2001 Jul;18(4):236–41

Klippel J.H., Dieppe P.H. (eds): Rheumatology, Mosby, 1998

Knuckey N.W., Gelbard S., Epstein M.H.: The management of asymptomatic epidural hematomas. A prospective study; J Neurosurg., 1989, 70: 392–393

Köhler et al.: Medizinische Mikrobiologie, 8. Aufl., Urban & Fischer, 2001

Kretz, Beushausen: Das Kinder Notfall Intensiv Buch, 2. Aufl., Urban & Fischer, 2002

Krück: Pathophysiologie, Pathobiochemie; 2. Aufl., Urban und Schwarzenberg, 1994

Lanning F.P. et al.: Ultrasonography in traumatic splenic rupture; Clin. Radiol., 1992 Dec., 46(6):391–6

Lassus J. et al.: A safe surgical technique for the partial resection of the ruptured spleen. A clinical report; Injury., 1999 Dec., 30(10):693–7

Laws E.R. et al.: Pituitary Adenomas Associated with Hyperprolaktinaemia, Mayo Clinic Proc., 1985, 60: 753–62

Liebelt EL, Ulrich A, Francis PD, Woolf A: Serial electrocardiogram changes in acute tricyclic antidepressant overdoses. Crit Care Med. 1997 Oct; 25(10):1721–6

Lüderitz B.: Herzrhythmusstörungen, 5. Aufl., Springer, 1998

Malhotra A., Muse V. V., Mark E. J.: Case 12, An 82-Year-Old Man with Dyspnea and Pulmonary Abnormalities, 2003

Malthaner R.A., Miller J.D.: Lung volume reduction surgery: results of a Canadian pilot study. Canadian Lung Volume Reduction Surgery Study Group. Can J Surg., 2000, *43:* 377–383

Mandell, Bennett, Dolin: Principles and Practice of Infectious Diseases, 5th ed., Churchill Livingstone, 2000

Marre R. et al.: Hautinfektionen durch Bakterien; Klinische Infektiologie, 1.Aufl, Urban & Fischer, 2000

Masuhr K.F., Neumann M.: Neurologie; Herpes Zoster, 3. Aufl., Hippokrates, 1996

McKissock W., Richardson A., Bloom W.H.: Subdural hematoma. A rewiew of 389 cases; Lancet, 1960, 1:1365–1369

Meinecke, F.-W.: Die Verletzung der Wirbelsäule mit Markschäden. In, Zenker R., Deucher F., Schink W. (Hrsg.): Chirurgie der Gegenwart, Bd. IV, Urban und Schwarzenberg, 1974

Miller J.D., Adams J.H.: The pathophysiology of raised intracranial pressure, in Adams J.H., Duchen L.W. (eds); Greenfield's Neuropathology, 5th ed., Arnold, 1992, pp 106–152

Monatsschrift Kinderheilkunde Band 151(5), Themenheft: Plötzlicher Kindstod, Springer, 2003

Mossman et al.: Asbestos-related disease, NEJM 1989, 320:1721

Neau J.P., Bogousslavsky J: Middle cerebral artery syndromes. In: Ginsberg, Bougousslavsky: Cerebrovascular disease, Blackwell Science, 1998

Nicolai, Th.: Pädiatrische Notfall- und Intensivmedizin, 1. Aufl., Springer, 1999

Norrving B., Cronquist S.: Lateral medullary infarction – prognosis in an unselected series, Neurology, 1991, 41: 244–248

Olesen J., Tfelt-Hansen P., Welch K.: The Headaches. 2nd ed. Philadelphia: Lippincott Williams & Wilkins, 1999

Page: Integrated Pharmacology, 2nd ed.; Mosby, 2002

Perkins B.A. et al.: Pathogenesis of cat-scratch disease, N Engl J Med., 1992, 327:1599–1600

Petersen E.E.: Infektionen in Gynäkologie und Geburtshilfe, 3. Aufl., Thieme, 1997

Piantadosi C.A.: Carbon Monoxide Poisoning, N. Engl J Med, Perspective, Oct. 3, 2002

Pinger St.: Repetitorium der Kardiologie, 2. Aufl., Ecomed, 2001

Powell M., Lightman S. L. (eds.): Management of Pituitary Tumors, Churchill Livingstone, 1996.

Probst R., Iro H., Grevers G.: Hals-Nasen-Ohren-Heilkunde, Thieme, 2000

Rassner, G.: Erkrankungen durch Varizellen-Zoster-Virus; Dermatologie, Lehrbuch und Atlas, 7.Aufl., Urban & Fischer, 2002

Reinus J.F., Brandt L.J., Boley S.J.: Ischemic diseases of the bowel; Gastroenterol. Clin. North. Am., 1990, *19:* 319–343

Rhabdomyolysis: an overview. Am. J. Nurs., 2002 Feb;102(2):75, 77, 79

Roberts P.L., Veidenheimer M.C.: Current management of diverticulitis. Adv Surg., 1994, *27:* 189–208

Römer Th., Straube W.: Pschyrembel Wörterbuch Gynäkologie und Geburtshilfe, 2. Aufl., de Gruyter, 1999

Sadick N.S. et al.: Comparison of detection of varicella-zoster virus by Tzank smear, immunofluorescence with a monoclonal antibody, and virus isolation, J. Am. Acad. Dermatol. 1987. 17:64–69

Schmoeckel Ch.: Lexikon und Differentialdiagnose der klinischen Dermatologie, 2. Aufl., Thieme, 1994

Scholmerich J.: Inflammatory bowel disease; Endoscopy, 2003, *35:* 164–170

Strutz J., Mann W.: Praxis der HNO-Heilkunde, Kopf- und Halschirurgie, 1. Aufl., Thieme, 2000

The other medical causes of rhabdomyolysis. Am. J. Med, Sci., 2003 Aug; 326(2):79–88

Thom S. R.: Hyperbaric-Oxygen Therapy for Acute Carbon Monoxide Poisoning, N. Engl. J Med., Editorials, Oct. 3, 2002

Thomas: Labor und Diagnose, 5. Aufl., TH-Books, 2000

Tindall G.T., Barrow D.L.: Current managment of Pituitary Tumors, Part I, Contemp. Neurosurg., 1988, 10: 1–6

von Hintzenstern: Notarzt-Leitfaden, 3. Aufl., Urban & Fischer, 2001

Weaver L. K., Hopkins R. O., Chan K. J., Churchill S., Elliott C. G., Clemmer T. P., Orme J. F. Jr., Thomas F. O., Morris A. H.: Hyperbaric Oxygen for Acute Carbon Monoxide Poisoning, N Engl J Med., Original Articles, Oct. 3, 2002

Weeden D., Smith G.H.: Surgical experience in the management of spontaneous pneumothorax, 1972–82. Thorax, 1983, *38:* 737–743

Wong S.K., Ho Y.H., Leong A.P., Seow-Choen F.: Clinical behavior of complicated right-sided and left-sided diverticulosis; Dis. Colon. Rectum., 1997 Mar., 40(3):344–8

Yasargil M.G.: Microneurosurgery, Vol II.; Stuttgart, Thieme, 1984, pp 58–59

Zeidler, Zacher, Hiepe (Hrsg.): Interdisziplinäre klinische Rheumatologie, 1. Aufl., Springer, 2001

Zeitoun K., Carr B.R.: Is there an increased risk of stroke associated with oral contraceptives?, Drug Safety, 1999, 20: 467–473

websites

www.gifte.de/toxogonin.htm
www.immunize.org
www.toxinfo.org/
www.vh.org
www.webmd.com

Abbildungsnachweis

Berchtold: Chirurgie, 3.A., 2000, Urban & Fischer Verlag, München – Jena: Abb. 2

Bühling/Friedmann, Intensivkurs Gynäkologie, 1.A., 2003, Urban & Fischer Verlag, München – Jena: Abb. 11, Abb. 19

Classen/Diehl/Kochsiek, Innere Medizin, 5.A., 2003, Urban & Fischer Verlag, München – Jena: Abb. 7, Abb. 12

Hampton, EKG leicht gemacht, 8.A., 1999, Urban & Fischer Verlag, München – Jena: Abb. 16, Abb. 20

Houghton/Gray, EKG, 1.A., 2001, Urban & Fischer Verlag, München – Jena: Abb. 9, Abb. 26

Kauffmann/Moser/Sauer: Radiologie, 2.A., 2001, Urban & Fischer Verlag, München – Jena: Abb. 1, Abb. 4, Abb. 14/15, Abb. 21/22, Abb. 20

Lassere/Blohm: KLB Radiologie, 3.A., 2003, Urban & Fischer Verlag, München – Jena: Abb. 18

Lohr/Keppler, Innere Medizin, 3.A., 2000, Urban & Fischer Verlag, München – Jena: Abb. 6

Muntau, Intensivkurs Pädiatrie, 3.A., 2003, Urban & Fischer Verlag, München – Jena: Abb. 10

Mit freundlicher Genehmigung des Radiologischen Institutes d. Universitätsklinik Regensburg (Leiter: Prof. Dr. Feuerbach) wurden die Abbildungen 3, 5, 7, 8, 13, 17, 23–25 verwendet